普通高等教育"十二五"规划教材

日 用 化 学 品

张 彰 杨黎明 编著

U0264161

中国石化出版社

内 容 提 要

本书围绕与人们日常生活密切相关的化工产品，系统介绍了主要的日用化学品，如各类化妆品、清洗剂与洗涤剂、香料与香精、日用品等配方设计原理、制备方法、功能特点、应用范围，并简单描述生产设备、质量标准和检测方法。帮助读者了解日用化学品的基本概念、特点、掌握配方型产品的设计原理，为开发新型的产品提供一定的理论与实践的基础。

本书取材新颖、内容系统、完整。从产品的应用性角度出发，注重配方组分的功能性介绍，突出了实用性和理论性，可作为高等院校化学、化工类专业本、专科学生的教材，也可作为从事此领域研究与开发技术人员的参考书。

图书在版编目(CIP)数据

日用化学品 / 张彰,杨黎明编著 . —北京:中国石化出版社,2014.9(2024.7 重印)

普通高等教育"十二五"规划教材

ISBN 978-7-5114-2894-3

Ⅰ .①日… Ⅱ .①张… ②杨… Ⅲ .①日用化学品-高等学校-教材 Ⅳ .①TQ072

中国版本图书馆 CIP 数据核字(2014)第 159270 号

中国石化出版社出版发行

地址:北京市东城区安定门外大街 58 号

邮编:100011　电话:(010)57512500

发行部电话:(010)57512575

http://www.sinopec-press.com

E-mail:press@sinopec.com

北京富泰印刷有限责任公司印刷

全国各地新华书店经销

*

710×1000 毫米 16 开本 15.5 印张 320 千字

2015 年 1 月第 1 版　2024 年 7 月第 3 次印刷

定价:36.00 元

目　　录

绪　　论

　　日用化学品的英文名为 Chemicals for Daily Use，即意味着日常生活中所需化学品，而生产、制造此类产品的行业，就称为日用化学工业。日用化学工业既是一个历史悠久的行业，同时又是一个新兴发展中的行业。它的范围随着时代的变迁和科学技术的发展也在不断地变化，不断地融入新的内容。家用洗涤用品、化妆品、香料香精及日用卫生用品等仍是日用化工的主体，也是它们的主导产品。以后，随着汽车走进家庭，与之相关的汽车用清洗剂、上光剂等也已归入日化产品行列。

　　肥皂是最早的日用化学品。据文献资料记载，早在公元前 2500 年，苏美尔人就已能"生产"肥皂，并用来洗涤衣物。但直至 19 世纪随着 Leblanc（路布兰）制碱法的出现后，肥皂才真正普及并成为主要的日用洗涤产品。进入 20 世纪，尤其是二次大战后，随着石油的开采和充分利用，洗涤产品由肥皂转入合成洗涤剂时代。1953 年美国合成洗涤剂的产量率先超过了肥皂，到 1967 年世界合成洗涤剂的总产量也超过了肥皂。至此，合成洗涤剂才真正成为洗涤用品的主体。

　　从历史的角度回顾，化妆品的使用则更早。据资料显示我国自商、周帝王起，宫闱中嫔妃就采用花英铅质，调弄粉脂，修饰容颜；而古埃及则是较早使用化妆品的国家。目前，随着科学技术与人们物质生活水平的不断提高，化妆品已由过去的奢侈品逐步成为人们日用生活用品，而化妆品也已成为日用化学工业的重要组成部分。

　　随着社会的发展和人们生活水平的不断提高，日用化学工业在国民经济中的比重亦逐步提高。据资料显示，2009 年我国日化产品的销售额约为 2000 亿元（美容及个人护理品约 72%，家庭清洁用品 28%），占全球日化市场的 6%，排名第四。（前三位分别是美国、日本和巴西），另一方面，虽然我国的日用化学品近些年的增长率雄居世界首位，洗涤用品的产量已位居世界第一。但世界化妆品市场调查表明：中国日用化学产品的人均消费量与世界水平仍有很大差距，到 2009 年，我国日化产品的人均年消费金额 149 元/人（约 23 美元/人），仍比世界平均水平（70 美元/人）低很多，即使与亚洲人均 33 美元的水平相比也有 44% 的差距。由此可见，日用化学产品在我国的市场潜力不可低估，广阔的市场发展潜力吸引了诸多国际厂商迫不及待地抢占中国市场。目前，世界顶级的跨国集团公司，如美国的宝洁（P&G）、德国的汉高（Henkel）、英国的联合利华（Unilevel）、日本的资生堂等相继来华投资办厂。一时间，外资品牌的介入极大地丰富和繁荣了我国日化产品的市场，同时也带来了世界领先的科技和设备，促进了我国日化行业的发展，更激发了业内同仁的昂扬斗志。

日用化学品隶属精细化工产品的范畴，故它同样具有精细化学品的三大特性，即功能性、技术密集性和商品经济性。另一方面，绝大多数的日用化学品是配方型产品，它又有其自身的特点：①配方技术是产品的关键，它直接决定了产品的功能性；②原料的优劣是产品质量的保证。往往由于原料质量的差异，既是同样的配方技术，也会导致截然不同的产品质量和使用效果；③品种多、更新快，这是配方型产品的一个主要特征。因为不同的配方技术，决定了不同的功能特性，即造成产品的种类特别多；同时由于市场竞争的激烈，人们消费水平的不断提高，产品的更新、换代是必然的趋势。如由于洗涤观念的更新和完善，洗涤剂已由单一的肥皂或洗衣粉细分、衍生至各种专用的、功能性明显的洗涤产品，如液体洗衣剂、丝毛洗涤剂、餐饮洗涤剂、酸性洗涤剂等。

日用化学品的分类历来无统一标准，行业的传统范畴包括：化妆品、洗涤用品、口腔用品(含牙膏等)、香味与除臭剂、驱虫灭害剂和其他日化产品(如鞋油等)六大类，其中化妆品与洗涤用品是日化产品的核心。根据当今世界日化行业的经济数据统计，日用化学品可基本划分：①美容及个人护理产品(包括护肤品、洗发与护发产品、口腔护理产品、洗浴产品、彩妆与香水及男士化妆品等)；②家庭清洁用品(包括洗衣剂、餐洗剂、盥洗产品、空气清香剂、杀虫剂等)。

本着学以致用之目的，同时考虑到表面活性剂、香精与香料与日化产品中的密切关系，以及它的核心作用，本书将以表面活性剂、香精与香料为预备知识，通过其功能作用的应用，依据上述分类对家庭清洁用品、美容及个人护理产品的制备、配方、性能等作一系统的阐述，并力求对日化产品的配方原理及原料功能性作详细描述。同时对当今日化产品的发展趋势作简要的介绍。

上篇 原料及基础知识

第1章 表面活性剂

表面活性剂的英文是"surface active agent"，缩合后成"surfactant"。顾名思义，它与表面性质有着密切的联系。我们知道，当相邻两个物相的性质不相同（不相溶）时，物系就存在着界面（interface），如气－液、气－固、液－液、液－固等界面，而当其中一相为气体时，界面就简称为表面（surface），如水的表面、金属表面等。严格地说，表面活性剂的真正学名应是"界面活性剂"。

1.1 表面张力与表面活性剂

通常地，液体表面上的分子与体相内部分子所处的状态是不同的。内部分子所受到周围分子的作用力，以统计平均来说是对称的，合力为零；而界面上的分子，由于两相性质的差异，所受的作用力是不对称的，合力并不等于零，受到一个垂直界面的作用力。液－气界面上的分子，由于液相分子吸引力大于气相分子的吸引力，故表面分子受到一个指向液相内部的合（引）力，使其具有向液相内部迁移的趋势，所以液相表面具有自动缩小的倾向。换一句话说，要将液体中的分子移至界面，增加液体的表面积，就需克服此合（引）力而做功，即表面分子要比内部分子具有更高的能量。根据能量作用原理有：

$$\Delta E = W = \gamma \cdot \Delta A, \Rightarrow \gamma = \frac{\Delta E}{\Delta A} \qquad (1-1)$$

式中　ΔE——体系自由能的增量；

　　　ΔA——体系表面积所增加的量；

　　　W——增加体系表面积所需的功值；

　　　γ——体系的表面张力，N/m，或 mN/m。

式(1-1)反映了物质表面张力的物理意义：即改变单位表面积所引起体系能量的增量。也就是说，增加单位表面积所引起的体系自由能变化越大，外界所需作的功就越大，即表面张力(γ)也越大。表 1-1 列出了一些物质的表面张力。

表 1-1　几种物质的表面张力

物质	接触气相	温度/℃	表面张力/(mN/m)	物质	接触气相	温度/℃	表面张力/(mN/m)
水	空气	20	72.8	液体石蜡	空气	54	30.6
乙醇	空气	0	24.3	苯	空气	10	30.2
丙酮	空气	20	31.2	橄榄油	空气	18	33.1

在日常生活中，我们常常会遇到一些有趣的表面现象。如小孩用肥皂（极少量）水，就能吹出大大的、相对稳定的泡泡；沾满油污的手，即使用热水也无法洗净，但滴加少许洗手液，稍经搓揉，即能干净地去除油污；当水中漂浮少许油时，只要添加数滴"洗洁净"，略微搅拌，片刻后水－油界面便会消失，甚至变成透明的水溶液。其实，所有这些都与水的表面张力发生变化有关，与那些"神奇"的添加物有关。

事实表明，水（溶液）表面张力的变化与添加物质的性质、浓度有关，通常可分为三种情况（见图 1 - 1）。曲线①是添加无机盐如 NaCl、KNO_3 等后，水溶液的表面张力随盐浓度的增加也略微增加；曲线②是添加醇、醚、酯、酸等极性有机物的水溶液表面张力曲线，此时表面张力随添加物浓度增加而渐渐下降；曲线③呈现出水溶液的表面张力先随添加物浓度的增加而急剧下降，但至一定浓度后其表面张力值几乎不变，呈平坦形状，上述的肥皂水等溶液就体现了这种特性。这种在低浓度时，就能迅速降低液体表面张力的性质，即称为表面活性，而具有此性质的物质，即称为"表面活性剂"。因此，（界）面活性剂的定义：以低浓度存在于体系时，即能显著地改变体系界（表）张力的一类物质。

表面活性剂之所以能显著地改变两相间的界（表）面张力，并具有发泡、乳化、洗涤等特性，这与其特殊的分子结构有着直接的关系。所有被定义为表面活性剂的物质，在分子结构上都有一个共同的特点，即分子中均含有两类性质完全不同的基团：①与溶剂（水）有着强亲合力的"亲溶剂基团"；②与溶剂亲合性很小，被溶剂所排斥的"疏溶剂基团"。换句话说，表面活性剂是一个具有两亲性结构（amphipathic structure）的分子。另一方面，由于所用的溶剂多为水，故相应地称为亲水基团（hydrophilic group）和疏水基团（hydrophobic group）。图 1 - 2 为表面活性剂两亲结构分子的示意图。

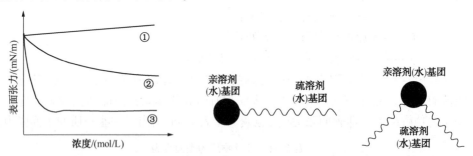

图 1 - 1　水表面张力的变化曲线图　　图 1 - 2　表面活性剂特征结构的示意图

表面活性剂分子中的亲溶（水）、疏溶（水）基团的特性是相对的，随溶剂的性质、使用条件的不同可变化。在诸如水这样的极性溶剂中，其疏溶（水）基团可以是具有相当长度的 C—H、C—F 及 C—Si 链；但当溶剂的极性较小时（如聚

6

丙二醇），则只有 C—F、C—Si 链才能作为疏溶基团。对应地，离子基团或强极性的基团，在水为溶剂时，可作为表面活性剂的亲水基团；但在非极性的溶剂（如正庚烷）中，就变成了疏溶剂基团。另外，温度、电介质、有机添加剂等的改变也会引起物质表面活性的变化。总之，要使物质具有良好的表面活性，就必须调整结构中的亲溶剂与疏溶剂基团，使其保持亲溶（水）与疏溶（水）的平衡性。

表面活性剂按其在水溶液中的电离状况进行分类，凡能在水中电离并形成离子的即称为"离子型表面活性剂"；相反不能电离产生离子的称为"非离子型表面活性剂"。另一方面，离子型表面活性剂，根据形成离子的性质可进一步分为阴离子型、阳离子型和两性离子型。

1.2 各类表面活性剂

1.2.1 **阴离子型表面活性剂**(anionic surfactant)

阴离子表面活性剂是人们最早开发使用的产品，它也是产量最大的一类，目前约占总量的55%。在我国它所占比例更是高达85%左右。若按其离子基团特性，可分为羧酸、磺酸、硫酸（酯）和磷酸（酯）盐型阴离子表面活性剂。

1. 羧酸盐型

肥皂是此类表面活性剂的典型代表，其化学结构通式为：$R—COO^-M^+$

其中 R 为长链烷基；M 为 Na^+、K^+、NH_4^+ 及小分子有机胺盐离子。一般作为表面活性剂使用的 R 基链长在 $C_{12} \sim C_{18}$，太短表面活性较差；而超过 18 后，其水溶性太小，只能应用于非水体系，如润滑油、干洗剂等产品中。有关肥皂的详细讨论参见第二章。

除肥皂外，有些表面活性剂产品也属羧酸盐，如梅迪兰（Medialan）和雷米邦（Lamepon），这是利用废氨基酸作原料制得的一种表面活性剂。

$$C_{17}H_{33}-\overset{O}{\overset{||}{C}}-(\overset{R_2}{\overset{|}{N}}-\overset{R_1}{\overset{|}{CH}}-\overset{O}{\overset{||}{C}})_n O^- Na^+ \qquad R-CON-\overset{CH_3}{\overset{|}{CH_2}}-COO^- Na^+$$

雷米邦 – A   梅迪兰

2. 磺酸盐型

磺酸盐型是阴离子型表面活性剂中品种最多的一类。合成洗涤剂中的主要活性成分烷基苯磺酸钠、纺织业所用的湿润剂、渗透剂等均属磺酸盐结构的表面活性剂。

（1）烷基芳基磺酸盐

烷基苯磺酸钠是此类结构表面活性剂的代表产品，由于它综合性能好、化学稳定性高、价格便宜、广泛应用于各类洗涤剂配方之中。

烷基苯磺酸钠(alkyl benzene sulfonate，简称 ABS)已有 60 多年的历史，但它至今仍是表面活性剂中最为重要的品种。早期产品一般由四聚丙烯体制得，因支链烷基的生物降解性较差。自 60 年代起，世界各国都相继改用以正构烃为原料，制备直链型烷基苯磺酸钠(linear alkyl benzene sulfonate)，简称 LAS。

目前，世界上生产 LAS 的合成路线主要有二条：①以氯化石蜡烃为原料，经 F—C 烷基化、磺化中和制得；②以蜡裂解产生的 α－烯烃起始原料，经酸催化的烷基化、磺化、最后中和制得。反应式见图 1－3。

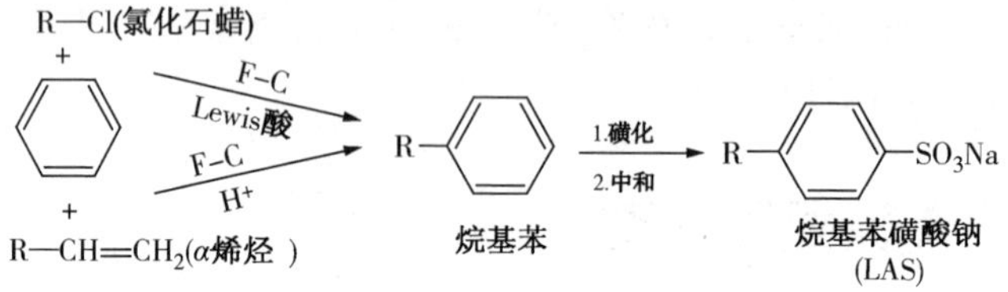

图 1－3　烷基苯磺酸盐表面活性剂的合成路线

除了烷基苯磺酸盐，类似结构的产品还有烷基(C_3 ~ C_4)萘磺酸盐，最为出名的产品如丁基萘磺酸钠，俗名“拉开粉”(图 1－4)。它具有良好的湿润、渗透和乳化分散性能，在纺织、印染业中有着广泛的应用。另一种低碳链烷基萘磺酸盐是由亚甲基连接二个或更多萘环的磺化产物，如渗透剂－NNR(图 1－4)。它与木质素磺酸盐(见后)相似，是一种良好的固体分散剂，但其产品的色泽要比木质素磺酸盐好得多。

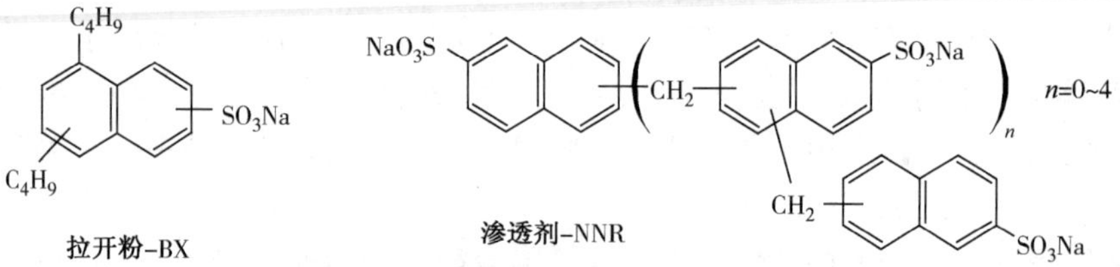

图 1－4　拉开粉和渗透剂—NNO 的化学结构式

(2) α－烯烃磺酸盐(α－olefine sulfonate)

这是由 α－烯烃与 SO_3 在适当的条件下反应所得到的一种阴离子表面活性混合物，其商品名为 α－烯烃磺酸盐(alpha olefine sulfonate，缩写 AOS)。AOS 的化学组成十分复杂，各种磺酸盐的相对数量和异构体的分布随生产工艺不同而有所变化，其主要活性成分为烯基磺酸盐(Ⅰ)和羟基磺酸盐(Ⅱ)，如下图所示。

$$R—CH═CH_2 \xrightarrow{SO_3} [\beta,\ \gamma－磺酸内酯等]\ \cdots\cdots$$

$$\nearrow R—CH═CH—SO_3H \quad 烯基磺酸盐$$

$$\searrow R—\underset{\substack{|\\ OH}}{CH}—CH_2—SO_3H \quad 羟基磺酸盐$$

商品 AOS 按活性物含量，通常为 39% ~ 40% 的水溶液或 70% 的浆状物，据说目前已有活性物含量 > 90% 的粉状商品。研究表明：碳链长度为 C_{14} ~ C_{16} 的 AOS 具有优良的抗硬水能力，发泡性也好，且低毒、低刺激性；与 LAS 相比，AOS 在 C_{12} ~ C_{18} 范围内的产物均有良好的水溶性，且生物降解性好。它适用于香波、块皂、牙膏、浴剂等个人卫生用品以及重垢衣物洗涤剂、餐具洗涤剂、羊毛洗涤剂和各种硬表面清洗剂的配方；工业上，AOS 主要用作乳液聚合的乳化剂、石油开采添加剂、混凝土密度改进剂、农用湿润、乳化剂等。

（3）仲烷基磺酸盐（secondary alkane sulfonate）

仲烷基磺酸盐，缩写 SAS。其化学通式：$R-SO_3^- Me^+$，其中 R 为 C_{12} ~ C_{20} 的烃基，而尤以 C_{16} 的性能最佳；Me^+ 为水溶性的一价阳离子。烷基磺酸盐的合成虽早在 1936 年就已研究成功，但时至今日它在表面活性剂中的所占的比例及应用仍远远不及 LAS。

目前，工业上生产 SAS 的方法主要有二种：氯磺化法和氧磺化法（见下方程式）。

$$① \quad R-H+SO_2+Cl_2 \xrightarrow{h\nu/\text{Reed}} R-SO_2Cl \xrightarrow{\text{NaOH}} R-SO_3^- Na^+$$

$$② \quad R-H+SO_2+O_2 \xrightarrow{h\nu} R-SO_3H \xrightarrow{\text{NaOH}} R-SO_3^- Na^+$$

按自由基稳定性原则，Reed 反应①所生成的磺酰氯（中间体）绝大多数为仲烷基磺酰氯（故最终产物为仲烷基磺酸盐，即 $-SO_3H$ 位于长碳链的中间）。另外，产物中还有许多如卤代烃、长链烃、砜等自由基反应副产物，所以反应的选择性很低，这也是造成 SAS 发展速度缓慢的原因之一。

氧磺化反应②也是一个自由基反应。Hoechest 公司采用高压汞灯的紫外光引发反应，并用水做过氧磺酸分解剂，开发出目前唯一能大规模生产的水 – 光磺氧化工业生产方法。

SAS 有良好的水溶性、湿润力和除油力，去污力与 LAS 相近，但发泡力稍低；毒性和对皮肤的刺激性均低于 LAS，生物降解性也好于 LAS。它很适合配制重垢型液体洗涤剂。

（4）木质素磺酸盐（lignin sulfonate）

木质素磺酸盐是造纸工业亚硫酸制浆过程中废水的主要成分，它的结构相当复杂，一般认为它是愈疮木基丙基、紫丁香基丙基和对羟苯基丙基多聚物的磺酸盐（图 1 –5），其相对分子质量由 200 ~ 10000 不等，最普通的木质素磺酸盐的平均相对分子质量约为 4000。最多的可含有 8 个磺酸基和 16 个甲氧基。

木质素磺酸盐在以非石油原料制造的表面活性剂中是相当重要的一类。它价格低廉，且具低泡性，是一种性能良好的 O/W 型乳化剂和固体分散剂。可用于制造以水为分散介质的染料、农药和水泥的悬浮液；在石油钻井中，它能有效地控制钻井泥浆的流动性，防止泥浆絮凝；也可作为管道输送的流体助剂。木质素磺酸盐的主要缺点是色泽深，不溶于有机溶剂，降低表面张力的效力较差。

愈疮木基丙基(I)　　　　紫丁香基丙基(II)　　　　对羟苯基丙基(III)

图1-5　木质素磺酸盐的基本结构单元

（5）石油磺酸盐(petroleum sulfonate)

石油磺酸盐，简称PS。是用发烟硫酸、三氧化硫处理高沸点石油馏分（>260℃），再用氢氧化钠中和而得的混合物，主要组分是高分子量的芳香族磺酸盐。分析表明：母环烃(参见图1-6)的平均分子式为$C_{27}H_{43}$或$C_{35}H_{48}$。工业上多采用烷基化反应后的下脚料。

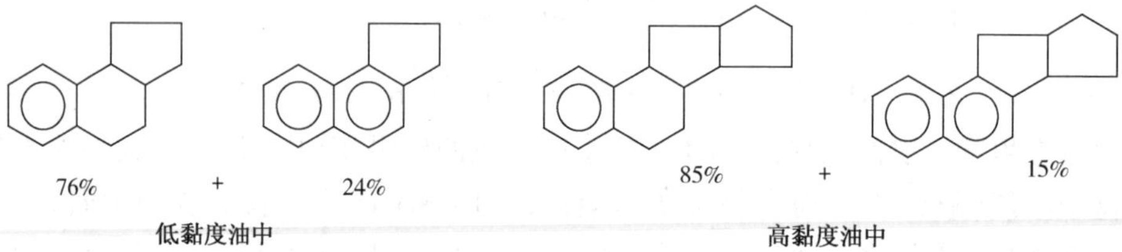

76%　　+　　24%　　　　　　85%　　+　　15%

低黏度油中　　　　　　　　　　高黏度油中

图1-6　石油磺酸盐的母环烃结构

石油磺酸盐的溶解性与其平均分子量及阳离子的性质有关。平均分子量低于400的磺酸盐，水溶性大于油溶性；分子量在400~500时，为O/W型乳化剂；而超过500时，可作为O/W型乳液的破乳剂。一般分子量在445~500的石油磺酸盐能调节成既具亲水又具有憎水的两亲性特征产品。

石油磺酸盐是一种廉价的阴离子表面活性剂，它在润滑油脂、燃料油中用作添加剂，也可用于石油开采、矿物选、纺织油剂、防锈涂料等方面。目前主要商品是石油磺酸钙，它分散性良好，特别是对无机碱性化合物有较强的分散能力，故主要用作发动机润滑油的清洗剂和防锈剂，用量占总产量60%。近些年来，石油磺酸盐在石油钻井泥浆中的应用与日俱增，并在三次采油等新的石油开采技术上作了许多的应用。

（6）其他磺酸盐

上述介绍的几类磺酸盐表面活性剂，均是通过磺化反应，将极性的磺酸基团直接连接在疏水(链)基上，形成磺酸盐。除此之外，还有些表面活性剂产品是通过其他方法构成磺酸盐结构的，下面对此略作介绍。

10

1）磺基单羧酸酯盐　这类表面活性剂的结构通式如图所示：根据 R_1、R_2 链的长度，分为①低碳酸(高碳醇)酯型；②高碳酸(低碳醇)酯型二种。前者例如 α–磺基丙酸月桂醇酯($R_1 = CH_3$；$R_2 = C_{12}H_{25}$)，它在牙膏、香波、化妆品中有着特殊的作用。相对而

言，由高碳酸(低碳醇)衍生制得的表面活性剂则更加让人感兴趣。其中最出名的是由长链脂肪酸甲酯经磺化、中和所得的产品(MES)，其全称是 α–磺基脂肪酸甲酯钠盐(methyl ester sulfonate)。

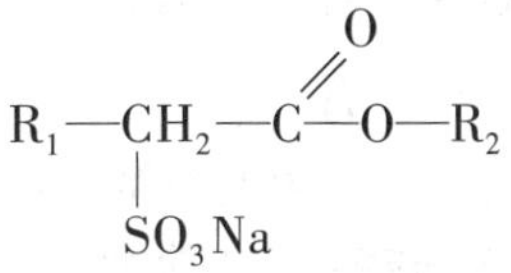

$$R_1-CH_2-\overset{\displaystyle O}{\overset{\|}{C}}-O-R_2$$
$$\underset{SO_3Na}{|}$$

MES 是由天然油脂衍生的一类阴离子表面活性剂，具有许多优良的使用性能。MES 的去污力，尤其是在硬水中要明显优于 LAS；同时还是一个优良的钙皂分散剂，与肥皂复合可弥补肥皂不耐硬水的缺点；最为突出的是 MES 的毒性极低，其 $LD_{50} < 5000mg/kg$，这意味着它对皮肤温和，不会引起皮肤的过敏；在自然环境中，MES8 天后即可有 99.5% 的初级生物降解。MES 是当今国际一致公认的、环境友好的绿色产品。

2）N–脂肪酰胺烷基磺酸盐　为了克服肥皂对硬水与酸的敏感性，德国人开发出了商品名为 Igenpon 的系列产品，结构式如下图所示。改变 $R_1R_2R_3$，可得到满足乳化、湿润、洗涤等不同性能要求的产品。

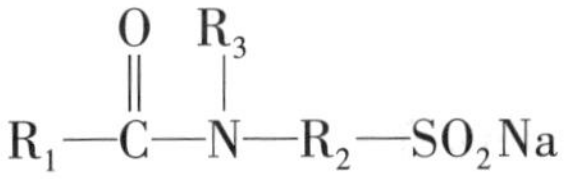

$$R_1-\overset{\displaystyle O}{\overset{\|}{C}}-\overset{\displaystyle R_3}{\overset{|}{N}}-R_2-SO_2Na$$
（Igenpon 型）

Igenpon–T 是这类表面活性剂中最重要的一个品种，最初作为纺织助剂使用。它对硬水不敏感，有良好的去污力、润湿力和纤维柔软作用，并可在酸性条件下使用。Igepon–T 型产品具有良好的发泡性能，在精细纺织品洗涤剂、手洗和机洗餐具洗涤剂及各种形式的香波、泡沫浴等配方中都可应用，特别适用于复合香皂和全合成香皂的配方。该产品的价格较高。

3）α–磺基琥珀酸酯盐　Aerosol–OT(渗透剂 OT)是最早问世的一种琥珀酸双酯磺酸盐(2–琥珀酸双异辛醇酯磺酸钠，结构式中 $R_1 = R_2 = i-C_8H_{17}$)，是优良的工业用润湿剂、渗透剂，至今仍被广泛应用。

自 80 年代中期后，琥珀酸单酯磺酸盐(R_1 或 $R_2 = H$，Na)的开发和应用得到了很大的发展。它的合成均由马来酸酐与醇酯化后，再经亚硫酸钠磺化制得。用于酯化反应的醇有多种，而由聚氧乙烯化脂肪醇与脂肪酸单乙醇酰胺衍生得到的单酯产品(结构式见附图)性能最佳，它泡沫性能优良，对皮肤、眼睛的刺激性非常低，在化妆品中的应用日益广泛，发展也十分迅速，目前，美国的产量达 15kt，且已发展到十个系列品种。

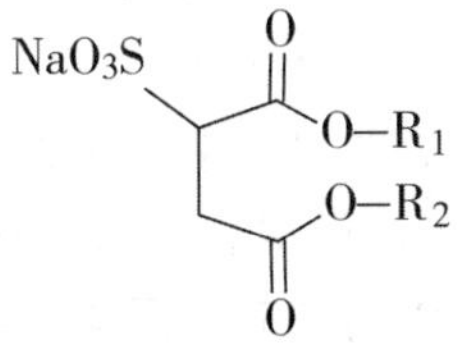

α–磺酸基琥珀酸酯

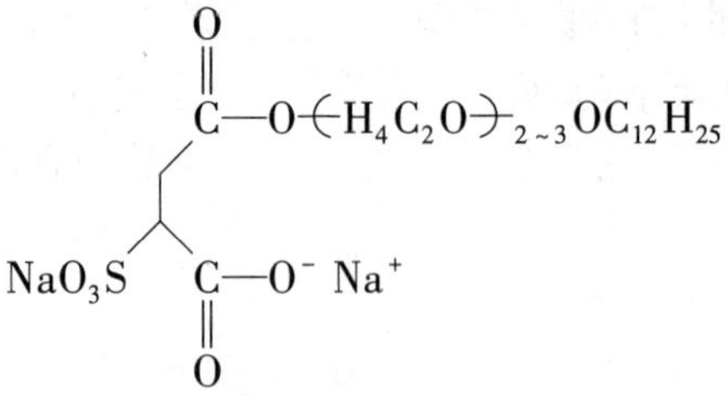

琥珀酸酯 - 202 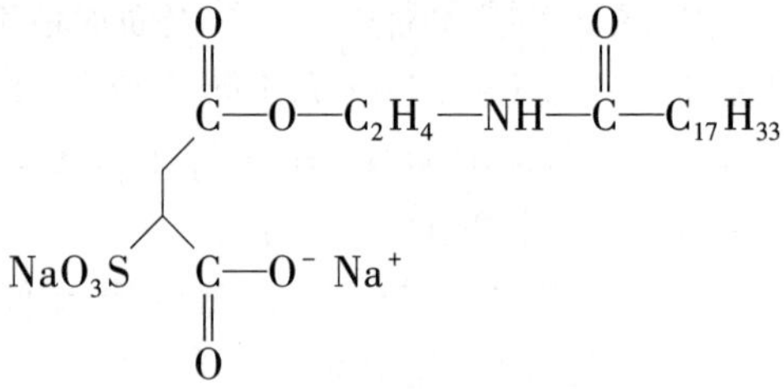   油酰胺琥珀酯二钠盐

3. 硫酸（酯）盐型

硫酸（酯）盐型表面活性剂分子的亲水基与疏水基是通过 C—O—S 键连接的，与前述的磺酸盐型（C—S 键）相比，中间多个氧原子，这就使得它在酸性介质中容易水解。

（1）脂肪醇硫酸盐

这是继肥皂之后出现的最古老的一种阴离子表面活性剂，如十二醇硫酸钠。自 1836 年发现后，化学工程师们经过不断的技术改进，于 1930 年首次实现工业化生产。由于该产品的水溶性、发泡性、去污性等均十分理想，因而在当时深受市场的青睐。

脂肪醇硫酸（酯）盐（alkyl sulfate），简称 AS。它的合成反应方程式可表示如下：

$$ROH + 硫酸化试剂 \longrightarrow ROSO_3H \xrightarrow{中和} ROSO_3^- Me^+$$

式中：$R = C_{10 \sim 18}$ 碳链基团；Me^+ 代表阳离子。研究发现 AS 溶解度与阳离子性质有关，其中以有机铵盐的溶解度最大。如十六烷基硫酸钠的 Krafft 点为 45℃，而相应三乙醇铵盐的水溶液在 0℃时仍呈透明状。

原料脂肪醇，早期由油、脂通过氢化还原而制得，而目前绝大多数的脂肪醇均源自于石油加工。工业上生产脂肪醇的主要方法有：①羰基合成法；②齐格勒法；③正构烷烃液相氧化法，方法①、②制得的醇为伯碳醇；硫酸化后的 AS 为直链型产品；而氧化法制得的主要为脂肪仲醇。就洗涤力而言，直链型 AS 明显优于支链型 AS（由仲醇衍生）。

直链 AS 具有良好的发泡、起泡性，是香波、合成香皂、浴用品、剃须膏等盥洗卫生用品中的重要组分，也是各类洗涤制品配方中的重要组分。月桂基硫酸钠（俗称 K_{12}）添加在牙膏中，起着润湿、泡沫和洗涤的作用；用牛脂和椰子油制成的钠皂，再与 AS 配制的富脂香皂其泡沫丰富、细腻，并能防止皂垢的生成；而它的三乙醇铵盐则多用于香波。

（2）脂肪醇醚硫酸盐

它实际上是脂肪醇硫酸盐的改良产品，有时也称之为烷基聚氧乙烯醚硫酸盐（alkyl Polyoxyethylene ether sulfate），简称 AES。在合成工艺和设备使用上基本与

12

AS 的相同，唯硫酸化前，脂肪醇需先作氧乙烯化处理，其生产合成反应的基本方程式为：

$$R—OH \xrightarrow[\text{催化剂}]{O} RO(C_2H_4O)_nH \xrightarrow[\text{2) NaOH}]{\text{1) SO}_3} RO(C_2H_4O)_nSO_3^-Na^+ \quad (n = 2 \sim 4)$$

脂肪醇聚氧乙烯醚硫酸盐在 30% ～53% 的质量分数区间内，易形成凝胶相，因此，一般工业生产将它制成活性物含量为 27% ～30% 和 70% 的二种产品形式。

AES 由于在疏水基和亲水基之间嵌入了聚氧乙烯链（—OC$_2$H$_4$—）单元，故兼具非离子和阴离子表面活性剂的一些特性。AES 的水中溶解性能、抗硬水性能、起泡性、润湿力均优于 AS，且对皮肤和眼睛的刺激性较小，常用来取代配方中的 AS。如今 AES 广泛应用于香波、浴用品、剃须膏等盥洗卫生用品中，同时它也是手洗型餐具清洗剂、轻垢洗涤剂、地毯清洗剂、硬表面清洁剂等配方中的重要组分。

（3）硫酸化油（脂）

含羟基（—OH）或不饱和键（C＝C）的油脂或脂肪酸酯，用硫酸或氯磺酸处理后再经碱中和就可得到一种磺化产物，这是最古老的表面活性剂产品，其中最具代表性的产品称为"土耳其红油（Turkey red oils）"。它是蓖麻油经硫酸化、中和得到的产物。因当年制取的此种产品是用作"土耳其红"的染色助剂，故得此名。

此类产品的原料除蓖麻油外，还可使用橄榄油、菜籽油、大豆油、鲸鱼油、鱼油等动、植物油脂，也可以是含不饱和键的脂肪酸酯，如油酸丁酯、蓖麻油酸丁酯等。

随着石油化工的发展，许多优质表面活性剂应运而生，硫酸化油脂的应用已大大地减少，但作为乳化剂它仍有一些突出的优点。如用油脂硫酸盐乳化石蜡可作纸张整理剂；与矿物油混配可用作金属切削油和农药喷雾剂；乳化的油脂可用于皮革加脂，提高皮革的坚韧度且对皮革的渗透性好，以防止油从皮革内层渗出。

4. 磷酸（酯）盐型

磷酸酯盐型表面活性剂，由于其表面活性不高，价格偏贵，故在阴离子表面活性剂中所占的份额很低。按其化学结构，磷酸酯盐型表面活性剂主要就是烷基（醚）磷酸单酯与双酯盐（见图 1－7），式中 R = C$_8$ ～ C$_{18}$ 或是含（C$_2$H$_4$O）$_n$ 的烷基。

通常单酯的水溶性较大，双酯则为油溶性；在烷基链中引入氧乙烯基（—OC$_2$H$_4$—）$_n$ 则能使分子的水溶性增加，同时也提高了乳化、增溶等性能。

磷酸酯盐的制备通常由广义的羟

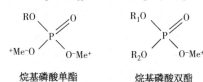

烷基磷酸单酯　　　烷基磷酸双酯

图 1－7　磷酸盐表面活性剂的结构示意图

基化合物与磷酸化试剂，如 P_2O_5、$POCl_3$、PCl_3 等反应制得。P_2O_5 是工业上生产磷酸酯的主要原料，与相应的醇反应即可得到单、双酯混合物，反应方程式表示为：

$$4R-OH+P_2O_5 \longrightarrow 2(RPO(OH)(双酯)+H_2O ,$$

$$3R-OH+P_2O_5 \longrightarrow (RO)_2PO(OH)(双酯)+ROPO(OH)_2(单酯) ,$$

$$2R-OH+P_2O_5+H_2O \longrightarrow 2ROPO(OH)_2(单酯)$$

很明显产物中单、双酯的比例，与反应的投料比、体系中的水分有关。一般水分含量增加，单酯的比例增加；投料中醇的比例提高，产物中双酯的含量相应提高。

实验数据显示，单烷基磷酸盐的 c. m. c 较大（如 C_{12} 超过 3.0×10^{-2} mol/L），而相应的双十二烷基磷酸酯盐仅为 1.5×10^{-3} mol/L；同样地，单烷基磷酸盐的表面张力也明显高于双烷基磷酸盐，显然双酯的表面活性要好于单酯。此外，实验数据还表明：单烷基磷酸盐的表面张力与 pH 值有很大的关系。比如单十二烷基磷酸酯一钠盐的表面张力为 27.5mN/m，相应的二钠盐的表面张力则为 39.5mN/m。

烷基磷酸钾和烷基醇醚磷酸钾均具有优良的抗静电性。相对而言，烷基碳链短的，其抗静电效果较好；单烷基磷酸酯的抗静电性优于双烷基磷酸酯，它至今仍被广泛地用作化纤油剂的抗静电剂。磷酸酯的生物降解性，比脂肪醇硫酸钠稍差，但优于烷基苯磺酸钠。另外，对于皮肤的刺激性，试验表明：单烷基磷酸酯比烷基硫酸钠（AS）、烯基磺酸钠（AOS）、烷基苯磺酸钠（LAS）、烷基醚硫酸钠（AES）都小，使用比较安全，且磷酸酯盐型表面活性剂结构与天然磷酯相似，毒性很小，并易于生物降解。

1.2.2　阳离子表面活性剂(cationic surfactants)

早在 1896 年，F. Krafft 和 A. Stuart 就发现十六烷基胺盐的水溶液与肥皂一样，具有发泡性能；1900 年使用阳离子表面活性剂进行杀菌；1935 年阐明了季铵化合物的杀菌效果，自此阳离子表面活性剂开始了其工业上的生产与实际应用。

阳离子表面活性剂易吸附于多数固体物质的表面，赋予物质一些特性而被广泛使用。表 1-2 列出了一些阳离子表面活性剂因吸附特性而使用的领域。

表 1-2　阳离子表面活性剂的一些应用

（被吸附）底物	应用	（被吸附）底物	应用
天然、合成纤维	柔软剂、抗静电剂	塑料	抗静电剂
肥料	抗结块剂	表皮、角蛋白	护发素、化妆品
种子	除草剂	矿石	浮选剂
金属	防锈剂	微生物	杀菌剂
颜料	分散剂	沥青	胶黏促进剂

1. 高级脂肪胺盐型(long-chain amine salts type)

这是最为典型的一类阳离子表面活性剂。构型(图1-8)上与肥皂相同(亲水基位于疏水基的末端),只是离子的极性相反,故其俗名"阳皂"。通式中 R = $C_{10} \sim C_{18}$ 或是含 O、S、N 等杂原子的长链烷基;R_1、R_2 为 H、$C_1 \sim C_4$ 烷基、苄基等;X = 卤素、无机酸根或小分子有机酸根。

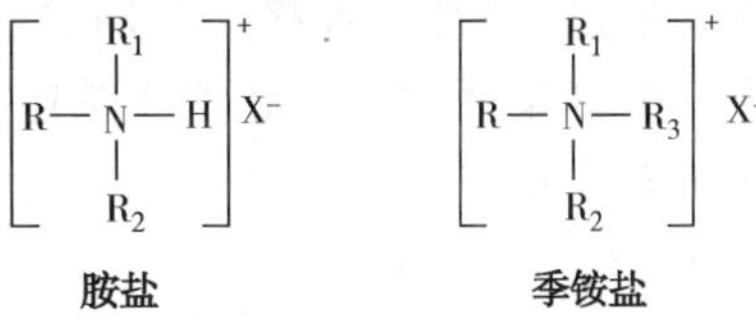

$$\left[\begin{array}{c} R_1 \\ | \\ R-N-H \\ | \\ R_2 \end{array}\right]^{+} X^{-} \qquad \left[\begin{array}{c} R_1 \\ | \\ R-N-R_3 \\ | \\ R_2 \end{array}\right]^{+} X^{-}$$

胺盐　　　　　　　**季铵盐**

图1-8　胺盐与季铵盐的化学结构

从胺的碱性角度分析,烷基胺盐实际是伯、仲或叔胺与酸的结合产物,它溶于酸性水溶液中,并呈现出表面活性。当水溶液呈中-碱性时,可逆地析出游离脂肪胺而失去表面活性。鉴于此缺点,加之长链脂肪胺的价格较高,此长链烷基的胺盐真正作为表面活性剂的并不多。

2. 季铵盐型(quaternary amine salts)

直链烷基季铵盐的化学结构式如图1-8所示。式中 R、R_1、R_2、R_3 基本与上述胺盐相似。所不同的是,季铵盐分子无论在酸性或碱性水介质中,都能电离成带阳电荷的离子而溶于水,并表现出良好的表面活性。因此,季铵盐是最重要的一类阳离子表面活性剂。

与长链烷基的阴离子表面活性剂相似,季铵盐表面活性剂的水溶解度也是随烷基链长的增加而降低。$C_8 \sim C_{14}$ 的易溶于水;$C_{16} \sim C_{18}$ 的则难溶于水。当分子中含有二个长链烷基时,几乎不溶于水而溶于非极性溶剂;同样烷基链中若含有不饱和键,则水溶性明显提高。

季铵盐表面活性机的品种很多,若按亲水基团与疏水基团的连接方式可将其分为直接型和间接型两大类。所谓"直接型",即指烷基疏水链与亲水的季铵盐离子基团直接相连接,它们通常由长链叔胺经烷基化反应制得;但也可以用长链卤代烃与低碳烷基叔胺反应来制得,详见图1-9。

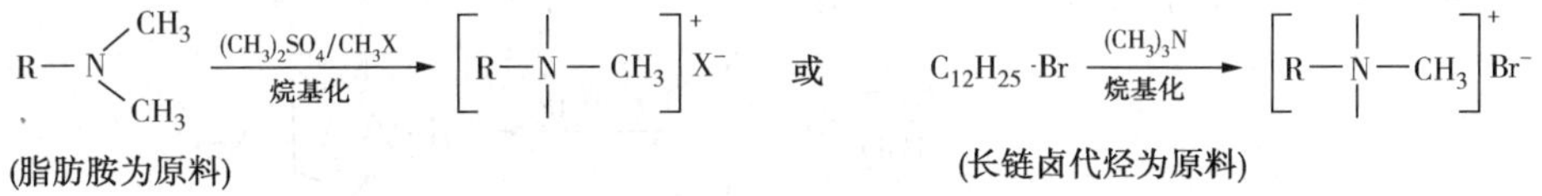

$$R-N\begin{array}{c} CH_3 \\ \diagdown \\ \diagup \\ CH_3 \end{array} \xrightarrow[\text{烷基化}]{(CH_3)_2SO_4/CH_3X} \left[\begin{array}{c} | \\ R-N-CH_3 \\ | \end{array}\right]^{+} X^{-} \quad \text{或} \quad C_{12}H_{25} \cdot Br \xrightarrow[\text{烷基化}]{(CH_3)_3N} \left[\begin{array}{c} | \\ R-N-CH_3 \\ | \end{array}\right]^{+} Br^{-}$$

(脂肪胺为原料)　　　　　　　　　　　　　　　　　　(长链卤代烃为原料)

图1-9　季铵盐型表面活性剂的合成方法

对于一般的 N-烷基季铵盐来说,它较适用于作为乳化剂、抗静电剂、纤维整理剂、防锈剂等;当分子中含有苄基时,往往显示出良好的杀菌性能而用作杀菌剂、消毒清洗剂等;若分子中含二个长链烷基,如双-(十八烷基)二甲基氯化铵,是一种优良的柔软剂,多用于织物柔软剂和护发剂中;但季铵盐中氮原子上的烷基相等,如$(C_4H_9)N^+X^-$、$(C_8H_{17})N^+X^-$ 等,则常作为非均相有机化学反应的相转移催化剂,能显著地提高非均相反应的速率。

由于长链脂肪胺或长链卤代烃的价格很高,这样就影响到其产品的广泛应用。为了较好地利用低价格的脂肪酸、酯或脂肪醇，人们研制开发了所谓"间接型季铵盐"阳离子表面活性剂，即亲水与疏水基团是通过中间的化学基团（如酯键、醚键等）加以连接。早期出名产品有 soromine 型、sapamine 型（见图 1 – 10），它们分别是通过酯基和酰胺基连接的季铵盐阳离子表面活性剂，多用作纤维防水柔软剂、抗静电剂、乳化剂等助剂。

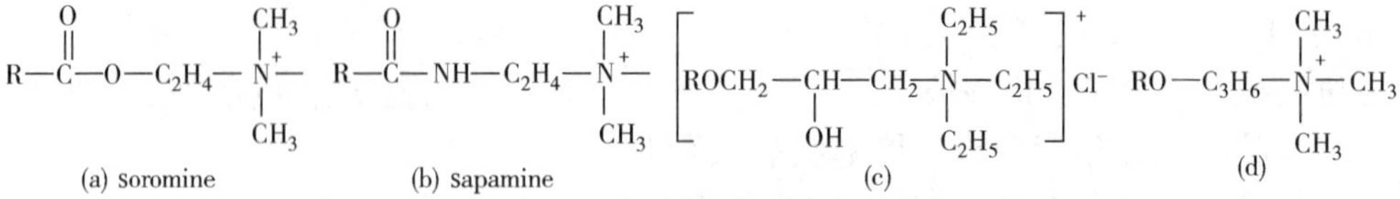

$$
\begin{array}{cccc}
\text{R—C—O—C}_2\text{H}_4\text{—N}^+\text{—CH}_3 & \text{R—C—NH—C}_2\text{H}_4\text{—N}^+\text{—CH}_3 & [\text{ROCH}_2\text{—CH—CH}_2\text{—N}^+\text{—C}_2\text{H}_5]\text{Cl}^- & \text{RO—C}_3\text{H}_6\text{—N}^+\text{—CH}_3
\end{array}
$$

图 1 – 10　部分间接连接型季铵盐表面活性剂的结构式

间接型季铵盐型阳离子表面活性剂的合成方法有许多，如它可通过甲醛、一氯醋酸、环氧氯丙烷、丙烯腈等双（多）官能团化合物的"桥梁"作用进行连接得到。图 1 – 10 列出了部分间接型产品的化学结构式。表面活性剂（C）由脂肪醇、环氧氯丙烷与三乙胺衍生制得；（D）则先由脂肪醇与丙烯腈加成，随后经还原、烷基化反应制备得到。有关季铵盐型阴离子表面活性剂合成方面的详细内容，可参阅相关的资料与专著。

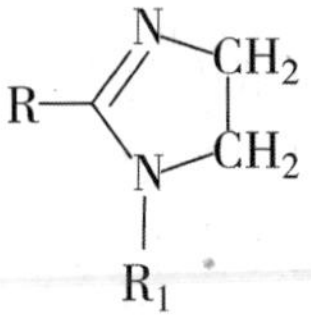

3. 咪唑啉型

咪唑啉结构

咪唑啉是含二个氮原子的五元杂环，作为阳离子表面活性剂，它的结构式如左图所示。其中 R 为 $C_{12} \sim C_{18}$ 长链烷基；$R_1 = H^+$、C_2H_4OH 等。

目前咪唑啉型表面活性剂的合成，主要采用乙二胺的衍生物如二乙烯三胺、N – 羟乙基乙二胺等先与脂肪酸缩合制得，所得的咪唑啉进一步烷基化便可制得许多相应的咪唑啉结构的阳离子表面活性剂。如由椰子油脂肪酸可衍生制得含双烷基的咪唑啉化合物。其反应方程式为：

$$
\text{R—COOH} + \text{H}_2\text{N—C}_2\text{H}_4\text{—NH—C}_2\text{H}_4\text{—NH}_2
$$

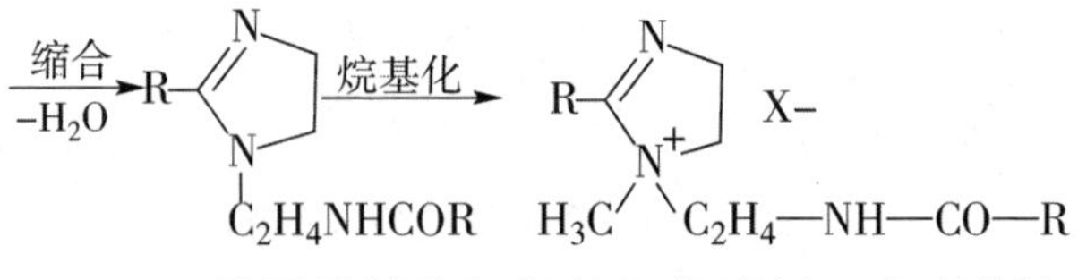

$$
\xrightarrow[-\text{H}_2\text{O}]{\text{缩合}} \quad \xrightarrow{\text{烷基化}}
$$

这是一个商品名为"Rewocat W7500"的柔软性能极好的织物助剂。咪唑啉结构的表面活性剂最主要的应用是进一步合成制备两性离子型表面活性剂。（详见1.2.4 节）

1.2.3　非离子型表面活性剂（non – ionic surfactant）

非离子型表面活性剂在水中并不发生电离，其分子的水溶性（或亲水性）是由结构中的极性基团如聚醚基、羟基、酰胺基等提供。自20世纪50年代石油化

16

学工业的飞速发展，环氧乙烷的生产有了根本性的突破，产量大幅度地增加，这为聚氧乙烯醚型非离子表面活性剂的发展提供了原料基础。目前世界上非离子表面活性剂的产量已列第二位，约占总量的35%。

1. 聚氧乙烯醚型（polyoxyethylene ether）

聚氧乙烯醚型非离子表面活性剂的水溶性，是通过分子中的多个醚键与水分子间的水合作用（一个醚氧原子可结合 20~30 个水分子）而得以体现（图 1-11）。显然，水溶性的好坏与分子中的醚键数量成正比关系。通常聚氧乙烯醚型的水溶性，与疏水链的碳原子数 N 和环氧乙烷加成数 n 相关，经验表明：当 $n = N/3$ 时，为水不溶性；$n = N/2$ 时，水溶性较好；$n = 1~1.5N$ 时，则完全溶于水。

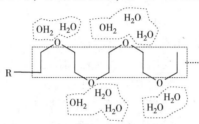

图 1-11　聚氧乙烯醚分子与水的氢键作用

聚氧乙烯醚型非离子表面活性剂的另一特点就是存在有"浊点"。当加热此类表面活性剂的水溶液至一定温度时，由于氢键被破坏，表面活性剂分子自水中析出，溶液呈现浑浊（呈云雾状），此对应的温度，即称为浊点（cloud point）。因此，浊点也是反映该聚氧乙烯化合物水溶性大小的一个参照指标。浊点越高，表明破坏分子间氢键作用所需的能量值越大，即水溶性越好；而当分子中的 EO（ethylene oxide）数相同时，浊点则随疏水链的增长而降低。另一方面，浊点与溶液中电解质的浓度有关，盐的存在会使聚氧乙烯型表面活性剂发生一定程度的脱水，会降低表面活性剂分子在水中的溶解度，从而导致该水溶液的浊点下降。

聚氧乙烯型非离子表面活性剂的合成是由含活性氢的疏水性物质，如脂肪醇、烷基酚、脂肪酸、脂肪胺等与环氧乙烷加成反应制得，其反应方程式表示如下：

$$R\text{—}H + n\ H_2C\text{——}CH_2 \xrightarrow[\text{催化}]{\text{酸或碱}} R\text{（}C_2H_4O\text{）}_n H$$

在使用酸（BF_3 等）作为催化剂时，反应产物中混有较多的副产物，如聚乙二醇、二噁烷等，故实际工业生产中较少采用。但另一方面，对于环氧乙烷在碱性物质下的催化反应则研究得较多，认为其反应机理：首先是双分子的 S_N2 亲核反应，开环后生成的乙氧基化阴离子（$ROC_2H_4O^-$）仍具亲核反应活性，继续与环氧乙烷分子发生开环加成反应，如此继续，直至体系中的环氧乙烷分子全部耗尽为止。用化学反应方程式表示：

$$R\!-\!H \xrightarrow{B} R^- (\text{I}) \xrightarrow[\text{开环}]{\overset{\triangledown}{O}} R\!-\!C_2H_4O^- (\text{II}) \xrightarrow{\overset{\triangledown}{O}} \cdots R(C_2H_4O)_m C_2H_4O^- \quad (\text{III})$$

研究反应过程发现，开环反应后生成的(II)或(III)与体系中的原料(R—H)还存在着质子交换反应，结果生成聚氧乙烯化合物 $R(CH_2CH_2O)_mH$ 与 R^-。其反应式如下表示：

$$(\text{II})/(\text{III}) + R'\!-\!H \xrightleftharpoons{\text{质子交换}} R(C_2H_4O)_m C_2H_4OH(\text{VI}) + R'^- (\text{I})$$

这样在整个反应体系中，就存在着两种"亲核进攻碎片"，即(I)与(II)/(III)。究竟哪一种与环氧乙烷的反应占优？这取决与两者的酸性大小。一般有如下三种情况：

1）相对酸度是 RH≫R CH_2CH_2OH

其质子的交换反应为：$R\!-\!H + R\!-\!C_2H_4O^- \rightleftharpoons R^- + R\!-\!C_2H_4OH$

$$K_{aq} = \frac{[R^-][RCH_2CH_2OH]}{[RH][RCH_2CH_2O^-]}$$

此时平衡常数 K_{aq} 很大，说明只要有 EO(环氧乙烷)存在，总先与 R^- 反应，直至耗完聚合反应才开始，环氧乙烷的加成数才急剧增长。因此，最终聚氧乙烯醚化合物分子量的分布与 RH 和环氧乙烷的加成反应速率无关。属于此类疏水化合物的有羧酸、酚和硫醇。

2）相对酸度是 RH≈RCH_2CH_2OH

在此种情况下，上述质子交换反应的平衡常数 $K_{aq} \approx 1$，亦即 R^- 与 $R_1C_2H_4O^-$ 的反应活性相差无几，生成单乙氧基化合物与醚的聚合反应同时发生，此时，EO 加成物的分子量分布取决于两者对环氧乙烷的相对反应速率，醇、酰胺和水均属此类。

3）相对酸度是 RH < RCH_2CH_2OH

有机胺是这类的典型代表。由于胺(R—NH_2)的酸性要远远小于 $RCH_2CH_2O^-$，因此，一般的 NaOH、KOH 和 RONa 并不能有效地催化胺类的质子交换反应。链的增长反应只能在催化剂分子上进行，因此，环氧乙烷与胺的开环聚合可不予考虑。在无催化剂情况下，胺与环氧乙烷仅仅发生简单的加成。反应方程式如下所示：

$$R\!-\!NH_2 + H_2C\!-\!\!-\!\!CH_2 \xrightarrow{\quad} RHC_2H_4OH$$

$$RNC_2H_4OH + H_2C\!-\!\!-\!\!CH_2 \xrightarrow{\quad} RN\begin{matrix} C_2H_4OH \\ C_2H_4OH \end{matrix}$$

18

随后，由于碱的存在，乙醇胺与环氧乙烷再发生加成聚合反应，类似醇的加成反应。显然，胺的 EO 加成反应包括二个阶段：i）非催化条件下生成乙醇胺；ii）碱催化下的开环聚合，最终生成叔胺的聚氧乙烯醚化合物。

根据上述活泼 H 物质与 EO 加成反应的描述，聚氧乙烯醚型非离子表面活性剂主要有：

1）脂肪醇聚氧乙烯醚(fatty alcohol ethoxylates)　即由长链($C_{12} \sim C_{18}$)脂肪醇与环氧乙烷(EO)加成聚合反应所得，故产物也称为脂肪醇 EO 加成物，简称 FAE。

由上述反应机理知道，由于脂肪醇与乙氧基化醇的酸性相当，因此，最终的产物中往往含有一定量的游离脂肪醇，这对皮肤会造成一定的刺激性。从产品的性能分析，一般分子量分布较窄(NRE)的产品性能，尤其是洗涤性能，明显优于常规或宽分布(BRE)的产品。

脂肪醇聚氧乙烯醚非离子表面活性剂的溶解范围可从完全油溶性至完全水溶性，它取决于分子中环氧乙烷加成的摩尔数。一般含 1 ~ 5mol 的产品是油溶性的，可完全溶解于烃中；当环氧乙烷增加到 7 ~ 10mol 时，可在水中分散或溶解于水中，溶解度随环氧乙烷加成数的增加而显著增加。

脂肪醇聚氧乙烯醚是非离子表面活性剂中的大宗产品。由于它去污力高、配伍性好、泡沫少、耐硬水，且低温溶解性好，故由它配制的洗涤剂更适合于低温、冷水状况下的洗涤。至 80 年代后，它是广泛应用的洗涤剂活性原料。另外，它还具有优良的湿润、乳化和易于生物降解等性能，在轻工、纺织、农业、石油、金属加工等行业均有广泛应用。

2）烷基酚聚氧乙烯醚(alkylphenol ethoxylates)　在 1940 年，美、德二国成功开发了烷基酚聚氧乙烯醚(APE)非离子表面活性剂，其商品牌号为"Igepal"，国内相应的产品有 OP 和 TX 系列。它是由二异丁烯、苯酚为原料，先制得辛基酚，再经环氧乙烷加成后所制得的产品(结构式见图)。由于支链的烷基的性能不佳，后来改用直链烷基酚，但其芳烃较差的生物降解性仍是阻碍其进一步发展的根本因素。

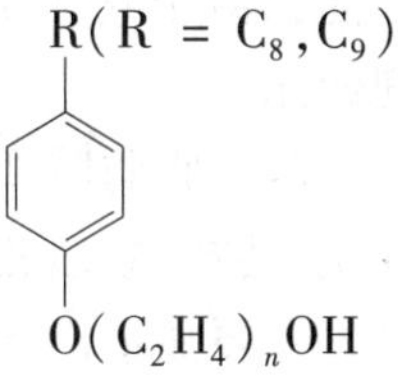

另一方面，由于烷基酚原料来源方便，APE 曾是应用最广泛的非离子表面活性剂之一。它可用于棉织物和纤维的加工(如预精炼、脱浆等)；它与 ABS 或 AES 阴离子型表面活性剂的混配已成为液体洗涤的主要配方。在工业上，它广泛用于钻孔油、切削油、酸洗浴清洗剂等金属加工过程中。长链的含有 20 ~ 100mol EO 的烷基酚作为乳化剂可用于醋酸乙烯、丙烯酸酯的聚合；而含较少 EO 链节数的可在合成橡胶或聚合物乳胶中作为分散剂和稳定剂。

3) 脂肪酸聚氧乙烯醚(fatty acid ethoxylates) 这是聚氧乙烯型非离子表面活型剂系列中的第三个大品种，特别是 $C_{12} \sim C_{18}$ 脂肪酸的 EO 加成物更为重要。工业生产主要采用以下二种方法：①脂肪酸与环氧乙烷的加成法；②肪酸与聚乙二醇的酯化法(具体方程式见下)。但无论何种方法，反应产物均为聚乙二醇、聚乙二醇单酯和双酯的混合物。研究发现当混合物中聚乙二醇的含量超过15%时，产物的表面性能就会有许多的下降。双酯的形成主要源于酯交换的反应(Ⅲ)，在合成生产工艺中，单酯、双酯的比例取决于反应原料的投料比，过量的聚乙二醇有利于单酯的形成，而过量的脂肪酸则有利于形成双酯。

$$
\underset{\text{O}}{R-\overset{\parallel}{C}-OH} + HO(CH_2CH_2O)_nH \underset{}{\overset{\text{酯化}}{\rightleftharpoons}} R-\overset{\parallel}{\underset{\text{O}}{C}}-O(CH_2CH_2O)_nH + H_2O \qquad (Ⅰ)
$$

$$
\underset{\text{O}}{R-\overset{\parallel}{C}-OH} + nH_2C\overset{\text{O}}{\overline{\bigtriangleup}}CH_2 \overset{\text{碱催化}}{\longrightarrow} R-\overset{\parallel}{\underset{\text{O}}{C}}-O(CH_2CH_2O)_nH \qquad (Ⅱ)
$$

$$
RCO(OCH_2CH_2)_nOH \overset{\text{酯交换}}{\rightleftharpoons} RCO(OCH_2CH_2)_nOOCR + HO(CH_2CH_2O)_nH \qquad (Ⅲ)
$$

单酯   双酯   聚乙二醇

自然界中含脂肪酸(尤其是碳链数为 $C_{12} \sim C_{18}$)的资源较为丰富，动、植物油脂通过皂化、酸中和即可得到天然的脂肪酸；酸的另一来源是由纸浆废液中的妥尔油酸化得到。

聚氧乙烯脂肪酸酯，根据分子中 EO 的数量可分为三类：①含 EO 数在 $1 \sim 8$ 的为油溶性；②$12 \sim 15$ 的为水分散型；③大于 15 的为水溶性。由于分子中含有酯键，在酸性或碱性条件下易发生水解而不作为洗涤剂组分使用。但另一方面，由于它无毒、安全性好，在医药、化妆品、食品等行业被广泛作为乳化剂使用。

(4) 脂肪胺及酰胺的聚氧乙烯醚(fatty amine & amide ethoxylates) 从广义角度说，胺的聚氧乙烯醚加成物，是一类两性表面活性剂。当分子中 EO 数较低时，主要显示出阳离子表面活性剂的特征；而随 EO 数增加，逐渐转为非离子表面活性剂。目前，由脂肪胺衍生制得的表面活性剂产品主要有以下三类：

① 聚氧乙烯脂肪胺，通常以 $C_8 \sim C_{18}$ 的正构烷基胺为原料，经环氧乙烷加成制得。较有名的产品如 ethomeens、ethoduomeens(Armour Co.)，其 EO 数在 $2 \sim 20$ (图 1 – 12)。

② 聚氧乙烯叔烷基胺。这是由美国 Rohm & Hass 公司制造的商品名为 Priminox R 的产品(图 1 – 12)。由叔碳伯胺与环氧乙烷反应的产物，由于氨基碳原子为叔碳原子，具有空间效应，故氨基上的活泼氢仅有一个可参加反应。

③ 聚氧乙烯脱氢松香胺。这是由美国 Hercules Powder 公司生产的系列产品，其商品牌号为 POLYDADS。是脱氢松香胺与环氧乙烷的加成产物(图 1 – 12)。

20

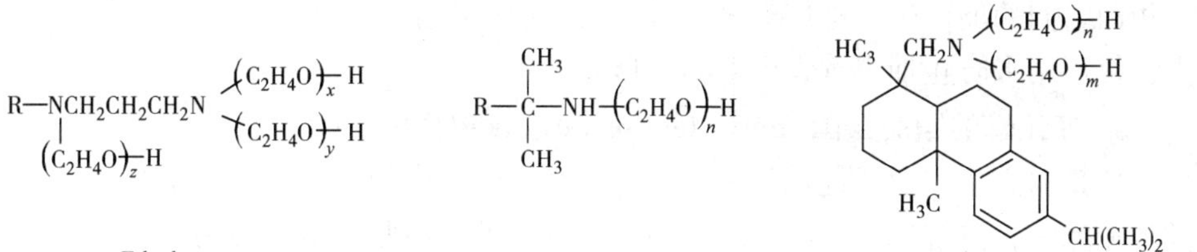

| Ethoduomeens | Priminox R | POLYRADS |

图 1 – 12　几种脂肪胺衍生的聚氧乙烯醚型表面活性剂的结构式

胺聚氧乙烯醚型表面活性剂由于具有阳离子的特性，常被用于解决金属矿物、塑料表面处理等问题。因为金属、矿物、塑料表面常带有负电荷，当它一旦吸附了聚氧乙烯胺类表面活性剂，即可形成坚固的边界保护膜，以防止腐蚀。

脂肪酰胺聚氧乙烯醚是国外在 60 年代后发展起来的一种产品。由于酰胺的氧乙基化产物的酸性与酰胺本身相差无几（相对酸度为第二类），因此，酰胺与环氧乙烷的加成反应中，除酰胺的氧乙烯化外，体系中还存在着各种酯交换反应，反应产物实际是一个酰胺 EO 加成物、脂肪酸 EO 加成物、脂肪酸聚乙二醇双酯、聚乙二醇等混合物。除特殊情况，此类表面活性剂的应用较为有限。

2. 环氧乙烷、环氧丙烷嵌段共聚物（EO – PO block co – polymers）

与环氧乙烷相似，环氧丙烷（propylene oxide，PO）也能发生开环、聚合反应。将活泼氢化合物与环氧乙烷、环氧丙烷混合共聚，便可得到具有表面活性的嵌段共聚物。因分子中有许多醚键，故也称为 EO、PO 共聚醚或聚醚。产物随 EO、PO 加成数，活泼氢化合物的种类等可以衍生出许多品种，而其中最有名的就是由美国人发明生产的 Pluronic 型表面活性剂，它的结构式可表示如下：

$$HO-(C_2H_4O)_a-(CH_2CHO)_b-(C_2H_4O)_c-H$$
$$(CH_3)$$

分子结构式中聚氧乙烯部分为亲水基团，而聚氧丙烯链则作为疏水基团。作为表面活性剂，上式中的 $b \geqslant 15$；$(a + c)$ 部分的分子量可为总分子量的 20% ~ 90%。

Pluronic 型表面活性剂的最大特点就是分子中的疏水链是由小分子丙烯聚合得到，其分子链长度可人为调节控制；而改变 EO/PO 的比例，可使产物共聚醚由几乎不溶于水到高浊点甚至无浊点的水溶液。通常 Pluronic 型嵌段共聚醚都溶于芳香烃溶剂，如苯、甲苯，也可溶于氯代烃溶剂，如四氯化碳、二氯乙烷、三氯乙烯等以及丙酮、低级醇类等，但它不溶于乙二醇、煤油等溶剂。

Pluronic 型嵌段共聚醚的发泡性属低 – 中等，氧乙烯含量越低，发泡力越差，可作为各种消泡剂。另外。Pluronic 型产品随分子量的增加，毒性就越小，加之其无味、无刺激的特点而被广泛用于医药、化妆品。在石油工业上，Pluronic 共聚物和它们的酯衍生物被广泛用作石油破乳剂；由于它对钙、镁离子的优异分散力，常可用来防止油田管道中污垢的形成。

3. 多元醇的脂肪酸酯(polyesters of fatty acids)

这是非离子表面活性剂的另一大类产品。分子中的羟基作为亲水基团，而与其构成酯的长链烷基作为疏水基。因它具有与天然油脂相似的结构，故绝大部分产品属低毒或无毒型，在食品、医药、化妆品等行业有着广泛的用途。

多元醇脂肪酸酯型表面活性剂，由于羟基的水溶性较小，绝大多数产品呈脂溶性。醇的种类主要有甘油、季戊四醇、戊醛糖、（失水）山梨醇、蔗糖等，酯的结构通式可表示为：

$$(R—\overset{\overset{O}{\|}}{C}—O \xrightarrow{\ \ }_n \boxed{} \xrightarrow{\ \ } OH)_m$$

式中：n 为酯基数，$n=1$，即单酯；m 为游离羟基数，若以 p 表示多元醇的羟基数，则 $m=(p-n)$。

（1）甘油及聚甘油酯

脂肪酸甘油单酯，因制作方便、来源丰富，是一类重要的非离子表面活性剂。工业上生产甘油单酯多采用甘油与油(脂)的酯交换反应制得，反应式如下：

$$\begin{matrix} CH_2OCOR_1 \\ | \\ CH—OCOR_2 \\ | \\ CH_2OCOR_3 \end{matrix} + C_3H_8O_3 \xrightarrow[\text{碱催化}]{\text{酯交换}} \begin{matrix} CH_2OCOR_1 \\ | \\ CHOH \\ | \\ CH_2OH \end{matrix} + \begin{matrix} CH_2OCOR_1 \\ | \\ CHOH \\ | \\ CH_2OCOR_3 \end{matrix}$$

甘油   单酯   双酯

由反应式可知，反应产物为单酯、双酯的混合物，且还含有一定量的三酯和游离的甘油。鉴于平衡反应的缘故，产物中单酯的含量最多也不会超过60%。普通的工业级产品，其单酯的含量仅为40%～55%。目前，工业上运用分子蒸馏技术，可将单酯的含量提高到90%以上，也称为"蒸馏甘油单酯"。

脂肪酸甘油单酯和双酯，虽水溶性较差，但配入水溶性助乳化剂后，显示出良好的自乳化性，且无毒性，是化妆品和食品行业中的重要乳化剂。

$$\underset{OH}{\underset{|}{CH_2}}—\underset{OH}{\underset{|}{CH}}—CH_2—O \xrightarrow{\ \ } (CH_2—\underset{OH}{\underset{|}{CH}}—CH_2—O \xrightarrow{\ \ })_n CH_2—\underset{OH}{\underset{|}{CH}}—\underset{OH}{\underset{|}{CH_2}}$$

聚合甘油的分子结构示意图

聚合甘油酯是近些年新开发的一种非离子表面活性剂。它是甘油先在酸或碱性催化剂存在下，分子间脱水、聚合先得到聚合甘油，再与脂肪酸或油脂在220～230℃和减压条件下反应制得聚合甘油脂肪酸酯。聚合甘油酯的聚合度可从2～30不同，通常为二聚到十二聚甘油，其中尤以聚合度2、3、4的最为普遍。

22

聚合度低的聚甘油能溶于水，它的吸湿性虽比甘油差，但仍具良好的保湿效果。二聚甘油可代替山梨醇和其他多元醇，用作表面活性剂的亲水基原料，也是商品化聚甘油的主要品种；另一重要品种则是十聚甘油。

聚甘油酯的链长、酯化度和脂肪酸品种都能独立地变化，因此可制得多种性能各异的聚甘油酯产品，产品可从水溶性至油溶性不等。

聚甘油酯在化妆品中有着极为广泛的使用，可作为乳化剂、分散剂，也可代替增溶剂和珠光剂，且具有稳定、调理和控制黏度的作用。三聚甘油与蜂蜡的酯交换产物可用于保湿防晒霜；而它的双异硬脂酸酯可应用于眼影和胭脂产品，代替唇膏配方中的蓖麻油；六聚甘油单油酸酯与矿油混合呈透明状，涂抹在皮肤上易于被水冲洗掉，非常适用于美容化妆品；十聚甘油双油酸酯能产生稳定的 W/O 乳液。

总之，聚甘油酯是一类很有发展前途的非离子表面活性剂，由于产品的亲水、疏水性可通过聚合度、酯化度来加以调节，加之产品的低毒或无毒性，是当今十分提倡的环境友好型表面活性剂产品。

（2）四、五元醇酯

常用的四、五元醇类化合物有：季戊四醇、赤藓糖醇、木糖醇和阿拉伯糖醇等（见图1-13）。将其与如月桂酸、硬脂酸、油酸、棕榈酸等直接酯化，可得到相应的酯化产物。

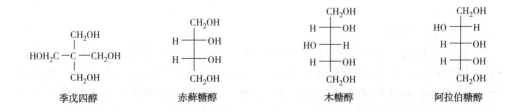

季戊四醇　　　　赤藓糖醇　　　　木糖醇　　　　阿拉伯糖醇

图1-13　部分多元醇的化学结构式

与甘油酯类似，产物均为单酯与多元酯的混合物。由于原料来源和价格因素，相比其他酯类产品，其应用和开发都较少见。

（3）山梨醇及失水山梨醇酯

山梨醇、甘露醇均为六元醇，是由相应葡萄糖和甘露糖还原所得的产物。失水山梨醇酯是山梨醇分子内脱水后与脂肪酸所形成的酯类混合物，是多元醇酯类非离子表面活性剂中最为重要的品种之一。它最早是由美国的 Atlas 公司在1945年成功开发的商品，并将其命名为 Span（斯班）系列，如 Span-20、Span-85 等。将山梨醇和脂肪酸（或脂肪酸甲酯）在200~250℃下反应，就可得到失水山梨醇的单酯、双酯和多元酯混合物。反应式如下：

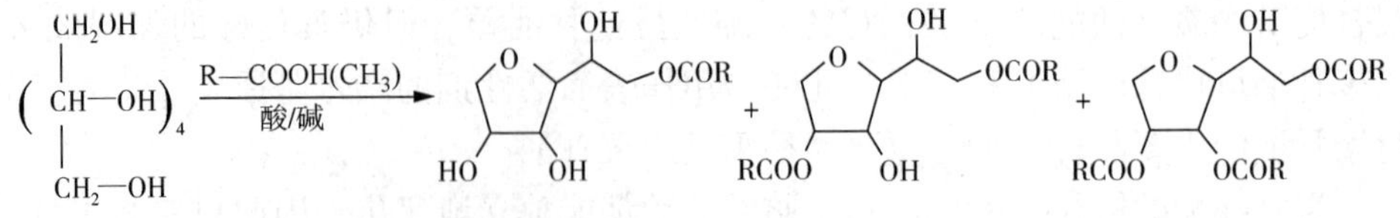

山梨醇　　　　　　　　　单酯　　　　　　　双酯　　　　　　　叁酯

Span 产品无毒、刺激性低，在医药、食品、化妆品行业中有着极为广泛的应用。但由于本身不溶于水，单独使用很少。但当与其他水溶性乳化剂复配时，则能显示出优异的乳化特性。其中最为匹配、有名的水溶性乳化剂就是 Tween 系列型产品。它是 Span 型产品环氧乙烷（EO）化后所得的一类非离子表面活性剂（见图示）。

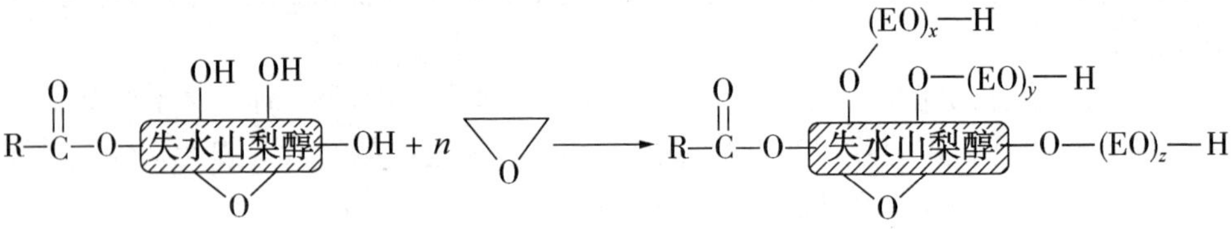

Span型　　　　　　　　　　　　　　　　Tween型

因分子中引入相当数量的氧乙烯单元（EO）数（$x+y+z \approx 20$），使得产品的水溶性有很大的提高。Tween 产品除与 Span 表面活性剂复配被广泛用作乳化、分散剂外，在其他行业也有着重要应用。如在油田的开发中，使用 Tween 型表面活性剂可防止蜡在油管中的凝结，改善（降低）原油的流动黏度，提高原油的输送能力。

4. 烷醇酰胺型

此类结构的表面活性剂实际上主要包括 1:1 型、1:2 型烷基醇酰胺两种产品（结构式见图）。它们均为重要的非离子表面活性剂，实际应用中有着特殊的性能。通常脂肪酸采用椰子油脂肪酸或月桂酸，而醇胺用得最多的是乙醇胺和二乙醇胺。分子中长链烷基作为疏水基团，而亲水性则取决于极性的羟基和酰胺基团。

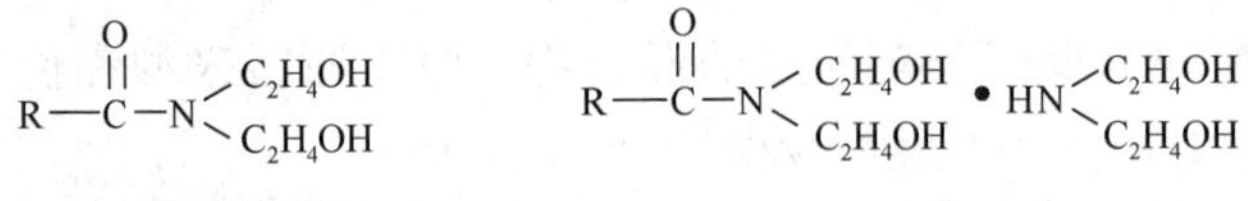

1:1 烷醇酰胺　　　　　　　　　　　1:2 烷醇酰胺

采用二乙醇胺与脂肪酸（摩尔比 1:1）进行反应时，生成一种难溶于水的烷基醇酰胺，但当它与其他水溶性表面活性剂混合时，可配制成水溶性产品，并显示出良好的湿润性和洗涤性。这在洗涤剂的具体配制中十分重要。1:2 型脂肪酸二烷醇酰胺，因分子中含更多的羟基，所以产品的水溶性有很大的提高。著名的 Ninol 型表面活性剂（国内称"6501"）就是以 1mol 脂肪酸与 2mol 二乙醇胺缩合所得到一种水溶性产品。

24

Ninol 型表面活性剂有着诸多的特性，如没有浊点；加入表面活性剂水溶液后会使溶液变稠；最为突出的就是具有优异的发泡和稳泡性能，这在配制多泡型洗涤产品如羊毛洗涤剂、香波、泡沫浴剂等就显得十分有效。1∶2 型二乙醇酰胺还具有良好的洗涤性，与 LAS 等复配可提高洗涤效力 1/3；用于香波可减少对眼睛的刺激性；在香皂配方中可作为固香剂，增加肥皂的光泽。另外，它还可用于汽油、燃料油、颜料等方面的乳化和分散。

5. 糖基衍生物(sugar – based surfactants)

这是当今引入注目的一类"绿色"表面活性剂产品。因为它的资源来源安全、丰富(例如淀粉)，且易于生物降解，可为人体吸收、不会刺激皮肤和黏膜。从目前已有的状况看，糖结构衍生的表面活性剂主要有下属三类：蔗糖脂肪酸酯、烷基葡糖苷和 N – 甲基 – N – 烷酰基葡萄糖胺。其中前二者已有商品生产，并在各应用领域中显示出其特殊的性能和作用。

(1) 蔗糖脂肪酸酯酯(sucrose fatty acid esters，缩写 SE)

作为可更新的天然资源—碳水化合物，尤其是糖类、淀粉等用作化工原料的优越性和重要性已日益增长。蔗糖是一个典型的多羟基化合物，它易得、且价格也较环氧乙烷便宜，加之本身又是表面活性剂的助溶组分，因此，多年来科学工作者一直在研究、开发以糖为亲水原料的表面活性剂，但直到 1965 年 Osipow 等采用酯交换法成功制得蔗糖脂肪酸酯后，糖类表面活性剂才开始了工业生产和应用使命。

蔗糖属双糖类，是一分子葡萄糖和果糖缩合的产物，化学结构式如图 1 – 14 所示。分子中共有八个游离羟基，但实际只有三个活性较大的伯羟基能形成酯基。蔗糖单酯为水溶性产品，疏水链较短(C_{12})时

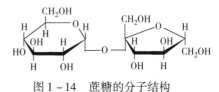

图 1 – 14　蔗糖的分子结构

能形成水溶液；链长达 $C_{16} \sim C_{18}$ 时，则形成水凝胶。蔗糖多酯为油溶性表面活性剂，它只能分散于水中。与甘油酯相类似，蔗糖的酯化反应产物，均为单、双、三酯及未反应糖的混合物，选择不同的蔗糖/脂肪酸酯的分子比、反应时间及其他条件可改变三者间的比例。

目前，蔗糖脂肪酸酯的制备方法这样主要有三种：

1) 二甲基甲酰胺(DMF)法　它是最早的蔗糖酯生产方法。将蔗糖溶于 DMF 中，加入脂肪酸甲酯，在碱性条件下加热反应。产物经脱除甲醇和溶剂后，即得蔗糖酯混合物。该方法较为简单，但 DMF 回收较难，且有一定毒性，一般不允许超过 50ppm。

2) 微乳法　以丙二醇为溶剂，采用油酸钠作为催化剂，在碱性条件下使脂肪酸与蔗糖在微滴分散状态下进行反应。除去溶剂丙二醇，便可得到粗酯产物。

经精制后即可得到糖酯含量在96%的产品。相比 DMF 法，糖的用量可减少一半，溶剂无毒并可回收，但有蔗糖焦化现象。

3）（无溶剂）直接法 此法采用油脂为反应原料，与蔗糖直接进行酯交换反应，得到蔗糖酯、甘油酯、甘油及未反应糖的混合物，再经萃取、分离，可分别得到蔗糖酯和甘油三酯及未反应的糖。直接法是一种无溶剂法，反应可在常压下进行，且反应温度低、工艺简单，故可大大降低生产成本。

目前，蔗糖酯表面活性剂因其生产成本还无法与其他表面活性剂竞争，故无法大量用于洗涤剂配方之中，只能用于化妆品、食品、医药等对皮肤刺激和毒理性要求较高的领域。作为食品乳化剂，它的低温特性已广泛用与冰淇淋、果酱（类）、奶油蛋糕等食品的制作。

（2）烷基多苷（alkyl polyglycosides ）

早在 1893 年，Emil Fischer 就用酸催化使葡萄糖与醇反应，首先在实验室进行了合成与鉴定。之后经过四十多年，APG 在洗涤剂中的应用才在德国获得了第一个专利。又经历了半个多世纪，1992 年 Henkel 公司率先在美国建立了规模化 APG 生产工厂，这才完成了 APG 的工业开发。

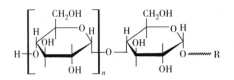

图 1 – 15 烷基多糖苷的理想结构

烷基多糖苷（APG）的化学结构式（见图 1 – 15），式中 R 为疏水性的烷基（C_{12} ~ C_{16}），n 为结合葡萄糖的单元数，与所选用的原料和反应投料比有关。APG 的合成主要有两条工艺路线，①直接合成（direct synthesis）也称“一步法”；②转缩醛化工艺（transa – acetalization process）也称“两步法”。它们的大致合成路线如图 1 – 16。

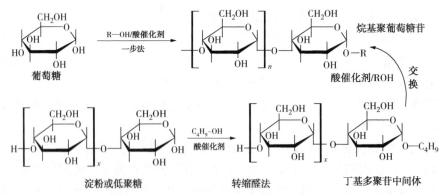

图 1 – 16 烷基多苷的合成路线

一步法是糖与脂肪醇直接反应，生成所需链长的烷基多糖苷（APG），所用的糖是单糖，最好是无水的。另一种是转缩醛工艺，反应分两步进行。第一步是糖与短链醇（如正丁醇）反应，同时发生解聚；第二步是短链糖苷中间体与长链醇

26

（$C_{12} \sim C_{14}$ OH）反应，生成所需烷基链的烷基多苷。总之，在生产能力相同时，两步法在设备费和生产运行成本上都比一步法明显地要高，但所用的原料比较便宜，可以是低聚糖或高聚糖。

商品化的 APG 是不同聚合度烷基糖苷的复杂混合物，即一个醇分子连接一个以上的葡萄糖分子。在产品混合物中，某低聚物（单、二或三糖苷）的浓度主要取决于葡萄糖与醇在混合物中的比例。商品化 APG 产物中烷基单苷是最主要的组分，含量在 50% 以上，其余是二苷和比较高的低聚物直到七苷。$C_{12} \sim C_{14}$ 脂肪醇生产的烷基多苷是水溶性的，而 C_{16} 以上 APG 是非水溶性的，它主要用于化妆品配方中的乳化剂。

APG 本身结合了传统的非离子表面活性剂和阴离子表面活性剂的功能特性，因此具有广泛的应用。迄今为止 $C_8 \sim C_{14}$ APG 用于清洁剂的配方，它有保护皮肤和头发的作用，也适合配制硬表面清洗剂和洗衣用洗涤剂；$C_{12} \sim C_{14}$ 烷基多苷在一些特殊配方，特别是微乳状液中用作乳化剂；$C_{16} \sim C_{18}$ APG 与脂肪醇掺和在 O/W 乳化体中，有自乳化作用。作为非离子表面活性剂，APG 对高浓度电解质不敏感，与聚氧乙烯型不同，它没有浊点。

烷基聚葡萄糖苷（APG）既可作为表面活性剂直接使用，也可利用其糖单元上的羟基活性，作为中间体进行化学改性，以改善 APG 的某些性能。近年来国外对 APG 衍生物的研究十分活跃，APG 可能的衍生物如图 1-17 所示。

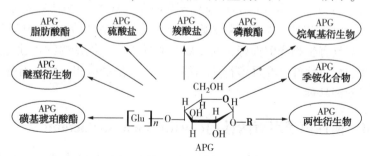

图 1-17　烷基多苷及其衍生物

APG 有许多卓越的性能，除具有优良的表面活性、泡沫力、润湿力、洗涤力等众所周知的功能特性外，它还具有优良的温和性和高度的生物降解性，被推为 21 世纪的"绿色"表面活性剂。

（3）甲基葡萄糖胺（methyl glucamines）

最典型的产品就是月桂酸衍生的 N-十二酰基-N-甲基-1-氨基-1-脱氧-D-葡萄糖醇（N-dodecanoyl-N-methyl-1-amino-1-deoxy-D-glucitol），其通用名：N-十二酰基-N-甲基葡萄糖胺（N-dodecanoyl-N-methyl glucamine），缩写 MeGA。有时也将此类表面活性剂叫作葡萄糖酰胺（glucoseamides）。

MeGA - 12 的合成分两步进行。①甲胺与葡萄糖的醛基进行还原性烷基化反应，也可用由谷物淀粉得到的葡萄糖浆代替葡萄糖，在催化剂存在下进行氢化反应。②仲胺基多元醇与月桂酸甲酯进行酰化反应。最后，将副产物甲醇不断蒸出，就可生成五羟基酰胺，即所谓的 MeGA。其反应的合成路线如图 1 – 18 所示。

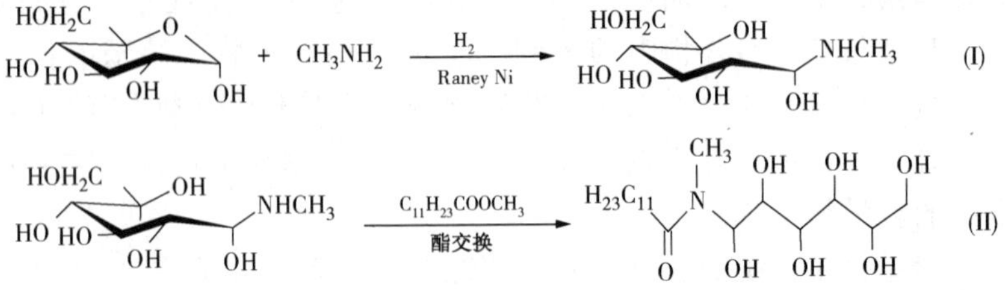

图 1 – 18　MeGA – 12 的合成路线

研究表明，N – 烷酰基 – N – 甲基葡萄糖胺（MeGA）有极好的表面活性，与其他表面活性剂也具有较强的协同效应，如 MeGA 在与 AES 的组合中，显示出比烷醇酰胺具有更强的泡沫增效性，与 AES 复配使用具有非常好的效果，可用于重垢液体洗涤剂中代替 LAS 和 AE。

总之，随着环境保护意识的日趋增强，此类由再生的天然资源（多糖）所衍生的表面活性剂在品种、产量和应用都将有惊人的发展。有报道称 90 年代三大绿色表面活性剂为烷基多苷（APG）及葡萄糖酰胺（AGA）、醇醚羧酸盐（AEC）及酰胺醚羧酸盐（AAEC）、单烷基磷酸酯（MAP）及单烷基醚磷酸酯（MAEP）。这三种表面活性剂具有生物降解性好，对皮肤刺激性小，有优良的物化性能，与其他表面活性剂的配伍性好，在许多行业和领域有着广泛的应用，是很有发展前景的新型表面活性剂品种。

1.2.4　两性离子表面活性剂（zwitterionic surfactants）

在表面活性剂这个大家属中，两性离子表面剂是开发最晚、产量最小的一员，产量仅占表面活性剂总量的 1% 左右。但近些年来，它的发展速度则是最快的，年增长率约达 6% ~ 8%，远远超过阴离子表面活性剂（2% ~ 3%），并以它独特的多功能特性而著称。两性离子表面活性剂除有良好的表面活性、去污、乳化、分散作用外，同时还备备杀菌、抗静电、柔软性、耐盐、耐酸碱，另外，它还具有良好的配伍性和低毒性，使用十分安全。

1. 氨基酸型（amino – acid type）

氨基酸本身就是兼有羧基和氨基的两性化合物，若将长链烷基引入分子中，即可成为两性离子表面活性剂。氨基酸型表面活性剂随着溶液 pH 的变化，呈现出两性的特征：

28

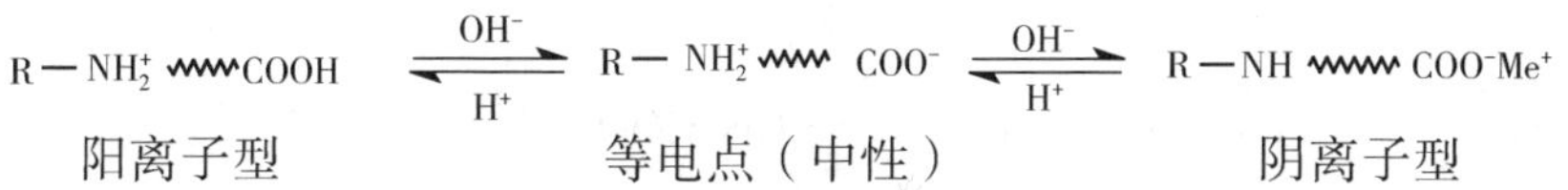

$$R-NH_2^+ \text{\small(} \text{\small COOH} \xrightleftharpoons[H^+]{OH^-} R-NH_2^+ \text{\small COO}^- \xrightleftharpoons[H^+]{OH^-} R-NH \text{\small COO}^-Me^+$$

阳离子型	等电点（中性）	阴离子型

等电点时分子中的阴、阳离子电离达到平衡，而形成鎓盐，此时溶解度最小，相应的表面活性，如湿润性、发泡性等也最小。

氨基酸型是开发最早的两性离子表面活性剂，从化学组成上看它主要是甘氨酸、丙氨酸的衍生结构。以脂肪胺与氯代乙酸(酯)反应，可得甘氨酸型两性表面活性剂；用脂肪胺与丙烯类化合物反应，则可得到丙氨酸型两性表面活性剂（图1-19）。

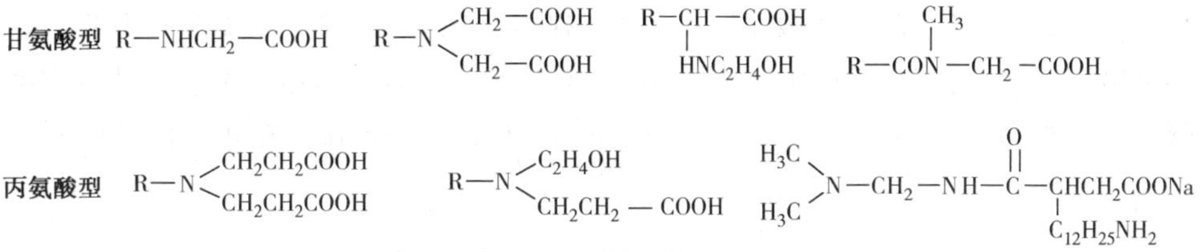

甘氨酸型 $R-NHCH_2-COOH$

丙氨酸型

图 1-19 部分氨基酸型两性离子表面活性剂

另据报道，将脂肪酸与三氯化磷在70℃下反应，再将反应得到的脂肪酰卤与氨基酸或蛋白质水解物反应，可制得含酰基的氨基酸型两性离子表面活性剂（图1-19），用于化妆品。

如果氨基酸中的羧酸基团(—COOH)换成磺酸(—SO$_3$H)，即变为氨基磺酸型两性离子表面活性剂，右图为典型氨基磺酸型两性离子表面活性剂的分子结构式。化合物（Ⅰ）由脂肪胺与溴代乙磺酸反应制得，或牛磺酸与长链卤代烃反应得到；无论何种方法原料价格都较昂贵；（Ⅱ）可通过丙磺酸内酯作为磺化试剂反应得到，但丙磺酸内酯的毒性较大，所以真正使用此类两性离子表面活性剂的非常少见。

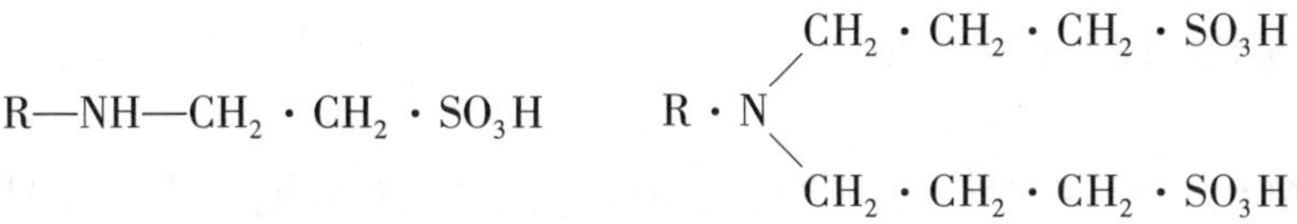

$$R-NH-CH_2 \cdot CH_2 \cdot SO_3H \qquad\qquad R \cdot N \begin{cases} CH_2 \cdot CH_2 \cdot CH_2 \cdot SO_3H \\ \\ CH_2 \cdot CH_2 \cdot CH_2 \cdot SO_3H \end{cases}$$

（Ⅰ）　　　　　　　　　　　　（Ⅱ）

2. 甜菜碱型(betaines type)

"甜菜碱"是从一种称为甜菜植物中分离、提取的一种天然组分。其化学名称为N，N，N-三甲基乙酸内铵盐。1876 年 Brühl 将类似此结构的化合物冠于甜菜碱(Betaine)之名，目前它已扩充至硫代、磷代甜菜碱。(结构式见右图)。天然甜菜碱并无表面活性，但分子中的—CH$_3$用长链烷基取代后，便可成为两性离子型表面活性剂。

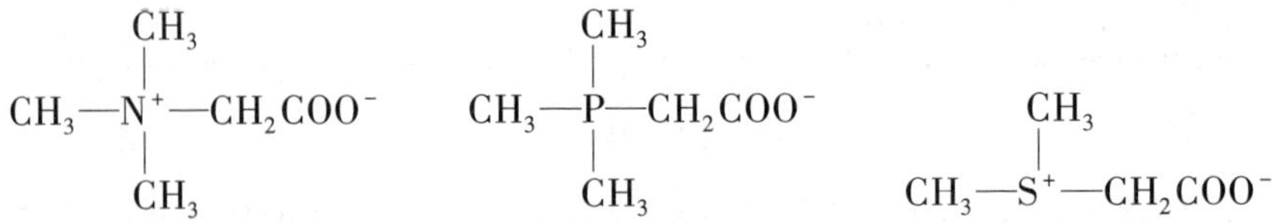

$$CH_3-\overset{\overset{\displaystyle CH_3}{|}}{\underset{\underset{\displaystyle CH_3}{|}}{N^+}}-CH_2COO^- \qquad CH_3-\overset{\overset{\displaystyle CH_3}{|}}{\underset{\underset{\displaystyle CH_3}{|}}{P}}-CH_2COO^- \qquad CH_3-\overset{\overset{\displaystyle CH_3}{|}}{S^+}-CH_2COO^-$$

甜菜碱   磷代甜菜碱   硫代甜菜碱

与氨基酸型不同，甜菜碱因是季铵盐阳离子，在等电点处不产生沉淀(此时形成水溶性的内盐)。在碱性条件下，它并非表现出阴离子型表面活性剂的特征；而在强酸性条件下，则表现为(季铵盐)阳离子特性。在较宽的 pH 范围内，均表现出良好的水溶性，且能与任何类型的表面活性剂相混溶。

图 1-20 为典型甜菜碱两性离子表面活性剂的分子结构式。(A)由叔胺直接与卤代乙酸反应得到；(B)采用 α-卤代脂肪酸(酯)与小分子叔胺反应制得，原料价格相对便宜；(C)与(D)是国外在 80 年代相继开发出含醚、酰胺基团的甜菜碱型两性表面活性剂。由于其毒性和刺激性极小，在香波配方中被广泛的应用。

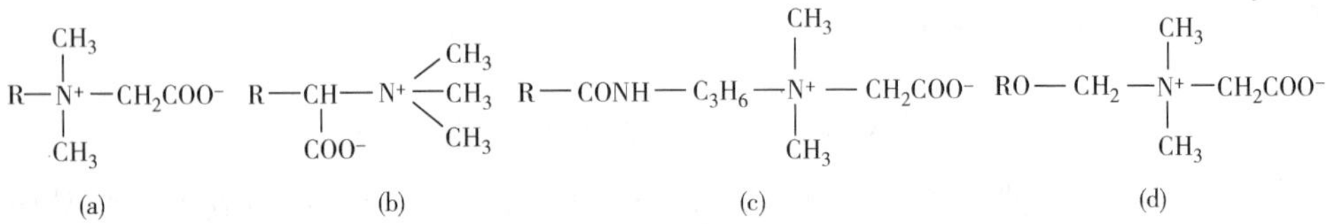

$$R-\overset{\overset{\displaystyle CH_3}{|}}{\underset{\underset{\displaystyle CH_3}{|}}{N^+}}-CH_2COO^- \qquad R-\overset{}{\underset{\underset{\displaystyle COO^-}{|}}{CH}}-\overset{\overset{\displaystyle CH_3}{|}}{\underset{\underset{\displaystyle CH_3}{|}}{N^+}}{<}^{CH_3} \qquad R-CONH-C_3H_6-\overset{\overset{\displaystyle CH_3}{|}}{\underset{\underset{\displaystyle CH_3}{|}}{N^+}}-CH_2COO^- \qquad RO-CH_2-\overset{\overset{\displaystyle CH_3}{|}}{\underset{\underset{\displaystyle CH_3}{|}}{N^+}}-CH_2COO^-$$

(a)   (b)   (c)   (d)

图 1-20 部分甜菜碱两性离子表面活性剂

羧基甜菜碱型两性离子表面活性剂虽性能温和，但化学稳定性、钙皂分散性不强。将羧基(—COOH)换成磺酸基(—SO$_3$H)或硫酸基(—OSO$_3$H)后，则性能有很大的改进，特别是酰胺基的磺酸甜菜碱，它与肥皂复配后可制得耐硬水性能极好的洗涤剂。

磺酸基和硫酸基均为强酸性基团，在水中能完全电离成相应的阴离子，因此，磺酸(硫酸)基甜菜碱两性离子表面活性剂在宽广的 pH 范围里，始终呈现两性离子内盐，是一类典型的非 pH 灵敏型的两性表面活性剂。图 1-21 为部分磺酸(硫酸)甜菜碱两性表面活性剂。

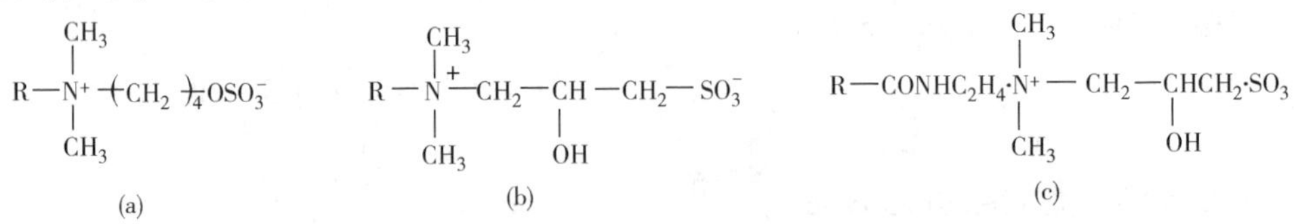

$$R-\overset{\overset{\displaystyle CH_3}{|}}{\underset{\underset{\displaystyle CH_3}{|}}{N^+}}{-}\!(CH_2)_{\overline{4}}OSO_3^- \qquad R-\overset{\overset{\displaystyle CH_3}{|}}{\underset{\underset{\displaystyle CH_3}{|}}{N^+}}-CH_2-\overset{}{\underset{\underset{\displaystyle OH}{|}}{CH}}-CH_2-SO_3^- \qquad R-CONHC_2H_4-\overset{\overset{\displaystyle CH_3}{|}}{\underset{\underset{\displaystyle CH_3}{|}}{N^+}}-CH_2-\overset{}{\underset{\underset{\displaystyle OH}{|}}{CH}}CH_2SO_3^-$$

(a)   (b)   (c)

图 1-21 部分磺(硫)酸甜菜碱两性离子表面活性剂

(A)是硫酸基甜菜碱；(B)是由环氧氯丙烷衍生制得的磺酸甜菜碱；(C)疏水链中引入酰胺基团的磺酸甜菜碱。据报道磺酸甜菜碱(C)的 LSDR(钙皂分散力)值可降低至 2~3。

3. 咪唑啉型(imidazoline type)

在前述的阳离子表面活性剂一节(见2.2.3)我们已了解了咪唑啉型表面活性剂的分子结构,若将羧酸基、磺酸基等阴离子基团引入咪唑啉分子中,即成为两性离子表面活性剂。自1954年成功开发用于香波和化妆品中后,咪唑啉型两性表面活性剂的低刺激性、易生物降解性已越来越得到人们的认可。至今它已成为两性表面活性剂中十分重要的一类产品。

咪唑啉型两性离子表面活性剂的合成一般分成二步:①咪唑啉环的形成;②含阴离子基团的烷基化。常用的烷基化试剂有卤代乙酸、丙烯酸酯类、氯磺酸、氯代羟基丙磺酸等。

咪唑啉环型　　　　　　　　仲酰胺型

实验发现咪唑啉环在碱性溶液中很容易水解。最终的烷基化产物究竟是咪唑啉环型还是酰胺型?(参见上述方程式)数据表明:咪唑啉环在碱性条件下的烷基化反应同时,还会发生开环水解反应,且其水解速率远远超过季胺化反应的速率。因此,在碱性条件下,咪唑啉的烷基化(季胺化)产物主要是仲酰胺结构的水解产物。实验也发现,咪唑啉环具有抗酸性水解能力。若反应在酸性条件下进行,则可得到咪唑啉环的烷基化产物。另外,也可将咪唑啉环与氯磺酸或SO_3在氯仿或石油惰性溶剂中进行反应,最后可能得到咪唑啉型硫酸盐两性离子表面活性剂。下图方程式是咪唑啉磺酸(硫酸)盐两性表面活性剂的合成路线。

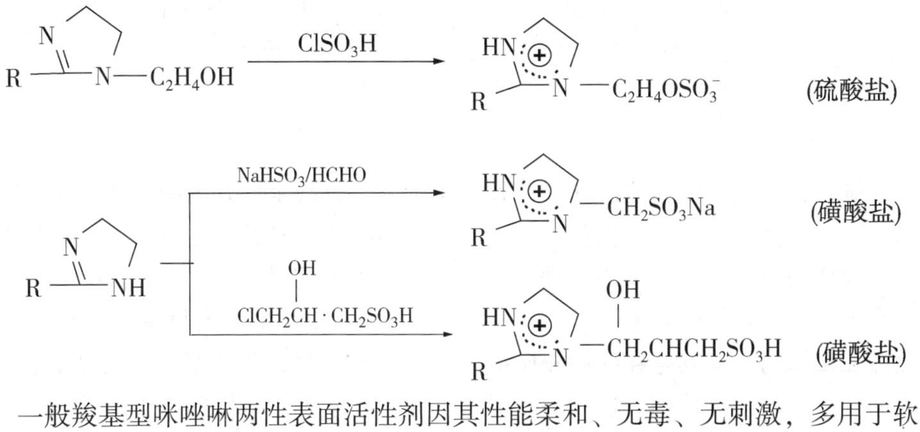

一般羧基型咪唑啉两性表面活性剂因其性能柔和、无毒、无刺激,多用于软性清洁剂,特别是香波和浴剂;磺酸和硫酸型咪唑啉两性离子表面活性剂,鉴于它具有优异的钙皂分散性,对酸、碱的稳定性大,而广泛用于各种洗涤剂,特别是与肥皂复配可制得无磷型合成洗涤剂,已引起了人们的重视。另外,与咪唑啉

型阳离子表面活性剂相似，咪唑啉两性离子表面活性剂也常用作织物柔软剂和纤维助剂，且与其他类型表面活性剂更易于相混溶。

4. 胺氧化物型（amine oxide type）

胺氧化物，也称氧化胺，其化学结构如右图所示，整个分子为四面体，氮原子与氧原子是通过配位键相连接，呈现出离子键的特性。有的将它放在阳离子章节，有的将其归入非离子型，但它的性质更接近于两性表面活性剂，既能与阴离子相混，也能与阳离子和非离子共溶。在中性和碱性条件下，

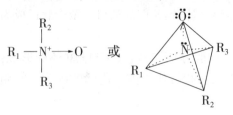

氧化胺呈现非离子特性；而在酸性下又会显示出弱阳离子型的特征（图1-22），故在此将它作为两性离子表面活性剂加以论述。

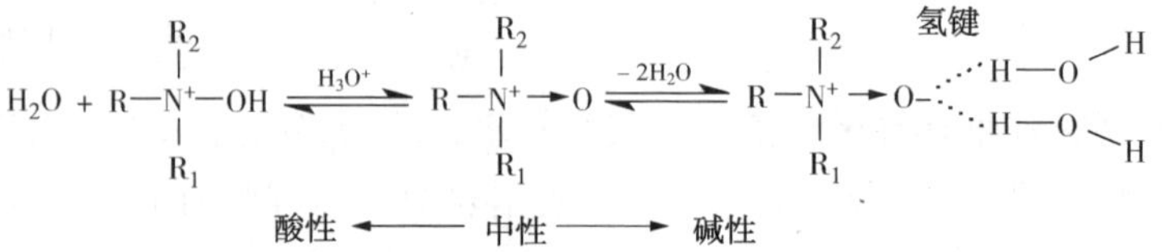

图 1-22　氧化叔胺随 pH 变化的分子形态

图1-23 则列出了部分氧化胺两性表面活性剂产品的分子结构式。结构中 R_1 为 $C_{10} \sim C_{18}$ 的长链烷基；R_2，R_3 可以是 CH_3、CH_2CH_2OH 等，$N{\rightarrow}O$ 基团有很高的极性，使得整个分子易溶于水和极性溶剂。氧化叔胺的制备通常只需用双氧水与相应的叔胺氧化反应即可。所得的产品一般为一定浓度的水溶液。

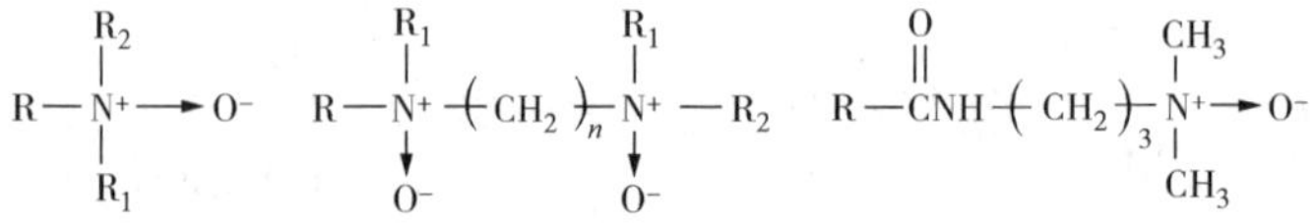

图 1-23　一些氧化叔胺的分子结构式

氧化叔胺是一种性能温和、对眼睛无刺激、抗硬水性好的两性离子表面活性剂，它的发泡和稳泡性能极佳，可与 2:1 Ninol 型相媲美，另一方面，它还有较好的增稠作用，故特别适用于洗发香波、泡沫浴剂和多泡型液体洗涤剂的配方。作为乳化剂氧化叔胺具有一个明显的特点，即它可以在一个很宽的 pH 范围内，发挥乳化作用，尤其是在酸性介质中，可与具有防腐和杀菌作用的阳离子表面活性剂复配作乳化剂使用，这是一般阴离子和非离子表面活性剂所不能及的。

5. 磷酸酯型（phosphoric acid Ester type）

相对上述几种品种两性离子表面活性剂而言，磷酸型两性离子表面活性剂的品种和数量均十分有限。使用最广的产品就是卵磷酯类化合物。它存在于自然界

所有有机生命体中，其中发现最早、来源最广的是大豆和蛋黄卵磷脂。类似的磷酸酯型两性表面活性剂还有 α－磷脂酰乙醇胺、α－磷脂酰丝胺酸。它们的化学结构式如 1－24 图所示。

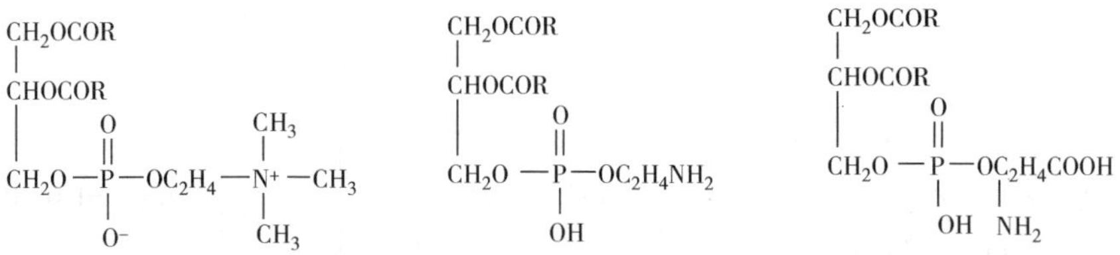

卵磷脂　　α-磷脂酰乙醇胺　　α-磷脂酰丝胺酸

图 1－24　天然磷酸酯类两型表面活性剂

磷酸型两性离子表面活性剂，目前国外有所新发展，品种和应用都有相应的扩展，它多用作乳化剂、抗静电剂、柔软剂和螯合剂。下图是两种人工合成的磷酸酯两性表面活性剂的产品。(A)由脂肪酰胺经三氯氧磷反应，最后酯化得到；(B)是有机膦酸，经酰氯再酯化反应制得。此类两性离子表面活性剂都具有杀菌、净洗作用，是一类良好的消毒剂。

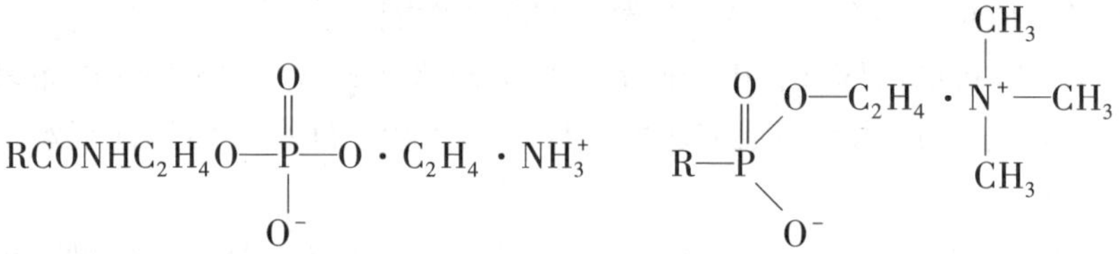

(A)　　(B)

1.2.5　其他类型表面活性剂(miscellaneous surfactants)

1. 含硅表面活性剂(surfactants with chain containing silicon)

通常表面活性剂中的疏水链是由 C、H 元素构成，但有些表面活性剂分子的疏水部分则由 C、Si 元素构成，除保留疏水性外，它们往往还伴有其他一些特性。

含硅(Si)表面活性剂虽也有阴离子、阳离子型产品，但主要的硅系表面活性剂是非离子型的。疏水链部分由聚硅氧烷组成，而亲水性由多个氧乙烯单元($—OC_2H_4—)_n$来体现出。图 1－25 列出了部分硅系表面活性剂的分子结构。

从结构上看，此类硅系非离子表面活性剂可以看成是聚硅氧烷－聚氧乙(丙)烯的接枝共聚物[图 1－25 中(1)、(2)]或为嵌段共聚物[图 1－25 中(3)、(4)]。

大量的实验研究显示，含硅的非离子表面活性剂性质与结构之间有着如下特点：

① 表面张力的下降只受疏水基团的影响，与环氧乙烷的加成数(n)关系不大；

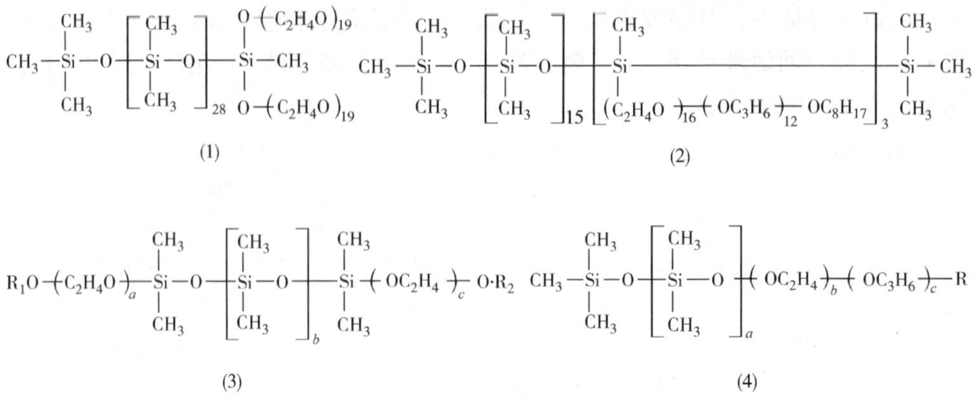

$$\underset{\substack{CH_3}}{\overset{CH_3}{CH_3-Si-O}}\left[\underset{\substack{CH_3}}{\overset{CH_3}{Si-O}}\right]_{28}\underset{\substack{O-(C_2H_4O)_{19}}}{\overset{O-(C_2H_4O)_{19}}{Si-CH_3}}$$

(1)

$$CH_3-\underset{\substack{CH_3}}{\overset{CH_3}{Si}}-O\left[\underset{\substack{CH_3}}{\overset{CH_3}{Si-O}}\right]_{15}\underset{\substack{(C_2H_4O)_{16}(OC_3H_6)_{12}OC_8H_{17}}}{\overset{CH_3}{Si}}\quad\underset{\substack{CH_3}}{\overset{CH_3}{Si-CH_3}}$$

(2)

$$R_1O-(C_2H_4O)_a-\underset{\substack{CH_3}}{\overset{CH_3}{Si}}-O\left[\underset{\substack{CH_3}}{\overset{CH_3}{Si-O}}\right]_b\underset{\substack{CH_3}}{\overset{CH_3}{Si}}(OC_2H_4)_c O\cdot R_2$$

(3)

$$CH_3-\underset{\substack{CH_3}}{\overset{CH_3}{Si}}-O\left[\underset{\substack{CH_3}}{\overset{CH_3}{Si-O}}\right]_a(OC_2H_4)_b(OC_3H_6)_c-R$$

(4)

图1-25 硅氧烷共聚物型非离子表面活性剂的化学结构式

② 在疏水基团的两端与一端加成环氧乙烷后所得的产物,其表面张力无明显差别;

③ 硅原子取代碳原子的位置离亲水基团越远,表面张力就越小;

④ 疏水基有无侧链或加成环氧乙烷数的多少,对表面张力均无明显影响,但会影响临界胶束浓度(c. m. c)、分散性和润湿性能。

鉴于 C—Si 键的特殊性,由聚硅氧烷构成疏水链的表面活性剂(硅系表面活性剂)与一般 C、H 疏水链组成的表面活性剂相比较,硅系表面活性剂水溶液有着明显的特点:

① 更低的表面张力值。如$(CH_3)_3C—(CH_2)_6O—(EO)_6H(\delta=35mN/m)$,而结构类似的硅系表面活性剂 $(CH_3)_3Si—(CH_2)_6O—(EO)_6H(\delta=29mN/m)$;另测得含 2~5 个硅原子的聚甲基硅氧烷的环氧乙烷加成物,其表面张力可下降至 20~21mN/m。

② 优异的湿润性。例如对于苯乙烯那样低表面张力的固体表面,它也能达到充分润湿,接触角接近于零。

③ 含硅表面活性剂尤其是聚硅醚型,同一品种在不同的温度范围内,既可用作消泡剂(在浊点以上),又可用作稳泡剂(在浊点以下)。到目前为止,聚硅醚型表面活性剂是得到世界公认一种优质稳泡剂。

另外,硅系表面活性剂具有良好的生理稳定性,其毒性、刺激性均很低。这对于在日化产品中的应用是很有价值的。

2. 含氟表面活性剂(surfactants with chain containing fluorine)

含氟表面活性剂是指 C—H 链中的氢原子全部或部分被 F 取代,所形成的具有氟碳链(R_f)疏水基的表面活性剂。根据亲水基团的类型不同,含氟表面活性剂同样也可分为阴离子、阳离子、非离子型和两性表面活性剂四种类型。(见图1-26)

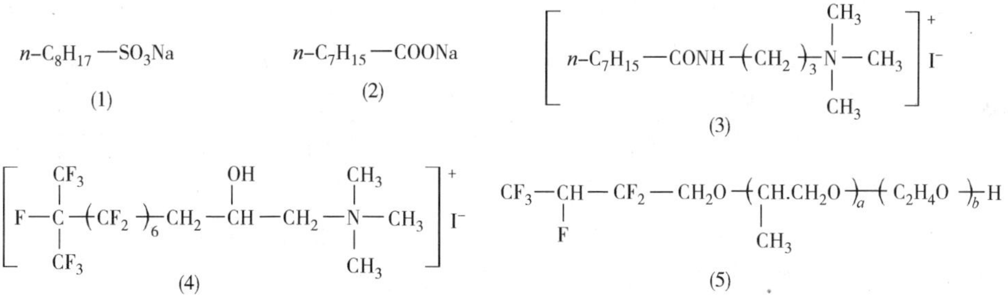

$$n\text{--}C_8H_{17}\text{--}SO_3Na$$

(1)

$$n\text{--}C_7H_{15}\text{--}COONa$$

(2)

$$\left[n\text{--}C_7H_{15}\text{--}CONH\text{--}(CH_2)_3\text{--}\overset{\overset{\displaystyle CH_3}{|}}{\underset{\underset{\displaystyle CH_3}{|}}{N}}\text{--}CH_3 \right]^+ I^-$$

(3)

$$\left[F\text{--}\overset{\overset{\displaystyle CF_3}{|}}{\underset{\underset{\displaystyle CF_3}{|}}{C}}\text{--}(CF_2)_6\text{--}CH_2\text{--}\overset{\overset{\displaystyle OH}{|}}{CH}\text{--}CH_2\text{--}\overset{\overset{\displaystyle CH_3}{|}}{\underset{\underset{\displaystyle CH_3}{|}}{N}}\text{--}CH_3 \right]^+ I^-$$

(4)

$$CF_3\text{--}\overset{\underset{\underset{\displaystyle F}{|}}{}}{CH}\text{--}CF_2\text{--}CH_2O\text{--}(\overset{\underset{\underset{\displaystyle CH_3}{|}}{}}{CH.CH_2O})_a(C_2H_4O)_b H$$

(5)

图 1-26　碳氟疏水链型表面活性剂

目前工业上合成 C—F 链表面活性剂的工艺主要有三种：①电解氟化法(Simons)，即通过氟化氢与有机酸衍生物的电解反应，使有机酸的 H 被 F 取代，但产品结构单一。②调聚法(由 Du Pont 公司开发)，采用调聚体，(如 C_2F_5I)使单体(如 CF≡CF)发生低聚制得直链型全氟烷基碘化物(中间体)，再经衍生后，可制得各类有机氟表面活性剂。③齐聚法，即采用四氟乙烯、六氟丙烯等原料，在非质子极性溶剂中催化聚合得到含不饱和键的全氟烃，继而利用双键碳原子上的氟活性，衍生制得含氟表面活性剂。

与传统的碳氢链表面活性剂相比，含氟表面活性剂由于氟元素的电负性最大，但原子半径则很小，形成的键长较短，键能又很大，因此，氟碳链型表面活性剂除普通表面活性剂所具有的性质外，还有着以下一些特有的属性：

① 优异的热稳定性；良好的耐酸、耐碱和抗强氧化剂等化学稳定性。

② 因 C—F 键不易极化，分子间的范德华引力小，使得表面活性剂分子自内部移至表面所需的能量较小，宏观上表现出超低的表面张力和很小的临界胶束浓度(c. m. c)。通常地，一般表面活性剂水溶液的表面张力值约 30mN/m；而对于含氟表面活性剂其值仅为 20mN/m，有的甚至可低达 15~16mN/m。表 1-3 则列出了含氟表面活性剂与普通表面活性剂的临界胶束浓度。Shinoda 等曾总结出在形成胶团时，碳氟链的疏水性能相当于 1.5 倍长碳氢链的规律。

表 1-3　部分碳氟链表面活性剂与相关碳氢链表面活性剂的 c. m. c 值

表面活性剂	c. m. c/(mol/L)	表面活性剂	c. m. c/(mol/L)
$C_8F_{17}COO^-K^+$	9.3×10^{-3}	$C_{12}H_{25}COO^-K^+$	1.25×10^{-2}
$C_7F_{15}COO^-Na^+$	3.1×10^{-2}	$C_{10}H_{21}COO^-Na^+$	3.2×10^{-2}
$C_8F_{17}COO^-Na^+$	9.1×10^{-3}	$C_{12}H_{25}COO^-Na^+$	8.1×10^{-3}
$C_{10}F_{21}COO^-Na^+$	4.3×10^{-4}	$C_{16}H_{33}COO^-Na^+$	5.8×10^{-4}

(3) 碳-氟链是既疏水、又疏油。这种特性表现为碳氟化合物构成的固体表面(如聚四氟乙烯)，不仅水不能铺展，油(碳氢组成)也不能铺展，且多种物质在这种表面上都不易附着，形成了良好的抗黏性。利用此特性，加之碳氟链型表

面活性剂的超低表面张力，使得碳氟链表面活性剂的水溶液，很容易在油表面铺展开来并形成一层水膜，尽管它的密度是大于油，但它仍可处于油面之上，从而隔断了油与空气的接触，成为一种极为有效的灭火方法。

当然，含氟碳链的这种既憎水、又憎油的特点，使得它在油－水界面处的吸附十分"困惑"，从而导致它降低油－水界面张力的能力较差。碳氟链型表面活性剂的另一缺陷是部分产品在水中的溶解度很小，Krafft 点（温度）较高，如全氟辛基磺酸钾的 Krafft 点高达 80℃。在实际应用方面将受到了一定的限制。

这里值得一提的是氟化剂的毒性较大，但含氟的表面活性剂则毒性很小或无毒，总之，碳氟链型表面活性剂具有"三高（高表面活性、高耐热稳定性、高化学稳定性）二憎（憎水、憎油）"的特性，在各行各业的应用前景非常广阔。随着表面活性剂在日常生活、工业生产及科技领域的作用和应用日益广泛，含氟表面活性剂的应用研究逐渐成为表面活性剂行业的研究热点。

3. 高分子表面活性剂（macromolecular surfactants）

所谓高分子表面活性剂，通常是指相对分子量在 10^3 以上，且具有表面活性的高分子化合物。与低分子表面活性剂一样，也是由亲水与疏水部分构成。高分子表面活性剂的分子在水溶液中呈紧密的螺旋状，其直径比相同分子量的普通聚电解质小得多。

高分子表面活性剂一般不具备低分子量表面活性剂在水溶液中形成胶束、降低表面张力的特征，但有着相似的乳化、分散特性（后续再述）。但有一类高分子聚合物，其分子链上既带有亲水基团，也带有疏水基团，性质上与小分子表面活性剂十分相似。它的疏水基团在水溶液中也能聚集形成胶束，此类高分子表面活性剂称为"聚皂"（polysoap，见图 1 - 27）。

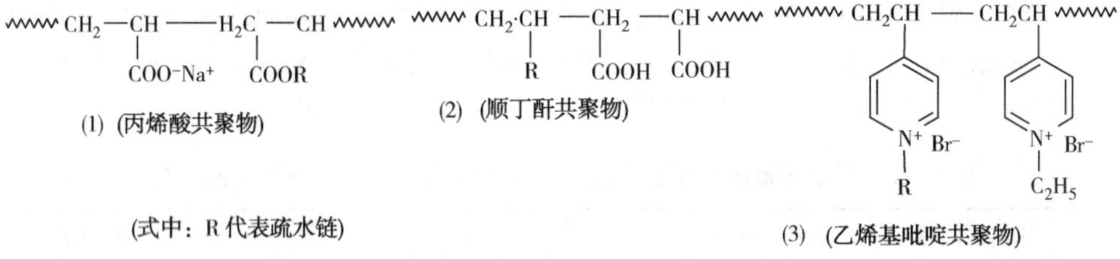

(1) (丙烯酸共聚物)　　　(2) (顺丁酐共聚物)

(式中：R 代表疏水链)　　　(3) (乙烯基吡啶共聚物)

图 1 - 27　"聚皂"型高分子表面活性剂的分子结构

利用天然高分子水溶性物质，开发合成高分子表面活性剂是当今的一个研究热点。许多天然高分子是现成的、价廉易得的原料，如常用的海藻酸、黄蓍胶、淀粉、纤维素、甲壳素等。这些天然高分子母体链节上，都含有可进行化学反应的基团（如羟基、氨基），只需将长链疏水基团引入天然高分子的链上，即可制得天然高分子表面活性剂。由于它的无毒、无刺激性，且容易生物降解，所以在日化产品中的应用与日俱增。图 1 - 28 列出了一些天然高分子的结构单元和基本构型。

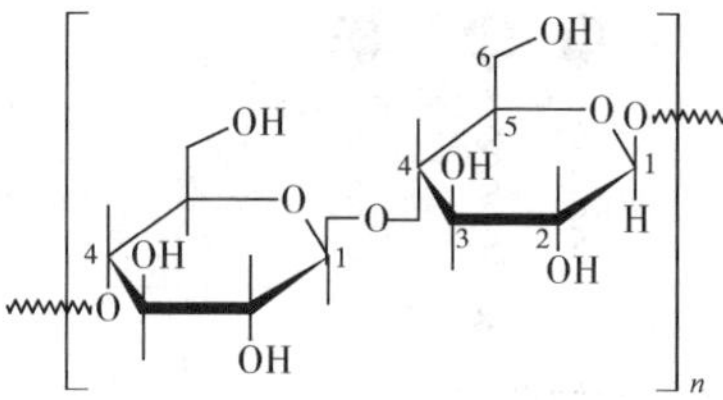

1,4-β-型连接(纤维素)

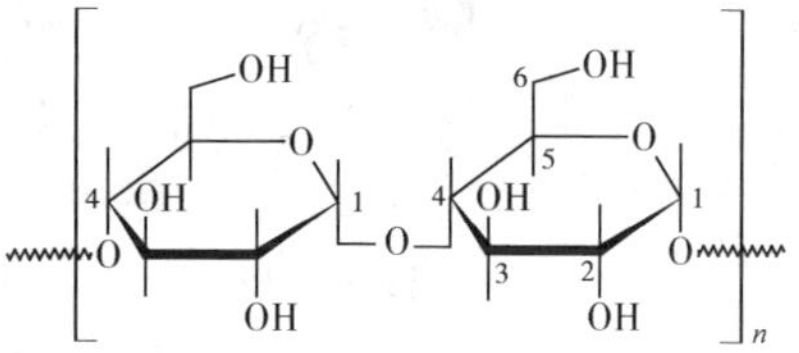

1,4-α-型连接(淀粉)

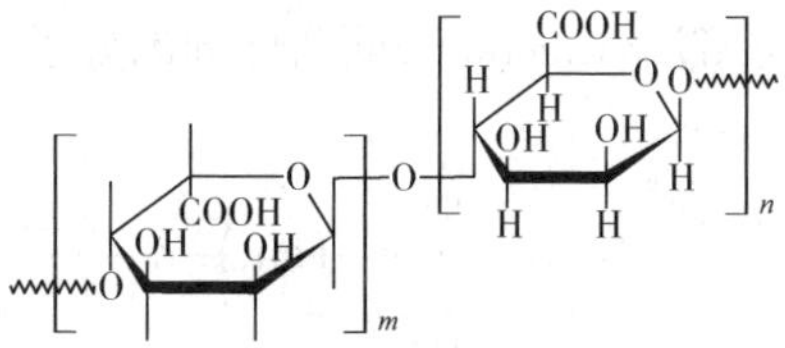

β-甘露糖酸, α-古罗糖酸嵌段共聚物
(海藻酸)

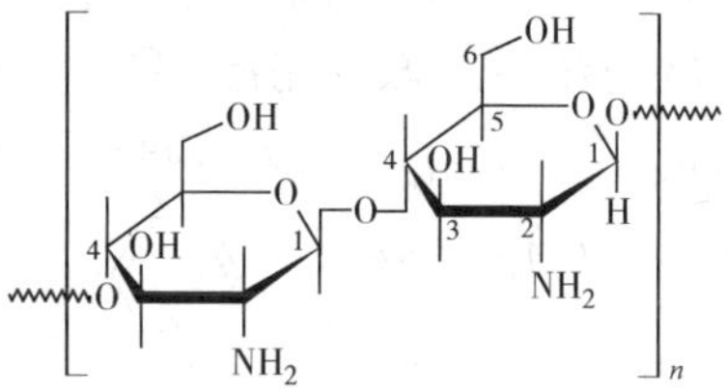

1,4-β-型连接(壳聚糖)

图1-28　部分天然高分子的单元结构示意图

甲壳素(Chitin)是一类由2-乙酰氨基-2-脱氧-*D*葡萄糖通过β-1，4-糖苷键连接的直链型生物聚合物，具有丰富的功能性质，如成膜性、胶凝性、乳化性等，近些年来，受到了普遍关注和广泛研究。壳聚糖(甲壳素的碱性水解产物)与纤维素有相似的分子结构，只是2-位上的羟基成了氨基，这样在酸性介质中它可显示出弱阳离子性。甲壳素和壳聚糖可发生羟乙基化、羧甲/乙基化反应，改性后的产物用途非常广泛，可用于医药、化妆品、食品工业等。可以预见，甲壳素(壳聚糖)将有着广阔的应用前景。

4. 双子表面活性剂(gemini surfactants)

1971年Buton等人首次合成一族双阳离子头基双烷基链的表面活性剂分子。1991年Menger等合成了以刚性间隔基联接离子头基的双烷烃链表面活性剂，并起名为Gemini型表面活性剂。至此引发了世界各国对该类型表面活性剂的研究热潮。

传统表面活性剂是具有单头基(亲水基)与单尾基(长链疏水基团)的一类两亲化合物。近三十年来，一些特殊结构的新型表面活性剂，如双头基、双尾基型、双头、三尾基以及多头多尾基型表面活性剂(见图1-29)引起了科研工作者的极大兴趣。

"Gemini"一词在天文上的意思为双子星座，用在这里形象地表达了这类表面活性剂的分子结构特点，它意味着两个传统表面活性剂分子的聚结，故又称之为二聚(dimeric)型表面活性剂。类似地，多个亲水基与多个疏水链组成的表面活性剂，统称为"多子型表面活性剂"(oligomeric surfactants)。

传统单子型　　　双子型　　　多子型

图 1 – 29　各类表面活性剂的构型

Gemini 表面活性剂也有阴离子、阳离子、非离子与两性离子表面活性剂之区分。由于合成方面的因素，季铵盐型阳离子 Gemini 表面活性剂的品种最多，对其合成及性质研究也较为完善。图 1 – 30 列出了部分 Gemini 表面活性剂的分子结构。

(1)　　　　　　　(2)　　　　　　　(3)

(4)

(5)

(6)　　　　　　　(7)

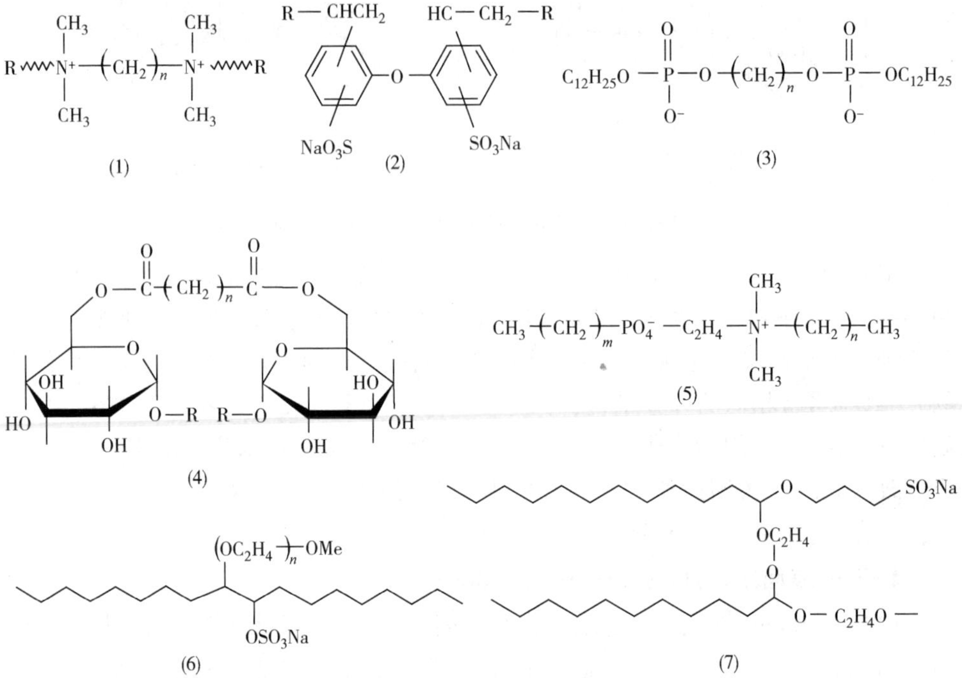

图 1 – 30　几种 Gemini 型表面活性剂的分子结构

Gemini 表面活性剂的分子结构多数是对称的，实际上分子的整体结构也可以是不对称的。最近有报道出现了一些新型结构特征的 Gemini 表面活性剂，如阴、阳离子(cationc – ionic)或离子对(ion – paired) 等，参见图 1 – 30 中的(5) ~ (7)。

与单子表面活性剂分(离)子相比较，Gemini 表面活性剂分(离)子含有两(或多)条疏水链，疏水性更强，且 Gemini 表面活性剂分子中的连接基通过化学键将两(多)个亲水基连接起来。这种结构，一方面增强了碳氢链的疏水作用；另一方面，使亲水基团(尤其是离子型)之间的排斥作用因受化学键限制而大大削弱。因此，联接基团的介入及其化学结构、联接位置、刚性程度及链长等因素的变化，将使 Gemini 的结构具备多样化的特点。

38

Gemini 表面活性剂这种结构上的特征，使其具有更加优良的物理化学特性，如较高的表面活性(降低表面张力的能力与效率更加突出)；低的 Krafft 点；良好的 Ca^{2+} 分散力、润湿能力、泡沫稳定性、增溶性、抗菌性和洗涤力等。新近理论研究和实验结果表明：Gemini 与经典表面活性剂确有较大的差别，它的出现无疑开辟了表面活性剂科学研究领域的新途径。

1.3　表面活性剂的基本属性

表面活性剂(SAA)这种独特的分子结构，决定了表面活性剂(溶液)的诸多特性，如湿润、发泡、乳化、增溶等。但这一切都源于表面活性剂的两个基本行为：即表面活性剂分子在界(表)面的定向吸附和溶液中的聚集胶束化。

1.3.1　界面吸附与胶束(团)化

众所周知，当两相物质互不相溶时，即有界面出现。若其中的一相是气相(尤其是空气)时，则习惯将此界面称为"表面"。表面活性剂分子由其二亲型结构，当它溶入溶剂时，一方面由于疏溶剂基团的存在，与溶剂分子相互排斥，结果使得表面活性剂分子迁移、集中于溶剂的表面(界面)；另一方面，又因亲溶基团的存在，阻止其进一步的迁移、分离，最终"双方妥协"就造成了表面活性剂在表(界)的面定向排列(亲溶剂基团朝里，疏溶剂基团朝外，见图 1-31。正是由于表面活性剂的这种"基本行为"，使得表面活性剂分子具有降低表(界)面张力的能力，且表(界)面吸附越强，表面张力降低越大，表明该表面活性剂的表面活性越高。

吸附于界面层的表面活性剂分子与溶液(体相)中的分子之间有一个平衡。而吸附量的大小与表面活性剂溶液的浓度有关，它们间的定量关系可通过 Gibbs 等温吸附方程表示，即

$$\Gamma_i = -\frac{1}{nRT} \cdot \frac{\mathrm{d}\gamma}{\mathrm{d}\ln c} \qquad (\Gamma_i \text{——组分 i 在界面上的浓度}) \qquad (1-2)$$

根据 Gibbs 方程，通过作 $\gamma \sim \ln C$ 图(参见图 1-32)，由曲线斜率可求得其表面浓度(Γ)。

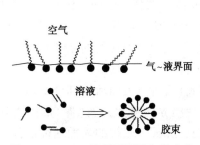

图 1-31　SAA 的界面吸附与胶束化

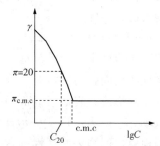

图 1-32　表面张力－浓度曲线

39

表面活性剂分子在气-液表面的吸附及定向排列的结果，就是降低了原溶剂的表面张力。研究表明，表面活性剂分子在界/表面的排列越是紧密，则表面张力的下降程度就越大。需要指出的是，在近 20 年来才兴起的 Gemini 表面活性剂已显示出优异的表面活性，表 1-4 列出部分 Gemini 与传统表面活性剂的一些相关的物性参数。表中数据显示 Gemini 型表面活性剂 pC_{20} 值均很大，说明它有着优异的表面活性。

表 1-4 一些表面活性剂水溶液的相关物性参数

表面活性剂	温度/℃	$\gamma_{c.m.c}$/(mN/m)	c.m.c/mM	pC_{20}/M	备注
$C_{12}H_{25}SO_3^+Na^-$	45	39	9.8	2.8	0.1mol/L, NaCl
$C_{12}H_{25}SO_4^+Na^-$	25	33	8.2	2.5	
$C_{16}H_{33}SO_4^+Na^-$	40	35	0.58	3.7	
$[R-CH_2CH(OSO_3^-Na^+)CH_2]_2Z^{①}$	25	27	1.3×10^{-2}	6.0	
$[RCH_2CH(O(CH_2)_3SO_3^-Na^+)CH_2]_2O^{①}$	25	28	3.3×10^{-2}	5.1	
$[R-CH_2CH(O(CH_2)_3SO_3^-Na^+)CH_2]_2Z^{①}$	25	30	3.2×10^{-2}	5.2	
$C_{12}H_{25}N^+(CH_3)_3Br^-$	25	39	15	2.1	
$C_{14}H_{29}N^+(CH_3)_3Br^-$	25	38	4	2.8	
$[C_{12}H_{25}-X-C_{12}H_{25}]2Br^{-①}$	50	38.4	4.0×10^{-2}	5.08	0.1mol/L, NaCl
$[C_{14}H_{29}-X-C_{14}H_{29}]2Br^{-①}$	50	37.8	7.4×10^{-3}	5.62	0.1mol/L, NaCl
$[C_{12}H_{25}-Y-C_{12}H_{25}]2Br^{-①}$	25	35.4	0.7	3.89	
$[C_{14}H_{29}-Y-C_{14}H_{29}]2Br^{-①}$	25	36.0	8.5×10^{-2}	5.50	
$p-t-C_8H_{17}-C_6H_4-(OC_2H_4)_7-OH^{①}$	25	42	0.25	4.9	

① Gemini 型。

注：$X=-CH_2C_6H_4CH_2-$；$Y=-CH_2[CH(OH)]_2CH_2-$；$Z=-OC_2H_4O-$。

SAA 分子在水-油界面的吸附，由于界面上表面活性剂分子的疏水基团与油分子有着更大的亲和性(分子间的强作用力)，因此，水-油界面张力值比水-空气的表面张力值要小得多。但须记住：表面活性剂分子的两亲结构(亲水和亲油性)并不是界面张力下降的充分条件。例如离子型表面活性剂(含烃类疏水基)溶入正己烷溶剂中，由于疏液的离子基团与空气之间并无良好的亲和性，故正己烷-空气的表面张力并没有下降，反而略有升高。

胶束的形成是表面活性剂另一个重要的特征行为。表面活性剂分子在低浓度时，以单分子或离子形式分散于体系中，表现出界面吸附、表(界)面张力降低等宏观现象；但当表面活性剂达到某一浓度时，界面上吸附的表面活性剂分子或离子已将界面布满，多余的 SAA 分子或离子为了降低其在环境中的表面能，藉分子间引力而相互聚集，形成"分子簇"（见图 1-31 或图 1-33），其中亲水基朝向水相，疏水基朝向内部，这种分（离）子的缔合体（簇）就称为胶束（micelle），此时的浓度（见图 1-33 曲线的拐点,）就称为表面活性剂的"临界胶束浓度"（简写 c. m. c）。

伴随着表面活性剂浓度、温度以及添加剂的改变，胶束的大小、形状以及聚集的分子数均会发生变化。目前，对胶束的形状一般认为有以下几种：①球形状；②棒状（两端呈半球型）；③层状；④泡囊状。泡囊实际是一种"复合胶束"，最简单的是由二层二亲性分子定向排列组成（见图 1-33），有时也可以是多层结构，这在生物体中十分常见。一般地，若 SAA 分子亲水基的体积大或排列松散，且疏水基细而长，则易在水溶液中形成球形胶束；反之疏水基的体积庞大或呈短的支链型，而亲水基为排列紧密的小尺寸基团时，则更趋于形成棒状和层状胶束；当表面活性剂分子结构中含有二个长链，且亲水基团之间的静电斥力小（如 Gemini 型、非离子型或处于高离子强度中的离子型），则在水性介质易形成泡囊状胶束。

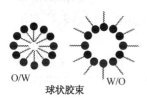

图 1-33　几种胶束的形状与构造

根据图 1-32 所示，当表面活性剂的浓度达到 c. m. c 后，它在界面处的吸附已达到饱和，再继续提高浓度，表面张力则几乎无变化。显然，c. m. c 所对应的表面张力值最低，可以作为衡量一个表面活性剂降低表面张力的效力（effectiveness）指标。另一方面，随着表面活性剂分子在界面上定向排列（吸附）数量的增加，其界（表）面张力明显下降。通常以溶剂（或水）的表面张力值下降 20mN/m 时所对应的溶液浓度作为评判标准，即 C_{20} 或 $\lg C_{20}$（图 1-32）。显然，C_{20} 或 $\lg C_{20}$ 的值越小，表明溶液表面张力的下降速度越快，即表面活性剂降低表面张力的效率（efficency）。

根据 Gibbs 方程有
$$20 = \Delta\gamma = -2.303nRT \cdot \Gamma_m \cdot \lg C_{20}; \qquad (\text{I})$$
$$\gamma_o - \gamma_{c.m.c} = -2.303nRT \cdot \Gamma_m \lg(c.m.c); \qquad (\text{II})$$

合并以上两式有：
$$\gamma_o - \gamma_{c.m.c} = 20 + 2.303nRT \cdot \Gamma_m \lg(c.m.c/C_{20})$$
$$(1-3)$$

其中　γ_o——溶剂的表面张力 mN/m；

$\gamma_{c.m.c}$——临界胶束浓度时溶液的表面张力 mN/m。

因此，溶液表面张力值的下降程度与（c. m. c/C_{20}）值有关。实际的研究过程中，经常采用($c.m.c/C_{20}$)比值的大小，来衡量表面活性剂的吸附效力（即表面张力所能降低的最小值）。同时，当浓度达到 $c.m.c$，即意味着表面活性剂分子开始形成胶束。

临界胶束浓度是表面活性剂在一定温度下形成胶束的最低浓度，已有的数据表明：一般离子型表面活性剂的 $c.m.c$ 在 $10^{-2} \sim 10^{-3}$ mol/L，而非离子型的 $c.m.c$ 则较低，约在 10^{-4} mol/L 或以下。表面活性剂溶液在达到 $c.m.c$ 后，其溶液的许多性质如渗透压、当量电导、界面张力、密度、比黏度、去污力等即会发生急剧的变化。表面活性剂的 $c.m.c$ 显得十分重要。

另外，表面活性剂的 $c.m.c$ 值也受到诸如 SAA 分子结构，溶液中小分子电解质状况，有机添加剂以及温度等多种因素的影响，有关此方面的详细知识可参阅一些专著或文献。

1.3.2 克拉夫特点与浊点

表面活性剂分子由于它的亲水基和疏水基的结构不同，它在水中的溶解度也不一样。临界溶解温度（或称 Krafft 点）和浊点（Cloud point）温度分别是表征离子型和非离子型表面活性剂（水）溶解性能的二个特征指标。

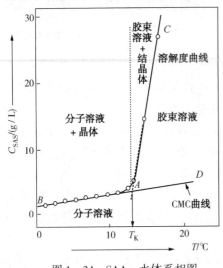

图 1-34 SAA-水体系相图

研究表明，离子型表面活性剂在水中的溶解度是随着溶液温度的上升而逐渐增大，但当达到某一特定温度时，其溶解度出现急剧的陡升，此特定温度称为"临界溶解温度"，也称 Krafft Point（以 T_K 表示）。图 1-34 为 SAA-水二元体系的相图。图中 BAC 代表 SAA 溶解度随温度变化的曲线；AD 则是 SAA 的 $c.m.c$ 随温度的变化曲线，此两条线曲线将体系的相图分为三个区域。显然，T_K 就是溶解度曲线与临界胶束浓度（$c.m.c$）曲线的交叉点。换一句话说，临界溶解温度（T_K）就是离子型表面活性剂溶液、胶束与水合结晶固体共存的三相点。当温度超过 T_K，表面活性剂溶液开始形成胶束，溶解度呈突然地剧增；另一方面，在 T_K 温度以下，表面活性剂的溶液中，并不存在胶束，只有在 T_K 后，才能形成胶束。显然，Krafft 温度值越低，表示该表面活性剂的水溶性越大；对于同系物的 SAA 而言，如 R—OSO$_3$Na，其 T_K 随着疏水链长的增加而上升。

对于聚氧乙烯醚（POE）非离子表面活性剂而言，它随温度而变化的溶解性，则不同于前述的离子型表面活性剂。在低温水溶液中，水分子借助氢键与亲水性的聚氧乙烯醚（POE）链段上的氧原子呈松弛的结合，表面活性剂分子溶于水中（见图1-35），呈透明溶液。若将此溶液加热，氢键的结合逐渐减弱，当达某一温度时，溶液出现浑浊，并分离成两相（SAA分子从水中析出），该点的温度即称"浊点"（Cloud Point）。由于开始出现浑浊，分成两相时很像云雾，因而得此名。另一方面，浑浊的溶液再冷却至低于浊点温度时，它又可恢复成清澈、透明的均相溶液，此现象是可逆的。

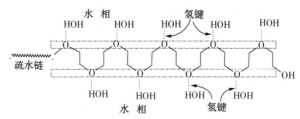

图1-35　POE型非离子SAA与水分子键合示意图

对一特定疏水基的（POE）非离子表面活性剂来说，乙氧基在SAA分子中所占比重愈大，则浊点（温度）愈高，说明它的亲水性越好（破坏氢键所需的外界能量越多）。相反，若乙氧基数相同，疏水基的碳原子数愈多，其浊点愈低。如对于结构式为 R—$(OC_2H_4)_6$OH 的烷基聚氧乙烯醚非离子表面活性剂而言，当烷基为 C_{10}、C_{12}、C_{16} 时，其浊点（温度）依次为60℃、48℃和32℃。

值得庆幸的是POE型非离子表面活性剂的浊点，通过加入合适的阴离子表面活性剂，以形成混合胶束，即可大幅度地提高浊点温度，甚至消除浊点。

1.3.3　湿润与渗透性（wetting & penetrating）

从最基本的观点看，"湿润"就是物体的表面被另一种流体所取代（过程），而渗透则是湿润的累积。因此，湿润总包含有三相，且至少二种为流动相。表面活性剂的湿润性是指表面活性剂改变水对其他界（表）面的湿润能力，是表面活性的一种具体的体现。

我们知道，将一滴液体置于固体表面后，假设它与接触相达到平衡（见图1-36），则在气-固-液三相交界处会形成一夹角（θ），即接触角。根据经典的力平衡分析可得：

$$\gamma_{SA} = \gamma_{LS} + \gamma_{LA} \cdot \cos\theta \Rightarrow \cos\theta = \frac{\gamma_{SA} - \gamma_{LS}}{\gamma_{LA}} \qquad (1-4)$$

此式也称 Young's 公式。通常表面活性剂的加入可引起气-液（γ_{LA}）与固-液（γ_{LS}）界面张力的变化。

若固体的 γ_{SA} 值很小，且（$\gamma_{SA} - \gamma_{LS}$）< 0，$\cos\theta$ < 0，θ > 90°，表示液滴无法很好地湿润表面；若气-液表面张力（γ_{LA}）很小，则此时 $\cos\theta \to 0$，$\theta \to 0°$，意

味着表面能完全湿润。众所周知，一般加入表面活性剂后，水（溶液）的表面张力会徒然下降，因此，表面活性剂的水溶液往往具有良好的湿润性和渗透性。

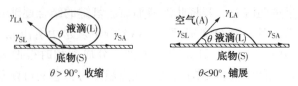

图 1 - 36　接触角（θ）示意图

为方便估计物体表面是否易被完全地铺展湿润，这里我们引入一个固体"临界表面张力"的概念，用 γ_c 表示，且定义 $\gamma_c = \gamma_{SA} - \gamma_{SL}$。它的物理含义就是液体能完全湿润固体表面所需的表面张力，与湿润液的性质无关。表 1 - 5 列出了部分固体的临界表面张力值。

表 1 -5　部分固体的临界表面张力　　　　　　　　　（mN/m）

固　体	临界表面张力/ γ_C	固　体	临界表面张力/ γ_C
聚四氟乙烯	18	聚乙烯	31
过氟月桂酸膜	6.0	聚苯乙烯	33 ~ 43
n - 十六烷	29	聚酰胺	42 ~ 43

由数据可知，正是由于含氟化合物的临界表面张力很低，一般不易被湿润；相反聚酰胺、聚苯乙烯则较易被湿润。

从表面活性剂的结构分析，形状不规则，空间几何体积大，不易形成胶束的表面活性剂分子，如二辛基磺基琥珀酸纳盐（Aerosol - OT），即属于良好的润湿剂。一般规则：亲水基位于分子链中央，呈分枝结构或者烃链较短的（$C_5 \sim C_{10}$），其润湿性较好。

与润湿剂相反，能使基质表面的润湿性变差的物质称防水剂。此时要求水在该表面上所形成的接触角 θ 要大，即固体的表面张力 γ_{SA} 越小越好。如高能的玻璃表面，吸附二甲基二氯硅烷后即变成低能的表面，显示出良好的防水性能。

1.3.4　发泡与消泡性（foaming & antifoaming）

泡沫，是空气（或其他气体）分散于液体中所形成一种分散体系。在实际的生产、生活中我们经常需利用泡沫。如洗发香波、洗涤剂、灭火剂、发泡材料、泡沫浮选矿石等方面，当然，有时也需其逆反作用，即抑泡或消泡，如乳液聚合、原油破乳等。

就单个气泡而言，可以看作是气体（空气）被一层液体薄膜所包围［见图 1 - 33（a）］的非均相体系，此双边层薄膜称之为"泡沫层"。在泡沫体系中，就是无数个气泡的堆积，当三个或更多的气泡相遇，泡沫层即会发生弯曲，凹向气相一侧，从而形成 plateau 边界，见图 1-38(c)所示。弯曲液膜界面上的压力差(ΔP)可由 Lapace 方程给出：

$$\Delta P = \gamma \cdot \left(\frac{1}{R_1} + \frac{1}{R_2} \right) \tag{1-5}$$

式中 R_1、R_2 为界面两侧的曲率半径。因为气泡内的气压处处相等，故在界面的液膜层中，曲率半径较大的 A 点处的液体压强要明显大于曲率半径小的 B 点，即 $P_A > P_B$，造成 A 点处的液体向 B 点排液，使得液膜层变得越来越薄，达到临界厚度(5~10nm)时，液膜就会破裂，气体体积逐渐扩大，最终气泡消失。所以泡沫是热力学不稳定体系。纯粹的液体因为排液速度极快，故无法形成有相对稳定度的泡沫。

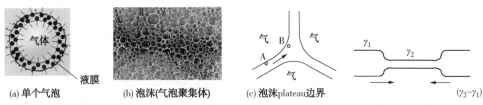

(a) 单个气泡　　(b) 泡沫(气泡聚集体)　　(c) 泡沫plateau边界　　　　　　　$(\gamma_2 - \gamma_1)$

图 1-37　气泡、泡沫及 plateau 边界区　　　　图 1-38　液膜修复机理

然而，加有表面活性剂的水溶液，因表面活性剂的界面定向吸附，降低了气-液界面张力，产生一个反向力，能防止液膜层的进一步变薄。就好像是橡皮筋拉长时有一股反向收缩的力，使液膜层具有一定的弹性(见图 1-38)，这种弹性是泡沫形成的必要条件。

Marangoni 认为形成新表面时的张力要比达到平衡时的表面张力来得高。这样由于膜的拉长使表面张力增加，形成了表面张力的梯度分布。因表面张力的差异，膜厚处的液体(SAA 分子高浓区)就会流向薄膜区，从而防止了膜的进一步变薄。通过 SAA 分子的这种表面迁移，将薄膜修复到原来厚度。

对于泡沫层的强度，根据 Gibbs 模型，其定量计算式可表达为：

$$E = \frac{4\Gamma^2 RT}{h_b C} \tag{1-6}$$

式中　E——表面弹性系数，mN；

$\quad\quad h_b$——液膜厚度 cm；

$\quad\quad C$——表面活性剂的本体浓度 mol/L。

可见表面活性越大，即 Γ 大，E 值亦大；膜厚度小，则 E 亦大。纯液体不会因膜拉长而产生表面张力的变化(无表面张力梯度)，亦即 $E = 0$，故不会产生稳定的气泡。

根据以上的理论分析知道，界面层的排液速度、程度是决定泡沫稳定性的一个十分重要的因素。因此，减低或阻止"排液"就可增加泡沫的稳定性。通常采取的方法有：①减低液膜的界面张力，即降低排液的压力差，减少膜中的液体排泄；②增加液膜的黏度，降低排液速度(或增加排液的难度)；③增加表面活性剂分子在界(表)面的吸附，排列越紧密，气体的穿透就越小，泡沫持久性就也好。

表面活性剂(溶液)的泡沫性，实际包含二个概念，即"发泡"和"稳泡"。前者指产生泡沫的初始能力，而后者意味着一定时间后泡沫的稳定性，两者并非是统一的。例如LAS的发泡性较好，但泡沫的稳定性不佳，常需添加其他表面活性剂来提高其泡沫性。

研究数据表明，离子型表面活性剂的泡沫性远优于非离子型，尤其是聚氧乙烯醚型。这是因为它的分子表面较大，界面排列不够紧密，导致膜表面的弹性低。另一方面，对离子型表面活性剂来说，起泡性与稳定性还与其反离子有关。小的反离子显示较好起泡性与泡沫稳定性。如同样是十二烷基硫酸盐，其泡沫性按下列次序递减：

$$NH_4^+ > (CH_3)_4N^+ > (C_2H_5)_4N^+ > (C_4H_9)_4N^+$$

"消泡"恰与稳泡相反。消泡剂降低表面张力的速度较快，易在已生成的泡沫层表面铺展，从而降低表面黏度与表面弹性。当消泡剂进入双分子定向膜中间，降低了液膜的弹性，使定向膜的力学平衡受到破坏，最终破裂，即达到消泡的目的。大致的机理参见图1-39。

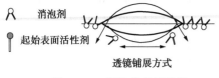

消泡剂

起始表面活性剂

透镜铺展方式

图1-39 消泡机理示意图

破泡剂的作用在于降低局部表面的表面张力，使膜很快变薄，并被周围高表面张力区所拉而达到破裂点。它的另一作用就是液膜中的液体排液增快，缩短泡沫的寿命。例如，磷酸三丁醋就是用来快速减低表面膜的黏度，减少表面活性剂分子间的内聚力，而达到消泡作用。

除磷酸酯外，其他消泡剂有：①有机硅酮(DMPS)，它的表面能低以及在有机化合物中的低溶性，使它在水溶液或非水溶液中均有突出的效果。通常以O/W型乳液使用。②含氟醇或含氟脂肪酸，与有机硅相似，但界面能更低；③聚醚类(包括聚丙二醇、丙二醇与乙二醇的共聚物)。PEG(聚乙二醇)不具消泡性，若PEG过多，会使共聚物的消泡力下降。

1.3.5　乳化与分散性(emulsification & dispersion)

将二种互不相溶的液体，在搅拌作用下，一相以微滴形式分散于另一相中所形成的分散体系称作乳状液，此过程称为"乳化"。涂料、人造奶油、冰淇淋、化妆品、纺织以及金属清洗等方面均遇到乳状液，同时乳化性能也是表面活性剂变化最为丰富的特性之一。

1. 乳液及稳定性

乳液根据其分散相微滴尺寸的大小，通常可区分为：①粗乳液（$\varphi >$ 400nm），即最为普通的乳液类型，外观呈不透明的乳白色；②细乳液（$100 < \varphi <$ 400nm）其外观为蓝白色。有关的多重乳液（图 1 – 40）即属于此范畴。③微乳液（$\varphi < 100$nm）是一种透明的分散液，在石油三次开采中有着非常重要的意义。

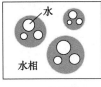 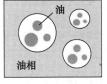

(a) W/O/W型　　　　　　　(b) O/W/O型

图 1 – 40　多重乳液类型示意图

在乳液的形成过程中，由于互不相溶液体间的界面张力通常都较大，且因内相（分散相）表面积的急剧增加，即造成界面自由能的相应增加，因此，就热力学角度而言，乳液是一种不稳定的体系。为降低体系的能量，最终各自将重新分层，再次形成两相体系。即二种互不相溶的纯液体是不可能形成乳状液的。只有乳化剂即表面活性剂的引入，才可能降低界面张力，减少或阻止液滴间的聚集，使体系有一定时间的稳定性。换句话说，只有使界面张力（或表面能）降低到足以使内相形成微小液滴的程度，才可能形成相对稳定的乳液，而对于微乳来说，界面张力必须降低至能自发进行乳化的程度。

乳液，根据内、外相性质可分为：①水包油型（O/W）如牛奶；②油包水型（W/O）如人造奶油；③多重乳液如（O/W）/O 或（W/O）/ W 型（见图 1 – 40）。另一方面，对（O/W 型）和油包水型（W/O 型）乳液，两者有时可以相互转换。这主要取决于两相的体积比、乳化剂的类型、温度及添加剂性质等。

乳液的稳定性属热力学问题，但其性质变化受动力学控制。体系中微滴的合并速度是衡量乳液稳定性的唯一定量指标。其数学表达式为：

$$-\frac{\mathrm{d}n}{\mathrm{d}t} = 4\pi Drn^2 \tag{1-7}$$

式中，n 为单位体积中的微滴数；D 扩散系数；r 微滴的粒径（球形）。研究发现微滴的合并速度与界面膜的性质、微滴间的阻力、连续相黏度、温度等有关。因此，减少或阻止微滴间的碰撞，提高界面液膜的强度均能改善乳状液的稳定性。图 1 – 41 为几种界面膜的结构。

（1）界面膜的性质

我们知道乳液中的微小液滴始终处于不停的运动之中，相互间的碰撞导致微滴的聚集，最终的"破乳"。因此，微滴界面膜的机械强度是决定乳液稳定性的主要因素之一。而界面膜的强度则取决于界面上吸附的表面活性剂分子和排列的紧密程度。由于单一表面活性剂在界面上的排列较为松散，因此，好的乳化剂通常都是复配型化合物。如十二醇硫酸钠与月桂醇组合能形成复合的刚性保护膜。

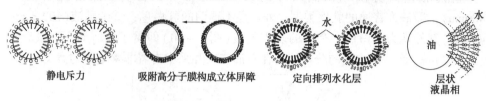

静电斥力　　　吸附高分子膜构成立体屏障　　　定向排列水化层　　　层状液晶相

图1-41　几种界面膜对乳液稳定的示意图

（2）液滴间的"障碍"

离子型表面活性剂因界面电荷而形成双电层，并产生了电动电位。当相邻二个液滴接近时，由于静电排斥力的作用（见图1-41），阻止了液滴的聚集。非离子表面活性剂虽无电性阻力，但因聚氧乙烯链的高度水合作用，形成了较厚的水化层（见图1-41），同样能阻止液滴的合并。界面电荷量越多，水化层越厚，阻止液滴合并的能力越大。

（3）连续相的黏度

对于球形液滴来说，扩散系数 D 的数学式表达为：

$$D = \frac{kT}{6\pi r\eta} \qquad (1-8)$$

式中　k 为波耳兹曼常数；T 是绝对温度；r 是液滴的半径。当体系外相的黏度（η）增大，扩散系数 D 变小，液滴的移动就困难，从而减缓了液滴间的相互碰撞机会。如在 O/W 型乳液中，添加天然或合成高分子物质的目的就是增加水相的黏度。另外，研究还发现：液晶相的形成因增加了局部范围的黏度，使单个微滴的碰撞几率大为减少，提高了乳液的稳定性。

（4）温度

因温度的改变可导致界面张力、界面膜的性质、外相黏度以及乳化剂溶解性等发生变化，故乳液的稳定性也会有相应的变化。一般当温度达到乳化剂溶解性最小时，其乳化效率达最高，转相乳化法就是利用此原理。

微乳（micro-emulsion）是近年来备受注视的乳液领域，它在三次采油中用作驱油剂，可从油岩层中回收许多过去不能取出的石油（一般枯竭的油田，仍有一半以上的石油残留在砂层中）。这是因为微乳液能使油水界面张力降低到 $10^{-3} \sim 10^{-2}$ mN/m 左右，使吸附在毛细管砂层中的原油脱附而出。

微乳与粗乳状液是有区别的。微乳体系常含有油、表面活性剂、辅助表面活性剂（低碳醇）和水或盐溶液，是热力学相对稳定体系。一般乳液的制造需要给以一定能量，用以形成分散微滴及克服粒子间的凝聚；而微乳的形成是自发的，只要体系组成恰当，可自发形成。

48

2. 乳化剂的选择

由于乳状液所涉及的水相、油相的组成变化很多，且有乳液类型（O/W 或 W/O）的选择，故乳化剂的选择也较为复杂。这里仅对 HLB 法和转相乳化法作一简单的描述。

（1）HLB 法

此法是实际应用时很有参考价值的乳化剂选择方法。表面活性剂的 HLB 值，其英文全称是 Hydrophilic – Lipophilic Balance，意思就是表面活性剂分子中亲水基部分与疏水基部分的平衡（或两者的比例）关系，故称"亲水亲油平衡值"。最早是由 Griffin 研究非离子表面活性剂作为乳化剂时所提出的一种方法，它将表面活性剂的结构与乳化作了定量的联系。

HLB 值的计算对于不同类型的表面活性剂有着不同的表达形式。

1）聚氧乙烯型非离子表面活性剂。此类 SAA 分子的亲水性大小与氧乙烯单元数是直接相关的，所以可方便地表示为：

$$HLB = \frac{M_H}{M_H + M_L} \times 20 \qquad (1-9)$$

式中，M_H 为亲水基部分的分子量；M_L 为疏水基部分的分子量。例如一表面活性剂的分子式为 $C_{16}H_{33}O(C_2H_4O)_{20}H$，故 $M_H = 44 \times 20 = 880$，$M_L = 16 \times 12 + 33 + 17 = 242$，根据式（1-9）计算可知该表面活性剂的 HLB 值为 15.4。由公式（1-9）同样可知：聚氧乙烯型非离子 SAA 的 HLB 值范围为 0～20，且 HLB 数值越大，表明表面活性剂的亲水性越强。表 1-6 列出了不同 HLB 值的聚氧乙烯型非离子表面活性剂的水溶性状况。

表 1-6　HLB 值与水溶性的关系

HLB 值	水中的行为	HLB 值	水中的行为
1～4	不溶于水，溶于油	8～10	稳定的乳液
3～6	水中分散较差	10～13	透明的溶液
6～8	搅拌后能分散	> 13	清澈的溶液

2）多元醇（酯）型非离子表面活性剂。它的 HLB 值计算可采用以下公式：

$$HLB = \left(1 - \frac{S}{A}\right) \times 20 \qquad (1-10)$$

式中，S 是多元醇酯的皂化值；A 为对应脂肪酸的酸值，两者均可通过手册查得。如硬脂酸单甘油酯，其皂化值 $S = 161$；硬脂酸的酸值 $A = 198$，代入式（1-10）解得 HLB 值为 3.8。表明该表面活性剂为油溶性产品。

3）离子型表面活性剂。由于离子基团的分子量与亲水性并非线性关系，故其 HLB 值不能采用式（1-9）的形式。Davis 提出用基团值的累积方法，计算离子型 SAA 的 HLB 值。

$$\text{HLB} = \sum_i (\text{亲水基团的 HLB})_i + \sum_i (\text{疏水基团的 HLB})_i + 7 \quad (1-11)$$

各种基团的 HLB 值也是通过实验测定而得，表 1-7 出了常用基团的 HLB 值。

表 1-7　几种常用基团的 HLB 值

官能团		基团 HLB 值	官能团		基团 HLB 值
亲水基团	—OSO_3Na	38.7	疏水基团	—CH—	—0.475
	—COOK	21.1		—CH_2—	—0.475
	—COONa	19.1		—CH_3	—0.475
	—COOH	2.1		=CH—	—0.475
	—N(叔胺)	9.4		—CF_2—	—0.870
	—COOR(山梨醇)	6.8		—CF_3	—0.870
	—COOR(游离)	2.4	其他	—(C_2H_4O)—	0.33
	—OH(山梨醇)	0.5		—(C_3H_6O)—	—0.15
	—OH(游离)	1.9			
	—O—	1.3			

计算规定，亲水基团 HLB 值取"+"；疏水基团取"-"。如要计算 $C_{12}H_{25}COO^-K^+$ 的 HLB 值，就可采用式（1-11）计算。$\text{HLB}(C_{12}H_{25}-COO^-K^+) = 21.1 - 0.475 \times 11 = 15.86$。参照表 1-8 可知，它能溶于水中形成透明溶液。值得一提的是，Davis 的基团法算出的 HLB 值会大于 20。

另外，若遇到混合表面活性剂时，则其 HLB 值可通过加权平均法来求得，即：

$$\text{HLB}_{mix} = \sum w_i \times (\text{HLB})_i \quad (1-12)$$

其中 w_i 为表面活性剂(i)在混合表面活性剂中的质量分数。但要注意的是式（1-12）仅适用于表面活性剂之间无相互作用的情况。

另一方面，要制得稳定的乳液，还需知道需乳化成何种类型的乳液（O/W 或 W/O 型）？对应的 HLB 值应为多少？各种油、脂、蜡等所需的 HLB 值通常由实验方法获得，表 1-8 列出了一些常用油相组分乳化时所需的 HLB 值。

表 1-8　乳化各种油相所需的 HLB 值

油相原料	W/O 型	O/W 型	油相原料	W/O 型	O/W 型
矿物油	4	10	月桂酸、亚油酸		16
石蜡油(白油)	4	9~11	硬脂酸、油酸	7~11	17
凡士林	4	10.5	硅油		10.5
煤油	6~9	12~14	棉籽油		7.5
氢化石蜡		12~14	蓖麻油、牛油		7~9

油相原料	W/O 型	O/W 型	油相原料	W/O 型	O/W 型
十二醇、癸醇、		14	羊毛脂(无水)	8	12
十六醇、苯		15	鲸蜡醇		13
十八醇		16	蜂蜡	5	10 ~ 16
小烛树蜡		14 ~ 15	巴西棕榈蜡		12

HLB 值选择乳化剂方法的基本思想，就是所需乳化物质的 HLB 值应与所选乳化剂的 HLB 值相等。例如，油相的组成为：石蜡油 20%；煤油 80%，若要获得较稳定的 O/W 型乳状液，则所需乳化剂的 HLB 值 = 20% × 10 + 80% × 13 = 12.4。若现使用 Spen - 60(HLB = 4.7) 与 Tween - 60(HLB = 15) 的组合作为复合型乳化剂，那么两者的相对用量可通过方程：4.7 X + 15(1 - X) = 12.4，解得 X = 0.25。即用 25% Spen - 60 与 75% Tween - 60 复配可满足上述的要求。当然，也可选择相等 HLB 值的其他表面活性剂的复配组合。实践中也往往将数种组合加以比较，从中选出乳液最稳定的一组乳化剂。

HLB 法在指导乳化剂的选择上十分方便和有效，但它存在着一定的局限性。首先它无法显示出表面活性剂的乳化效率与效力(能)，只能显示出乳状液的可能类型；再者 HLB 法未能合理地考虑乳化条件改变时(如温度、水和油相的性质、其他添加剂存在等)对 HLB 的影响。为此 Shinoda 等人提出相转变温度法(phase inversion temperature，简称 PIT 法)；和 marszall 提出乳液转相点法(emulsion inversion point，简称 EIP 法)，两者都是基于乳液相转变原理为基础的方法。由于考虑到各种影响亲水 - 亲油平衡的因素，所以，PIT 和 EIP 法都较 HLB 法更接近实际的乳化过程。

（2）PIT 与 EIP 法

所谓 PIT，就是转相温度(Phase Inversion Temperature)，它是继 HLB 法后，又一选择乳化剂的方法。与 HLB 法相比，其最大的优点就是考虑了温度对 HLB 值的影响。指出当乳液发生相反转时的温度，其表面活性剂的亲水 - 亲油平衡性最佳，即表面张力最低，此时乳化所需的功值最小，制得的乳液最为稳定。

PIT 的方法如下：将等量的油、水和 3% ~ 5% 表面活性剂制成乳液，搅拌、加热，观察是否转相(可用电导仪测电导度)，继续升温，直至发生相转换(即 O/W → W/O 型，或相反)此时温度，即为乳液的转相温度。一个合适的乳化剂用于 O/W 乳液时，其 PIT 应高于储存温度之上 20 ~ 60℃；而对 W/O 乳液，则其 PIT 应比储存温度低 10 ~ 40℃。要得到最佳的 O/W 型乳液，制备时温度最好低于 PIT 的 2 ~ 4℃，然后冷却至储存温度。用这种方法制乳液时，由于温度接近 PIT，可以得到细小、均匀的粒子且不易凝集，增加了体系的稳定性。

HLB 愈大，则亲水性愈强，脱水转为亲油性表面活性剂的温度就愈高。如果某一定 HLB 值的表面活性剂，当其油相（被乳化物）的极性降低时，PIT 值必将升高；如保持 PIT 为恒定值，当油相的极性降低时，则 HLB 值必须降低。与增溶原理（见 1.3.6）类似，溶液中加入长链脂肪烃可增加非离子 SAA 胶束的 PIT，因此，易于形成稳定的 O/W 乳液；而短链芳烃以及极性添加剂则降低 PIT，易形成稳定的 W/O 型乳液。

乳液转型法（Emulsion Inversion Point），简称 EIP 法。它是在恒定温度下，乳液从 W/O 型转变为 O/W 型的转折点，转型时用每毫升油所需加入水的毫升数来表达。这对筛选出优良表面活性剂用于制备 O/W 型乳液也很有用。O/W 乳液的稳定性与界面膜的水合程度密切相关，在恒定温度的情况下，测定不同 HLB 时的 EIP，可以用来衡量界面膜的水合程度。

对某一给定油相体系，随着乳化剂 HLB 值的增加，其 EIP 值有下降的倾向，对单一或混合的表面活性剂体系，EIP 存在最低点。与最低点相应的 O/W 乳液表现出最大的稳定性。最低 EIP 值与该乳化剂分子在界面上的取向有关，EIP 最低点即相对应于理想的分子构型。换句话说，对于该种表面活性剂，达到亲水 – 亲油平衡状态所需的水量最小。

HLB、PIT 和 EIP 在选择乳化剂方面都有其局限性，因此，对方法本身的基础研究还需进一步加深。但迄今为止，HLB 及 PIT（或 EIP）法仍是选择乳化剂时的常用参考方法，在化妆品配制、食品、低界面张力驱油剂、农药乳化剂等方面被广泛采用。

3. 分散与聚结（dispersion & aggregation）

固体微粒分散于液体中（两者互不相溶）成为相对稳定而均匀的分散体系，称之为"悬浮液"。这在实用应用中有许多实例，如颜料分散于油漆，药剂，钻井液等，这里分散相是固体微粒。与上述乳状液相似，悬浮液也是热力学不稳定体系。

早年，苏联人 Derjaguin、Landau 和荷兰人 Verway、Overbeek 分别独立地创立了溶胶稳定性理论，简称"DLVO"理论。其基本思想是根据粒子彼此靠近时引起的能量变化，来处理溶胶的稳定性。他们认为，两个胶体粒子在作布朗运动中，一方面粒子间存在范德华吸引力，因距离很短（称短程力），经碰撞后就会发生黏结和凝集；另一方面，由于粒子表面上的双电层，当粒子在靠近到一定距离时，因斥力而分离。

DLVO 理论假设两者的能垒达到平衡，这样胶体粒子的总能量就可表示为：

$$V_总 = V_A + V_R（V_A — 吸引位能；V_R — 斥力位能）\qquad(1-13)$$

图 1-42 描绘了粒子的位能与离子间距离的变化关系。由于斥力位能（V_R）在无穷远处 $V_R = 0$，且随粒子相互靠近而增加，故 V_R 总为正值，位于横轴的上方。若粒子的吸引位能（V_A）大于斥力位能（V_R）时，则总势能 $V_总$ 为" – "，粒子趋于

"聚结"，见图 1-42 中 $V_{总}(1)$；若粒子的斥力位能（V_R）较大，总位能（$V_{总}$）会出现一极大值 V_{max}，图中的 $V_{总}(2)$。此 V_{max} 是两粒子聚结必须越过的能垒，且随体系的组成而变化。当 $V_{max}>0$ 时，表示"聚结"需克服一定的能垒，聚结缓慢，分散胶体表现出一定的稳定性。显然，能垒（V_{max}）愈高，溶胶愈稳定。加入电解质将使粒子的双电层压缩，粒子间斥力减小，能垒（V_{max}）下降，且随电解质浓度的增加而逐渐减小，甚至会消失。

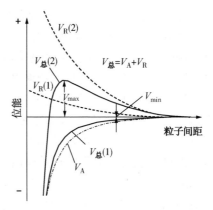

图 1-42 粒子间相互作用的位能曲线

要使固体粒子很好地分散于液体中，它必须经过三个阶段：即湿润→分散→防再聚结。这里离子间的能垒是分散的核心问题。虽然湿润是分散的必要条件，但若无法形成的能垒（粒子聚结），则粒子很快会聚再集，则液体充其量只能作为湿润剂。另一方面，若加入的表面活性剂无促进粒子的湿润性能，但却可以产生分散粒子间的能垒，则为良好的分散剂。离子性表面活性剂对分散胶体稳定性的作用，主要在于分散粒子的表面电位。由于两者的电荷相同，斥力位能增加，则分散体系的稳定性提高。

再者，由于微粒的分散不仅与离子性质有关，还与分散介质的性质有关。因为表面活性剂在粒子表面的吸附方式是各不相同的。图 1-43 描绘了吸附与分散（或凝聚）的关系。

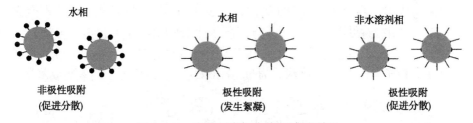

图 1-43 表面吸附与分散/聚集之关系

显然，表面活性剂分子无论采取极性还是非极性的吸附，只要有利于粒子与分散介质之间的亲和性（相溶性），则对分散有利，反之，若表面活性剂的引入降低了微粒子在分散介质的溶解度，则发生反向的凝聚现象。

根据 DLVO 理论，要使表面活性剂具有良好的分散能力，必须提高粒子间的能垒（电性或立体空阻）。为此，作为一个良好的（离子型）分散剂，分子中应含有多个离子基团。这些多离子基团的可使粒子表面带有较多的电荷，从而形成高的电性能垒；另一方面，多离子亲水基团水化作用导致的自由能降低，可补偿憎水基团与水相接触所产生的自由能增加，降低分散所需的能量。目前，常用的多离子基团分散剂有 β – 萘磺酸 – 甲醛缩合物、木质素磺酸盐、苹果酸酐或丙烯酸的共聚物等。多极性基或大极性基的离子型表面活性剂如脂肪酸甲酯磺酸盐、油酰基甲基牛磺酸盐、磺基甜菜碱等也是良好的离子性分散剂。

聚氧乙烯醚型非离子表面活性剂，因其高度水化的聚氧乙烯链以螺旋卷曲状伸至水相中，形成很好的空间能垒（空阻），从而防止了再聚结，也是一种优良分散剂。例如，嵌段共聚的聚醚（EO、PO 共聚物），分子中聚氧丙烯（PO）段的许多醚键可促进它们吸附于粒子表面，而水化的聚氧乙烯链段则定向排列朝向水相。因此，EO、PO 分子量均较高的共聚醚，其分散性最强。

表面活性剂它不仅可用于固体粒子在液体中的分散，同样也能使已分散的粒子发生絮凝（flocculation）与凝聚（coagulation）。它的作用方式与途径可以是

（1）降低分散粒子 stern 层的电位

加入电荷性质相反的表面活性剂后，由于静电作用，降低了粒子间的电能垒。再者，由于这种极性吸附（参见图 1 – 44）方式，疏水基朝向水相，使得固 – 液界面张力增加，最终导致了固体粒子从介质中絮凝或驱往气 – 液界面。有趣的是，当该 SAA 的量增加至一定值后，此"絮凝现象"又会消失，而重新分散。这是由于表面活性剂分子发生了"第二层吸附"（见图 1 – 44）。但此类吸附较弱，一经稀释，容易被除去，而仍会发生絮凝或凝结。

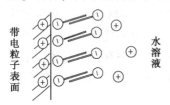

图 1 – 44 第二吸附层分子

（2）搭桥

一些水溶性高分子化合物溶入水后，因分子链上的官能团与分散粒子的表面作用而发生吸附。高分子化合物在固体粒子表面的不同吸附结果，可能产生完全截然不同的效果（参见图 1 – 45）。（a）高分子化合物对粒子的包覆十分适宜，形成一定的空间位阻，起到保护作用，利于粒子的分散；（b）、（c）和（d）则是高分子化合物对粒子"不恰当"的吸附，通过"架桥效应"，造成粒子的絮凝或凝聚。

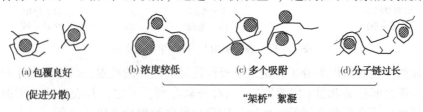

(a) 包覆良好　　　　(b) 浓度较低　　　　(c) 多个吸附　　　　(d) 分子链过长

(促进分散)　　　　　　　　　　　　"架桥"絮凝

图 1 – 45　高分子吸附与粒子的分散或絮凝

（3）可逆絮凝

首先，分散粒子用一离子表面活性剂处理使粒子电位增高而得以分散，然后用易溶电解质处理，以压缩双电层并产生絮凝。必要时可将此絮凝物料稀释，即

可回到原来的分散状态。

1.3.6 增溶性(solubilization)

增溶是表面活性剂胶束的一种特有性质。它能将原先不溶于水或微溶于水的物质增溶于表面活性剂的胶束中,而形成热力学稳定的、各向同性的透明溶液。工业上利用"增溶作用"十分广泛,如油污的洗涤、干洗、有机反应的胶束催化以及在生物、医药方面的应用等。简单地说,增溶就是提高溶剂对某种溶质的溶解能力,它是通过SAA形成胶束后来实现的。因此,它不同于通过添加某些助溶剂(此时溶剂的性质有较大的变化)而使物质溶解的方式;也有别于表面活性剂的乳化作用。增溶是表面活性剂胶束的均一溶液,热力学上是稳定的;而乳化则是热力学不稳定的多相分散体系。

大量的研究表明,表面活性剂的增溶作用与胶束形成一样,是一动态平衡过程,而且被增溶物(溶质)在胶束中的位置、形态是多种多样的,与表面活性剂的结构性质、增溶剂的结构性质以及环境因素均有一定的联系。图1-46展示了各种胶束的增溶模式。

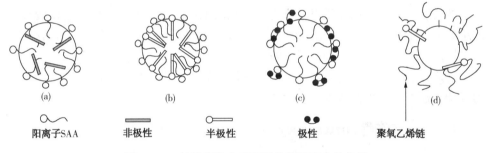

图1-46 被增溶物在表面活性剂胶束中的位置

图中(a)非极性的烃类物质,大都增溶于胶束内芯。(b)脂肪酸、脂肪醇、胺、酯等半极性有机物质,多增溶于表面活性剂分子的栅栏之间,通过氢键或偶极子的作用,烃链部分伸向胶束内芯,极性头则朝向外部。(c)一些极性分子如高分子电解质、蔗糖、甘油等则通过吸附于胶束-溶剂的界面而发生增溶,其增溶量相对较少。(d)聚氧乙烯型非离子SAA的乙氧基链很长,且呈卷曲状,该区域是被增溶物的"场所",且增溶量较大。

表1-9 部分有机物的最大增溶量与相应的表面活性剂

增溶物	最大增溶量(表面活性剂)/(mol/mol)			
	$[C_{12}H_{25}NH_3]^+Cl^-$	$C_{11}H_{23}COONa$	$C_{17}H_{35}COONa$	$C_{10}OE_{10}CH_3$
n-己烷	0.75	0.18	0.46	
n-辛烷	0.29	0.08	0.18	0.48

增溶物	最大增溶量，mol/mol（表面活性剂）			
	$[C_{12}H_{25}NH_3]^+Cl^-$	$C_{11}H_{23}COONa$	$C_{17}H_{35}COONa$	$C_{10}OE_{10}CH_3$
n-十二烷	0.13	0.03	0.05	0.17
环己烷	0.06	0.005	0.009	0.06
苯	0.65	0.29	0.76	
甲苯	0.49	0.13	0.51	
n-癸醇	0.18	0.29	0.59	1.47
2-乙基己醇	0.36	0.06	0.47	

由表 1-9 数据分析，阳离子、聚氧乙烯醚型非离子表面活性剂的增溶能力较大，而阴离子型较小；对于同样的被增溶物，SAA 的疏水链越长，其增溶能力越大；被增溶物的极性愈小，烃链愈长，增溶量愈小。另外，研究还发现在表面活性剂的胶束中，加入烃类等非极性有机化合物，能使胶束尺寸增大，而可增加极性物的增溶量；反过来像长链脂肪醇、酸等极性有机物的溶入，也可使烃类物质的增溶量增大。

温度变化可使胶束性质以及被增溶物在胶束中的溶解度发生变化，比较显著的是聚氧乙烯醚型非离子表面活性剂。温度升高使聚氧乙烯链的水化作用减小，胶束增多，对非极性烃类物的增溶量有所提高。

总之，表面活性剂的增溶是一个受多因素影响的宏观现象，有关其机理也较为复杂，还有待于人们作进一步地探索研究。

1.3.7　洗涤性（detergency）

首先，表面活性剂的洗涤性是特指表面活性剂增加液体（尤其是水）的去污能力。洗涤作用是表面活性剂应用最广、最具实用意义的基本特性之一。但另一方面，由于污垢、底物种类繁多、表面活性剂品种、添加剂等均会对洗涤产生影响，且洗涤本身又是一个吸附、湿润、乳化、分散等作用的综合，因此洗涤过程极为复杂，无统一的理论可加以阐明。

一般说来，洗涤（物体）主要包含二个过程：①污垢从物体表面的去除，即去污过程；②将污垢悬浮于洗浴中，以防止污垢在表面的重新沉积，也就是防污过程。

洗涤剂去除污垢的方式，根据其污迹、底物的不同可以有多种方式，有时涉及化学、生物等作用。这里的洗涤仅限于表面活性剂的物理作用而产生的去污效果。

图 1-47 表示了含表面活性剂洗涤液去除污垢的大致过程。表面活性剂的基本作用，就是通过分子在界面上的定向吸附，降低（油）污垢-水的界面张力。

同时通过吸附层的静电斥力或铺展压，使污垢从底物的表面移去。

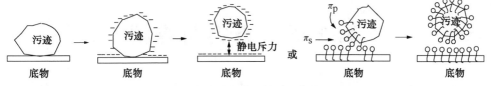

图1-47　去除污垢的示意图

有关表面活性剂洗涤(去污)的具体内容，本书将在后续的清洗剂章节中再作叙述。另外，表面活性剂因其两亲结构的特征，还派生出一些其他的特殊性质，如抗静电性、纤维柔软性、杀菌性等，这里就不再赘述了，有关知识内容可参阅相关专著或文献。

【思考题】

1. 简单描述以下几种(类)表面活性剂的主要特性：①肥皂；②脂肪酸甘油酯；③十二烷基苯磺酸钠；④EO，PO 共聚醚；⑤烷基磺基甜菜碱；⑥蔗糖脂肪酸酯酯；⑦高分子表面活性剂(如木质素磺酸钠)；⑧硅、氟系表面活性剂。

2. 表面活性剂性能参数 c.m.c；pC_{20}；与 G_m 分别代表什么含义？如何获取？

3. 试解释以下现象的原因：1) 对于疏水性表面，POE 型非离子表面活性剂比阴离子表面活性剂的渗透时间短；2) 对于纤维素质的表面，则 POE 的渗透时间较阴离子型的长。

4. 为什么表面活性剂的引入能使泡沫稳定？

5. 试写出两种低泡表面活性剂的结构，并说明其结构与低泡性的关系。

6. 试举例说明各种乳液分散系的定义及特征。

7. 某种油品其形成 O/W 型乳液所需的 HLB 为 10。现拟采用(a)、(b)两种表面活性剂复配后作为乳化剂，试计算说明(a)、(b)两种表面活性剂的组成应是多少？

(a)：$C_{12}H_{25}(OC_2H_4)_2OH$；(b)：$C_{12}H_{25}(OC_2H_4)_8OH$

8. 何谓表面活性剂的增溶性？它与乳化性有何区别？

9. 为什么阳离子表面活性剂一般不能作为洗涤剂使用？

10. 为什么通常在碱性溶液中，表面活性剂的洗涤性更好些？

第2章 香料与香精

世界本来就是个芳香园地，自从地球孕育出了生物，芳香也就随之而来了。在自然界到处都存在天然的香气，除了鲜艳的香花和芳草，还有奇香异味的食物，连森林也有其独特的清香，大海更有新鲜的气息。泥土也散发着泥土的芳香。所以说世界本来就是芳香的。

2.1 概述

刺激嗅觉神经(或味觉神经)所产生的感觉广义上称为"气味"，而具有快感的气味成为香味。一般说来，由嗅觉感知的是"香气"；味觉感知的是"香味"。因此，凡是能被嗅觉或味觉感知出的"芳香气息"或"香滋味"的物质都属于香料。

2.1.1 香料的发展史

在人类文明发展的早期，香料已进入人类生活。如中国古代的李时珍利用香草治病；埃及人利用香料制成木乃伊；祭坛上用草根树皮进行熏香等，世界各地人们就地取材，开展各种香料的应用。然而，香草、树皮、树根等天然物香料不便于处理和搬运；花卉无法四季供应，香料植物的使用受地区性、乡土性和季节性的限制。

16世纪，发明了用水蒸气蒸馏方法以提取芳香植物中精油。从此天然香料不仅仅应用于熏香，进而应用于药物、化妆品、食品和调味品等，使天然香料的应用价值得到了进一步的发挥，这为整个香料工业的兴起和发展奠定了基础。

自18世纪后，随着科学技术的进步和有机化学的迅速发展，大大促进了对天然香料成份、香气与分子结构关系的探索；同时萃取、水蒸汽蒸馏等分离技术和各种化学反应已被应用于香料的生产。这样由天然动、植物分离提取得到的天然香料组分，即"单离香料"在19世纪下半时获得了成功，这为合成香料的诞生指明了方向。

1874年，近代合成香料的奠基人 F. Tiemann 成功地合成了香兰素，1891年又从丁香酚出发，再次合成了香兰素，同时合成问世的还有紫罗兰酮、洋茉莉醛、芳樟醇、柠檬醛等合成笑料。20世纪开始，有机合成化学的研究与生产已发展到了一个崭新的阶段，且随着分离及现代分析方法(如气相色谱、液相色谱、核磁共振等)的逐步完善，使香料成分化学结构的确定变得十分容易，同时也为合成香料提供了理论依据。1926 年瑞士化学家 L. Ruizicka 确定了麝香酮和灵猫酮的化学结构。与此同时，法国科学家通过有机化学的方法，合成了一些自然界尚未发现的合成香料。

如果说以精油为代表的天然香料的利用，给香料工业带来了早期的繁荣，那么可以认为利用以单离香料、煤（石油）化工原料为基础的有机合成香料，因不受自然因素的影响，将是现代乃至未来香料工业的繁荣标志。世界各国广泛地应用石油化工产品为原料合成芳樟醇、香叶醇、紫罗兰酮等数以千计的香料化合物，目前模拟天然产物结构，通过化学或生物合成的香料化合物占市场份额的70% 左右。

在我国，香料工业是新兴的工业之一，它同医药工业一样是投资回报较高的行业。我国有着丰富的天然资源，能生产天然香料 100 多种，合成香料 400 余种。出口的香料如龙脑、薄荷脑、香兰素、香豆素、松油醇、苯乙醇、洋茉莉醛、酮麝香、桂皮油、香茅油、山苍子油等在国际上均享有盛誉。

2.1.2 香料的分类

香料发展到今天，其种类、形式非常之多，分类的方法也有多种。目前比较易被人们接受的方法是按照香料的来源与加工方法的不同进行分类，大类可分为①天然香料；②合成香料。天然香料包括动物香料、植物香料和单离香料（使用物理或化学方法从天然香料中分离出来的单体香料化合物，它是单个组分的化合物）；而合成香料根据香原料的来源，又分为：①半合成香料；②全合成香料二种，详细可参见图 2 - 1。

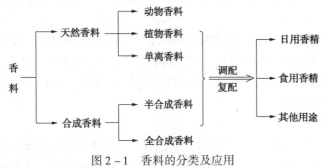

图 2 - 1　香料的分类及应用

2.1.3 天然香料的提取

正如以上所述，天然香料多存在于植物之中，香精油、单离香料的获得需通过各种技术或手段，具体的方法有：

1. 水蒸气蒸馏法

水蒸气蒸馏是最古老的工艺技术，也是香料工业中使用最多的提取方法。它操作最简单，成本较低，应用范围广。但主要的问题是收率(出油率)比较低，没有能够充分地从原料中提炼出尽可能多的精油。此外，水蒸气蒸馏过程中，由于使用高温会破坏精油中的某些成分，导致出产的精油品质不高。

2. 脂吸法

油脂分离法(也称脂吸法)是花朵精油的昂贵萃取方法。简单地说它是采用"脂肪基"(猪、牛油混合脂)通过吸收原理，将鲜花所释放的气体芳香成分吸收，直至脂肪基被芳香成分所饱和，即制得(冷吸收)香脂产品。

3. 压榨法

压榨法主要用于柑桔类精油的生产，这些精油中的萜烯及其衍生物的含量高达90%以上。这些萜烯类化合物因在高温下易发生氧化、聚合等反应，若采用水蒸汽蒸馏法会导致产品香气失真。压榨法最大的特点是在室温下进行，可使精油香气逼真，质量得到保证。

目前，压榨法制取精油的工艺技术已十分成熟，生产过程大都实现自动化。生产的压榨油产品主要包括甜橙油、柠檬油、红桔油等，都是深受人们喜爱的天然香料，在饮料、食品。香水、化妆品等方面都有着广泛的应用。

4. 萃取法

溶剂萃取是花类精油的常用提取方法。与水蒸气蒸馏相比，有机溶剂萃取技术的最大优点在于它能够达到更高的(精油)收率，目前已经开始大量应用于工业生产。但此技术的主要问题：①生产过程当中需使用大量有机溶剂，如甲醇、乙醇、乙醚等，它们大都为易挥发、着火、爆炸和中毒的高度危险化学品，这对生产环境的安全要求极高；②由于萃取使用的溶剂，若后续无法彻底的去除，则会直接影响精油的质量。

超临界二氧化碳萃取是利用超临界状态下CO_2的溶解特性，提取植(动)物中的发香组分，再利用CO_2在常压下的气体挥发性，实现分离。由于萃取过程在低温下进行，能够最大限度地保留原植物中的芳香成分，制得的精油品质近乎完美。但设备费用昂贵。

5. 精馏法

精馏，这是一种物理分离方法，它是利用(液体)混合物种各组分挥发度不同而将各组分进行分离的一种单元操作，如从香茅油中分离出乙酸香叶酯；由薄荷油中单离出薄荷酮；玫瑰草油中单离出甲基庚烯酮等单离香料。另一方面，由于精油中的许多成分都是热敏性的，温度高时易发生分解、氧化、聚合等反应，故香料中的精馏操作绝大部分采用减压精馏，降低操作温度，保证香料的质量。

6. 冷冻分离法

冷冻分离法，即冻析法。利用天然香料混合物中各组分的凝固点的差异，通过降温方法，使高熔点的组分先以固体形式析出，而实现香料单离与提纯的一种分离方法。例如由薄荷油中获取薄荷脑；黄樟油中分离出黄樟油素等。

7. 化学分离法

以上的分离方法均基于物理分离原理，一旦遇到组分物性参数相差不明显时，分离便会变得困难。相反利用组分的化学特性（官能团），通过简单的化学反应，实现物质的分离。目前已采用的方法有：

（1）亚硫酸氢钠分离法

醛或甲基酮与（饱和）亚硫酸氢钠溶液反应，可生成不溶于有机溶剂的磺酸盐加成物，且反应是可逆的，用碳酸钠或盐酸处理磺酸盐加成物，便可重新获得醛或酮。利用醛/甲基酮的此化学特性，便可由精油中分离得到一些有价值的单离香料，如柠檬醛、肉桂醛的获取。

（2）酚钠盐法

酚类化合物与碱作用后生成的酚钠盐可溶于水，若再用无机酸处理含有酚钠盐的水相，即可还原出原来的酚类化合物。利用此特性将含酚的天然精油进行处理，可实现酚类香料化合物的单离，如丁香酚、百里香酚等。

（3）硼酸酯法

硼酸与精油中的醇可生成高沸点的硼酸酯，减压蒸馏可与精油中的低沸点组分实现分离，最后经皂化反应即可使醇游离出来，从而获得醇类单离香料。此法是从天然香料中得到醇类单离香料的主要手段之一，得到的典型单离香料有香茅醇、玫瑰醇、芳樟醇等。

2.1.4 天然香料的品种

1. 精油（essential oil）

精油，也称芳香油，是一种从芳香植物中提取出来的挥发性油状液体，是各种芳香组分的混合物，也是植物天然香料的主要品种之一。精油的制法主要有两种：一种是以植物的花、叶、枝、皮、根、茎、草、果、籽、树脂等为原料，通过水蒸气蒸馏法获得，如玫瑰油、茉莉油、薰衣草油、八角茴香油等。另一种是将柑桔类的全果或果皮，经压榨法制得，如柑桔油、甜橙油、柠檬油等。精油的生产是香料工业的重要组成部分，它在化妆品、洗涤用品、食品、烟酒等行业中有着广泛的应用。

2. 浸膏（concrete）

浸膏是一种含有精油、植物蜡成分，且呈膏状的香料制品，是植物性天然香料的品种之一。芳香植物的花、叶、枝、茎、皮、根、草、果籽或树脂等用有机溶剂浸提（萃取），再蒸馏回收溶剂，所得的蒸馏残余物，即为浸膏。在浸膏中，除含有芳香成分的精油外，尚含有相当数量的植物蜡、色素等，所以在室温下呈深色蜡状。目前最常用的挥发性浸提剂是石油醚，另外采用超临界 CO_2 法也可生产浸膏。典型的产品有玫瑰浸膏、茉莉浸膏、桂花浸膏等，它们广泛应用于化妆品、食品等行业中。

3. 酊剂 (tincture)

在加热或回流的条件下，用乙醇浸提芳香植物、植物渗出物 (植物干体由于生理或病理上的原因，分泌出呈半固体状的膏状芳香物质，如苏合香膏、秘鲁香膏)，乙醇浸出液经冷却、澄清、过滤后所得到的制品，通称为"酊剂"。如黑香豆酊剂、香子兰豆酊剂等。

4. 净油 (absolute)

净油是一种较为纯净的精油。因浸膏或香树脂中含有相当数量的植物蜡、色素等杂质，色深质硬不适宜配制高级香精。将它们用乙醇萃取、溶解，所得萃取液经冷却后，滤去难溶物等杂质，滤液经减压蒸馏蒸除乙醇后，所得的透明液即为"净油"。典型的产品有茉莉净油、水仙净油、紫罗兰净油等，是调配化妆品和香水的佳品。

5. 香脂 (pomade)

用精制的动、植物油脂，吸收鲜花中芳香成分后所得到的油脂产品。使用的油脂包括精制的动物油脂 (牛油、猪油) 和精制的植物油脂 (橄榄油等)。精制的动物油脂在室温下逐步被鲜花中的芳香成分所饱和，此法称为"冷吸收法"；将芳香成分易析出的鲜花，装于精制植物油的浸提锅中，经温热和慢速搅拌，使油脂逐步被芳香成分所饱和，这种方法称为"温浸法"。例如兰花香脂，可直接用于化妆品的加香。

香料的主要用途是调配香精。当今的香料工业已能提供出数千种不同的香气香料，按不同的用途可分为食用、日用、芳香治疗和其他应用之香精。目前，全世界香精销售中食品香精占43%、日用香精30%、芳香治疗和其他香精占27%。

2.2 天然香料

天然香料分布于植物中或存在于动物的腺囊中，是最早使用的香原料。从发香的组分来看，它们均是混合物。其优点是安全性高、香味独特，食品香精50%以上使用天然香料，但它的缺点是受地理、环境等自然因素的影响较大，产量有限，价格昂贵。

2.2.1 动物香料

事实上真正有实用价值的动物香料很少，目前明确的动物香料只有麝香、灵猫香、海狸香和龙涎香，通常将其制成浸膏或酊剂。但最近有报道从猪、牛肉等动物中开发出食用香精，具体则不十分明确。以下仅对四种公认的动物香料作一大致的描述。

1. 麝香(musk)

麝香为雄性麝鹿的肚脐和生殖器之间的腺囊分泌物，干燥后呈颗粒状或块状，有特殊的香气，有苦味，可以制成香料，也可以入药。麝鹿是生长在泥泊尔、西藏及我国的西北高原的野生动物，每只麝鹿可分泌 50g 左右的分泌物，并存积于麝鹿脐部的香囊中。固态时麝香发出恶臭，用水或酒精高度稀释后才散发出独特的动物香气，且随产地、气候不同，麝香有不同品种。

麝香(混合物)的组成主要为动物性脂肪、不饱和脂肪酸酯、蛋白质等，本身属于高沸点难挥发的物质，外观呈树脂状，加热时软化，易溶于水。麝香中的主要发香成分为"麝香酮"，化学名为：3 - 甲基环十五酮(结构式见图 2 - 2)，其含量一般在 0.5% ~ 2%。无色黏性液体。1906 年发现此结构物，1926 年确定结构，1948 年人工合成获得成功。

麝香(酮)的定香力很强，是极为名贵的香料。用于配制高级香水和化妆品香精，也用于医药上作兴奋剂。

2. 灵猫香(civet)

灵猫香，又称麝猫香，产于灵猫香腺囊中的分泌物。非洲与印度有大灵猫和小灵猫两种。传统的采香方法是将灵猫杀死割下腺囊，刮出的香囊分泌的黏稠状物质，并封闭于瓶中储存。现代采取活的灵猫定期刮香的方法。

新鲜的灵猫香为淡黄色流动体，长期与空气接触后，颜色逐渐变黑，黏度增高。浓度高时具有带腥味的粪便样的恶臭，令人作呕，然稀释之后则放出令人愉快的香气。极度稀释后有温暖的灵猫酮香气。灵猫香的主要发香成分：9 - 环十七烯酮(灵猫酮)和 3 - 甲基吲哚，结构式参见图 2 - 3 所示。

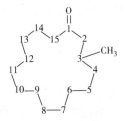

图 2 - 2　麝香酮结构式　　　　　图 2 - 3　灵猫酮结构式

灵猫香易溶于乙醇、氯仿等有机溶剂，但难溶于水。在香料工业中被用作定香剂，能使香水的香味浓郁持久。灵猫香的香气比麝香更为优雅，常用作高级香水、香精。作为名贵中成药材，它具有清脑的功效。

3. 海狸香(castoreum)

海狸栖息于小河岸或湖沼中，主要产地为加拿大、喜马拉雅高原、西伯利亚等寒带区域。不论雌、雄海狸，在生殖器附近均有两个梨状腺囊，内藏白色乳状黏稠液，即"海狸香"。

　　干燥后的海狸香为深褐色树脂状，有令人不快的臭味，但一经稀释后，则发出动物的香韵。海狸香易溶于乙醇，但不溶于水。其主要发香成分为海狸胺、喹啉、吡嗪类含氮化合物具体结构式参见图2-4。海狸香与麝香、灵猫香一样，制成酊剂用于高级香水中，起调香、定香作用，但需求用量不如前二者。

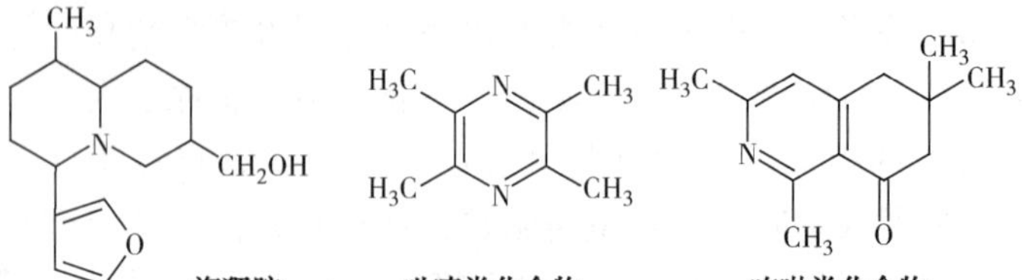

海狸胺　　　吡嗪类化合物　　　喹啉类化合物

图2-4　海狸香主要成分的化学结构式

4. 龙涎香(ambergris)

　　龙涎香也是一种珍贵的动物香，是抹香鲸胃肠道中排出的分泌结石。据说它必须在海水中漂浮浸泡几十年(龙涎香比水轻，不会下沉)才会获得高昂的身价。身价最高的是白色的龙涎香；青色或黄色的次之，褐色的价值最低。龙涎香的主要发香成分是龙涎香醇(图2-5)。

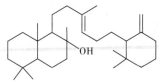

图2-5　龙涎香醇的结构式

　　龙涎香醇，呈蜡状，易溶于水，难溶于水。龙涎香醇本身没有香气，在空气中发生变化后产生香气。它溶于乙醇后，有良好的保香作用，用于高档的名牌香精中。

　　由于天然产品来源日益困难，因此，人们正在努力寻找化学合成物来替代天然产物。目前，能合成出来并应用于香精调制的龙涎香类物质为数不多，但经对天然产品的分析发现，有众多的有机物属于龙涎香气物质。

2.2.2　植物香料

　　天然植物香料是从芳香植物的叶、茎、干、树皮、花、果籽和根等部分提取的具有一定挥发性的芳香混合物。与动物香料相比，植物香料的品种很多，目前发现具有香料的植物达3000多种，而常用的仅为300多种。植物香料通常都制成各种精油，它们可直接进行调香或用它们的单离香料为原料来制备半合成香料。

1. 薄荷油(mint oil)

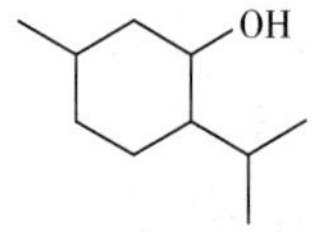

　　薄荷为多年生草本植物，扦插或分株繁殖，生命力旺盛生长。薄荷油是一种淡黄色的稍遇冷就凝固的流动性液体，它具有强烈的薄荷香气和清亮的微苦味。

图2-6　薄荷醇结构式

绿薄荷油也称"留兰香油"，自全草提油。产品为无色至黄绿色液体，主要发香成分：2－异丙基－5－甲基环己醇(薄荷醇)60%～85%；薄荷酮6%～15%、薄荷乙酸酯3%～6%；以及少量的柠檬烯、百里香酚、莰烯等。

薄荷具有强新健胃、驱虫、解热、消炎、止痒、去腥、防腐之效。可用作于泡茶、咖啡、甜点、拌色拉、烹调、制作沐浴保养品等用途，但主要以食用香精为主，多用于糕点、糖果、口香糖、牙膏等产品，同时还可用于医药等方面。

2. 香子兰油(vanilla oil)

这是由香料植物——香子兰的果实称香兰豆，经干燥后的成熟产品。它具有特别的甜美香气，号称"香料之王"。一般生在热带地区，8～9月完全成熟，但采收时需未成熟，再保存3～4个月，最好品种为马达加斯加岛上的香子兰豆。

成熟的香子兰豆，它的主要发香成分为2%的香兰素(有食品"香料之王"之称)，还含有香兰醚、茴香醇、茴香酯等。香子兰油(40%～60%乙醇萃取液)主要用于食品如冰淇淋、巧克力等。95%的乙醇萃取液用于日用品。也可用石油醚、丙酮先萃取香子兰豆，再蒸除溶剂后所得的香树脂，可直接用于化妆品的加香。

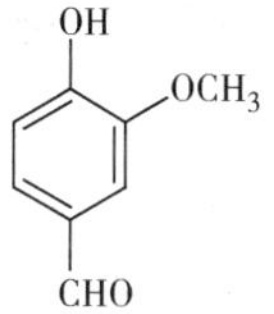

图2－7　香兰素结构式

3. 薰衣草油(lavender oil)

薰衣草油是一种无色或黄绿色液体，有新鲜的薰衣草花香气和木香香韵，且还略带有苦味。从地中海阿尔卑斯山移植世界各地，薰衣草在法国、意大利、匈牙利、英国、保加利亚、西班牙和中国(新疆、陕西、浙江等地)都有栽培。它由唇形科植物薰衣草的花序，经水气蒸馏得到的淡黄色液体，收率0.5%～1.0%，也可以用浸提法制成浸膏。薰衣草油是一种重要的日用调和香料。

事实上，薰衣草有三个主要品种：薰衣草、穗薰衣草和杂薰衣草，由其花穗蒸馏得到的精油分别叫薰衣草油、穗薰衣草油和杂薰衣草油。薰衣草油是清甜的花香，最惹人喜爱，主要成分是乙酸芳樟酯(60%)、芳樟醇、薰衣草醇及其乙酸酯(见图2－8)；穗薰衣草油则是清香带凉的药草香，主要成分是桉叶油素(40%)、芳樟醇(35%)和樟脑(20%)；杂薰衣草是薰衣草和穗薰衣草的杂交品种，其精油香气也介乎薰衣草油与穗薰衣草油之间。

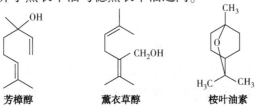

芳樟醇　　　　　薰衣草醇　　　　　桉叶油素

图2－8　薰衣草油中主要芳香成分的化学结构式

薰衣草精油可以清热解毒，清洁皮肤，控制油分，祛斑美白，祛皱嫩肤、祛除眼袋黑眼圈，还可促进受损组织再生恢复等护肤功能，它被誉为"精油之萃"。

4. 玫瑰精油(rose oil)

顾名思义，玫瑰精油源自于玫瑰花。世界各地都有玫瑰花的种植，如法国、保加利亚、印度、意大利、苏联、土耳其等地区，其中尤以保加利亚玫瑰花(浅粉红)最为有名。中国的甘肃盛产苦水玫瑰，北京、山东、河南的重瓣玫瑰可生产精油。

玫瑰(精)油是一种淡黄色的浓稠液体，具有新鲜的玫瑰香气。传统工艺就是采用水蒸气蒸馏、萃取法制备。目前，已查明保加利亚玫瑰油含有多达275种成分。其中主要发香成分为香茅醇38%、香叶醇14%、橙花醇7%、芳樟醇、苯乙醇，以及特有的发香成分氢化玫瑰、橙花醚、氢化呋喃、大马酮等。图2-9为这些发香成分的化学结构式。

香茅醇　　　　香叶醇　　　　橙化醇　　　　玫瑰醚　　　　大马酮

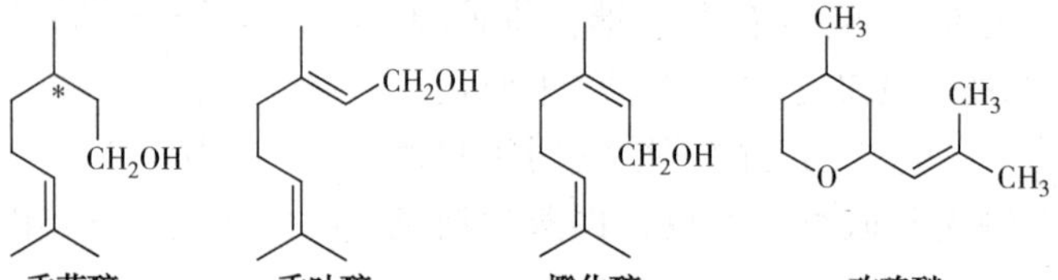

图2-9　玫瑰油中发香成分的化学结构式

玫瑰油是高级香水及所有花香型调合香料中不可少的香料，且添加微量，其效果就十分明显，但价格昂贵。通常1吨玫瑰花朵只能生产1~1.5公斤净油。

5. 茉莉花油(jasmine oil)

自古以来茉莉花就同玫瑰花并列为花香代表。它盛产于法国、意大利和中国，具有典型的东方花香型的清香甜润。取之于白色茉莉花的一种，用来生产茉莉净油。

茉莉花油制备主要采取浸取法和冷吸收法两种。主要发香成分为乙酸苄酯、苯甲酸苄酯、芳樟醇、植物醇等约占70%。特有的香成分是顺式茉莉酮、茉莉酮酸甲酯、茉莉内酯(见图2-10)，虽然量微但却赋予了它特有的优雅香气。

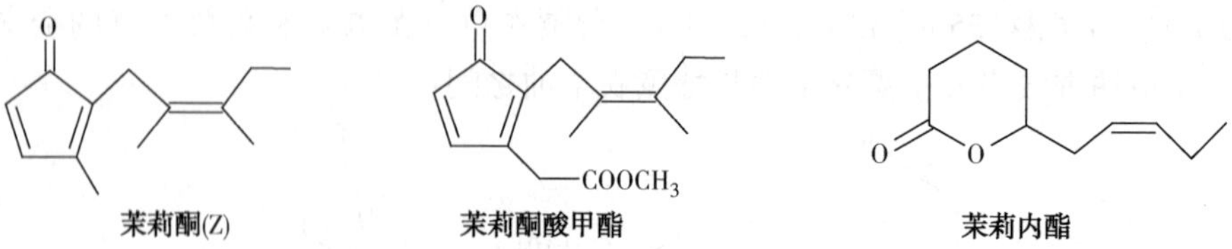

茉莉酮(Z)　　　　茉莉酮酸甲酯　　　　茉莉内酯

图2-10　茉莉花油特色发香成分的化学结构式

茉莉花油主要用于茉莉花香、晚玉香等香水中，还具有抗菌消炎作用。1吨茉莉鲜花只能生产1~1.5公斤的茉莉花净油，与玫瑰花油一样十分昂贵。

6. 鸢尾油(iris oil)

鸢尾花是鸢尾属植物。"鸢尾"之名来源于希腊语,意思是彩虹。因这种花有红、橙、紫、蓝、白、黑各色,也不愧"彩虹"之称。鸢尾花在我国常用以象征爱情和友谊,鹏程万里。它分布于日本、中国中部、法国和几乎整个温带世界,是法国国花。

由鸢尾根要先除去土和小幼根,在温度大约40℃下干燥储存2~3年,经自然熟化后发酵六个月,再经粉碎后蒸馏所得。过程中的干燥和发酵目的是为了使根部的葡萄糖苷化合物分解,以便分离出带有紫罗兰香气的鸢尾酮和其他物质。

精制的鸢尾净油是一种淡黄色至深黄色的流动性液体,它具有强烈的紫罗兰香气。主要成分是 α - 鸢尾酮、β - 鸢尾酮、γ - 鸢尾酮(见图2-11)、丁香酚、香叶醇、苯乙酮、壬醛、苯甲醛等。鸢尾净油是非常优异的紫罗兰型香料,用于高级香水的调和香料,是优良的定香剂。

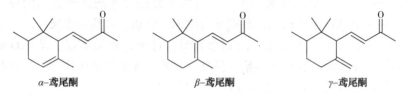

α-鸢尾酮　　　　　β-鸢尾酮　　　　　γ-鸢尾酮

图 2 - 11　α、β 和 γ - 鸢尾酮的化学结构式

7. 丁香油(clove oil)

丁香油是取自丁香树开花前的花蕾以及花梗、叶和茎。丁香树生长在马达加斯加、坦桑尼亚、印度尼西亚、斯里兰卡,我国从1956年开始从苏联引进,现多种植于两广地区。

丁香花蕾经干燥后,水蒸汽蒸馏得2%~15%的精油。丁香油为淡黄或无色得澄明油状物,露置空气中或储存日久,则渐渐浓厚而色变综黄。它不溶于水,易溶于醇、醚或冰醋酸中,比重为1.038~1.060。丁香油具有丁香酚的香气和强烈的甜辛辣香味。

丁香油中主要含有丁香油酚、乙酰丁香油酚、β - 石竹烯,以及甲基正戊基酮、水杨酸甲酯等,也有野生品种中不含丁香酚(平常丁香油中含64%~85%),而含丁香酮和番樱桃素。

丁香油能作为香辣调料的香精及烟草的加香,也可用于调配香水、花露水香精和化妆品加香;丁香油还具有杀菌性能而作为药剂使用,可加入牙膏中。但大部分丁香油用来单离丁香酚以制取异丁香酚异(丁香酚具有康乃馨的花香),再继续氧化处理即可制备得到更有应用价值的食品香料—"香兰素"。(参见图2-12)。

67

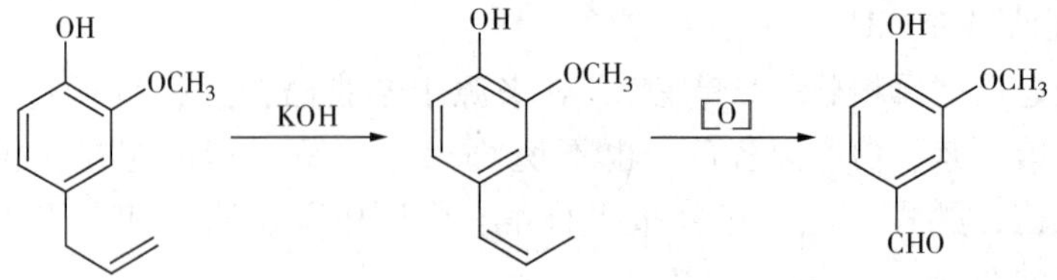

丁香酚 异丁香酚 香兰素

图 2 - 12　由丁香酚制备香兰素的合成路线

8. 檀香油（sandal wood oil）

这是一种从檀香木木芯和根部采得的一种精油。檀香以印度南部的白檀香最为著名，还有澳大利亚新喀里多尼亚群岛。据说树龄 40～50 年时可达成熟期，约有 12～15m 高，此时芯材的周长达到最长，含油量最高，方可萃取出成熟的香味。将制得，出油率为 4.5%～6.3%。成熟的树可以生产 200 公斤的精油。根部产生的精油从 6%～7% 不等，芯材则为 2%～5%。檀香木片或根茎切碎后，水蒸气蒸馏获得。檀香精油从蒸馏出，经过六个月保存才能达到适当的成熟度与香，颜色从淡黄色转至黄棕色，黏稠而有浓郁、香甜、自然的水果味。

檀香是东方香型中不可缺少的调合香料，且保香效果良好，是优良的定香剂。它多用于化妆品、香皂等香精，另外，它具有较强的杀菌作用，也可作为抗菌物。其特色发香成分是 α、β - 檀香醇（图 2 - 13）。

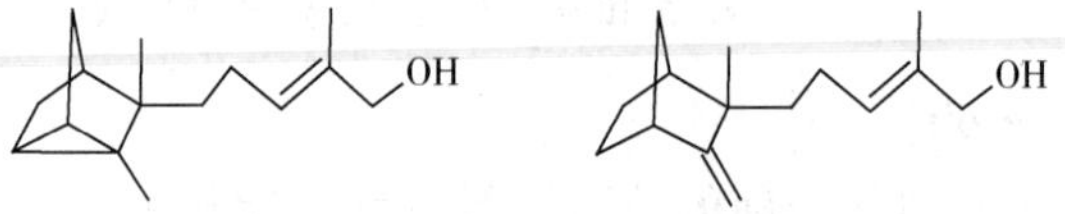

α-檀香醇　β-檀香醇

图 2 - 13　α、β 檀香醇的化学结构式

9. 玫瑰木油（rosewood oil）

玫瑰木油是一种无色或淡黄色的液体，具有木香、花香和樟脑气息。将玫瑰的树干、树根的木质部分预先粉碎，浸泡，再经水蒸气蒸馏后得精油，得油率为 1.2%。

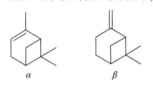

主要发香成分是芳樟醇、香叶醇、松油醇（见图 2 - 14）。其中芳樟醇占 80%～90%。

玫瑰木油具有铃兰花香气，可直接用于肥皂和化妆品的加香，或用来单离芳樟醇。芳樟醇是一种重要的香原料，它在日用香精中的出现率高

图 2 - 14　α、β 蒎烯化学结构式

达 60%～80%，尤其是香水、香皂中芳樟醇的酯形式——乙酸芳樟酯高达 90%。玫瑰木油中提取的芳樟醇用于高级的日用香精。

10. 松节油（turpentine oil）

一般松树生长 10 年左右开始分泌松脂，由松脂再生产松节油。松节油是世

界上精油产量最大的一种，年产量为三十万吨占世界天然精油产量的80%，世界上生产松节油最大的企业在美国，我国云南、广东、湖南、安徽、黑龙江等地都种植各种不同的松树，松脂的分泌量较高，有200多个加工厂生产松节油，也是世界上生产松节油的主要国家之一。

松节油为无色至深棕色液体。由烃的混合物组成，主要成分是萜烯类化合物。α-蒎烯、β-蒎烯(图2-14)、双戊烯、松油烯等，其中α-蒎烯、β-蒎烯占90%以上，α-蒎烯80%左右。松节油是一种优良的有机溶剂，广泛用于油漆、催干剂、胶黏剂等工业。近年来，松节油更多地用于合成工业，利用松节油提取作为半合成香料的中间体，少量加于劣质的香皂中。

2.3 合成香料

合成香料出现以后，尤其是某些在自然界尚未发现存在的合成香料问世后，极大地丰富了调香师们进行艺术创造的素材，出现了许多充满幻想和抽象色彩的人造香型。一般规律：各类香味分子的相对分子质量存在一个上限，通常在300以内。有机化合物中，碳原子个数过少，则沸点过低，挥发过快；而碳原子个数太多，则难于挥发，均不宜作香料使用。所以在脂肪族香料化合物中，$C_8 \sim C_9$的发香强度最大，C_{16}以上的则属于无香物质。

2.3.1 萜类香料

萜类化合物，又称萜烯化合物。它们广泛存在于植物中，萜烯及其含氧衍生物的存在，是花、叶及针叶发香的主要原因，也是植物香精油的主要成分。

所谓萜类是指由两个或多个异戊二烯结构首尾相连所构成的一类物质。根据萜类物质所含碳原子的多少，可以把萜类分为单萜类(C_{10})、倍半萜类(C_{15})、双萜类(C_{20})、二倍半萜类(C_{25})、三萜类(C_{30})等。为清晰地描述合成方法，这里按有机官能团对萜不同类化合物的结构及制备作一简单的介绍。

1. 萜烯类香料

该类物质作为香料使用的品种较少，因其结构的高不饱和度，故稳定性差。有些萜类变化后会产生令人难以接受的气味。在某些水果和精油中常见的萜烯类物质有月桂烯、柠檬烯、水芹烯等。

(1) 月桂烯

亦称香叶烯，α-月桂烯在自然界中的存在较少，所以香料中常用的月桂烯，一般指β-月桂烯。β-月桂烯为无色淡黄色液体，具有清淡的香脂香气，沸点166~168℃。β-月桂烯存在于如

α-月桂烯

β-月桂烯

柠檬油和松节油中。

制备方法：

1）从天然精油中用减压分馏的方法分离出月桂烯。

2）半合成法，由松节油中蒎烯裂解而得到。（反应式如下）

3）全合成法，由石油提炼得到二分子的异戊二烯合成得到。（反应式如下）

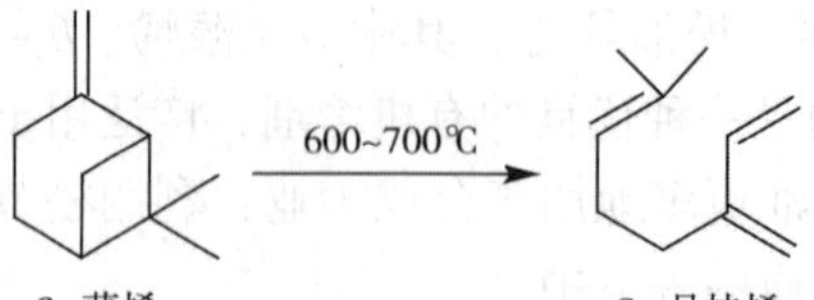

β-蒎烯 —600~700℃→ β-月桂烯

月桂烯的半合成法

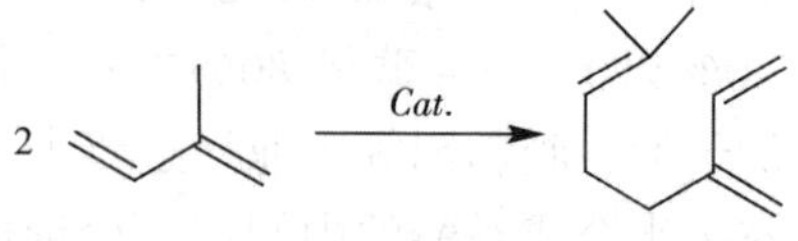

2 —Cat.→ β-月桂烯

月桂烯的全合成法

月桂烯香气较弱，且空气中容易氧化和聚合，所以其主要用途是作为合成芳樟醇、香叶醇、橙花醇、香茅醇、香茅醛、紫罗兰酮等名贵香料的中间体。只少量用于古龙香水、除臭剂等日用香精中。

（2）柠檬烯

柠檬烯，化学名为1-甲基-4-（1-甲基乙烯基）-环己烯，呈无色至淡黄色液体，具有令人愉快的柠檬样以及甜橙样香气，沸点178℃，D-柠檬烯以及外消旋体大量地存在于许多精油中。如柑桔皮油中（＋）-柠檬烯达90%以上；松节油中（－）-柠檬烯和外消旋体高达80%以上。

制备方法：

① 作为桔子汁生产过程中的副产物，柠檬烯却少量地从精油中分离得到。

② 半合成法，由松节油中α-或β-蒎烯制备得到（见下式）。

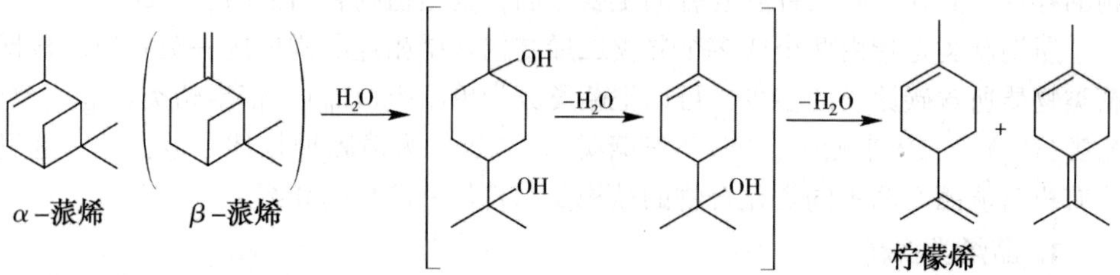

α-蒎烯　β-蒎烯 —H₂O→ [ ] —－H₂O→ —－H₂O→ 柠檬烯 ＋

柠檬烯可用于日用品香精的调制，多用于调配化妆品、洗涤剂等，也可用于配制人工精油，制备人造柑桔油和柠檬油，但到目前为止，柠檬烯则大量地用作合成萜醇和萜酮类化合物的起始原料。

（3）水芹烯

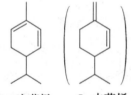

α-水芹烯　β-水芹烯

水芹烯，包括二种分子异构体，α-水芹烯与β-水芹烯（结构式见图）。在两种异构体中以α-水芹烯为主，由于两者的沸点几乎一样，很难将它们分开，因此，香料工业应用中的水芹烯系指α-水芹烯为主

70

的混合物。

水芹烯为无色油状液体,具有新鲜的柑桔、胡椒香气。沸点 175～176℃。在小茴香油、大茴香油、肉桂叶油、桉树油、松节油中均有存在。

制备方法:

① 真空分馏的方法,将水芹烯从精油中单离出来。

② 合成薄荷醇时,可少量得到水芹烯副产品。

水芹烯在廉价皂用香精和果香型食品香精中可少量使用。它最主要是作为香料中间体,经 Diels - Alder 反应可制备一系列合成香料。具体反应式如右图所示。其中合成物(A)具有木香、胡椒香和檀香香韵;合成物(B)具有浓烈而带新鲜的药草香气;合成物(C)具有浓郁青气为主的菊花香气。

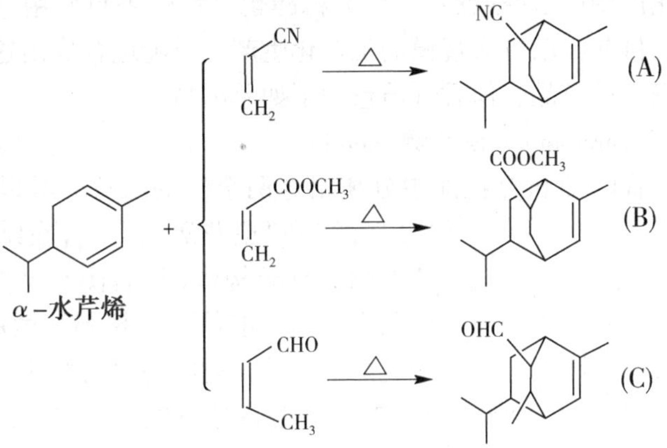

(4) 蒎烯

α - 蒎烯 β - 蒎烯存在于许多精油中,α - 蒎烯广泛地存于各种松节油中。如在希腊松节油中(+) - α - 蒎烯含量高达95%以上;在西班牙和澳大利亚松节油中(-) - α - 蒎烯含量分别高达90%和96%;对映体混合物(±) α - 蒎烯在美国硫酸化松节油、树胶和木松节油中的含量在 60% ～80% 不等。α - 蒎烯为无色油状液体,具有特有的松木香气;沸点 156～157℃;β - 蒎烯为无色油状液体,具有树脂芳香,沸点 164～166℃。α - 蒎烯异构化可得 β - 蒎烯(见反应式)。

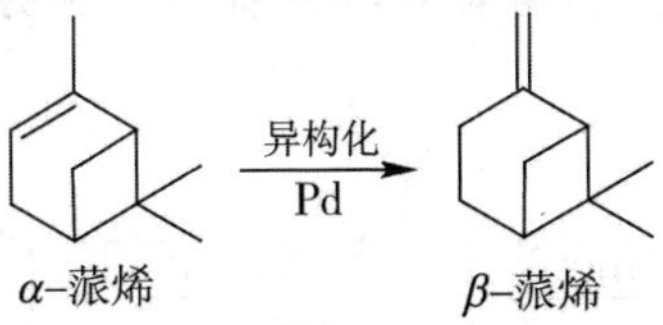

制备方法:主要用真空蒸馏的方法,将蒎烯从松节油中单离出来。

蒎烯是合成香料的重要中间体。经热裂解后,可以生成月桂烯,月桂烯又是合成开链萜类物质的起始原料。β - 蒎烯主要用于月桂烯生产,也可合成萜类含氧化合物香料(图2 - 15)。

71

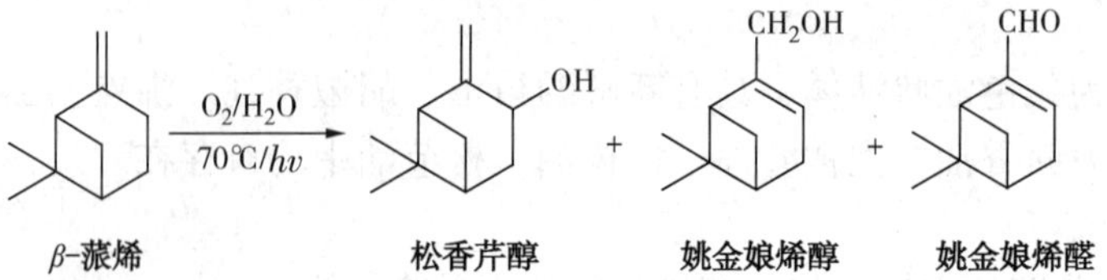

图 2 - 15　β - 蒎烯制备萜烯醇(醛)的合成路线

2. 萜醇类香料

在许多天然精油中含有萜醇化合物，早期萜醇类物质的获得就是从这些含萜醇物质的精油中分离得到。常见萜醇类化合物有芳樟醇、香叶醇、橙花醇、香茅醇、月桂烯醇等，其中香叶醇和芳樟醇尤为重要，它们是单萜类合成中的主要产物，其完全氢化产物四氢香叶醇/四氢芳樟醇也可用作香料使用。由于这些单离香料的重要性，目前，已可大规模的工业化生产，成吨地合成出这些化合物。纯度上合成品能高于单离品，但香气质量却不如单离品。

（1）香叶醇(geraniol)、橙花醇(nerol)

可能最早从香叶油和橙花油中分离出这两个醇的缘故，所以它们分别取名

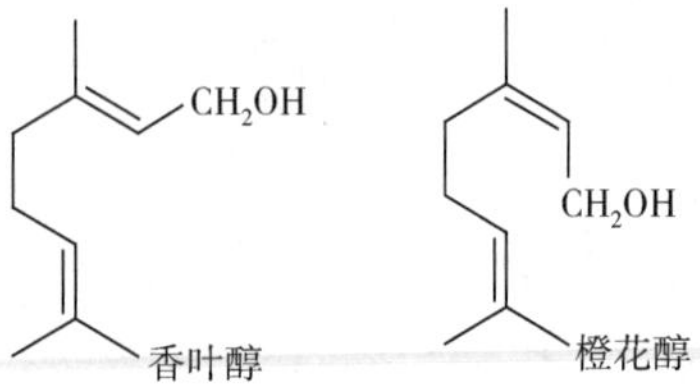

"香叶醇"和"橙花醇"，二者在结构上为同分子式的顺、反异构体(见右图)。它们都具有温和的甜香气味，能使人联想起轻微的玫瑰花香气，橙花醇的气味比香叶醇更清新些。香叶醇的沸点是230℃；橙花醇为224~225℃，广泛存在于柠檬油、玫瑰草油等众多精油中。

制备方法：

① 由于从分离得到的产物香气质量好，故仍有一定量的香叶醇和橙花醇从天然精袖中被分离出来，而用于调香之目的。香叶醇和橙花醇通常伴随在一起，香叶醇主要从柠檬油中分离得到，高质量的是从玫瑰草油中分离得到。

② β - 蒎烯合成法：松节油是一种易得的天然原料，通过裂解转化为 α - 和 β - 蒎烯(在适当条件下 α - 型也向 β - 型转化)，β - 蒎烯进一步裂解转化为月桂烯，最后由月桂烯衍生制得香叶醇、香茅醇和芳樟醇等单体香料(见下反应式)。

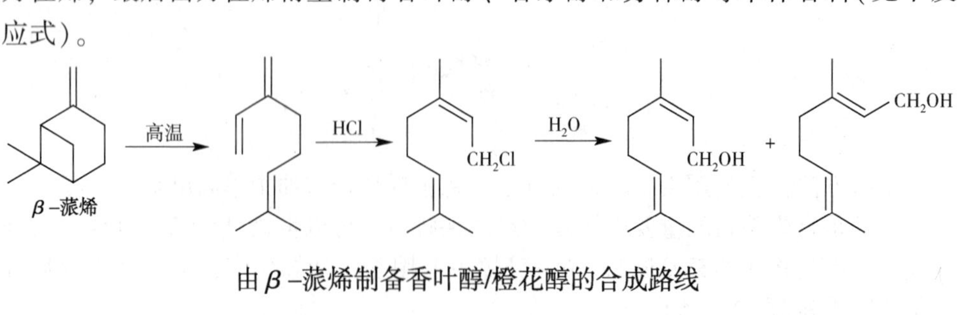

由 β - 蒎烯制备香叶醇/橙花醇的合成路线

72

3）由芳樟醇制备香叶醇/橙花醇（反应式如下）

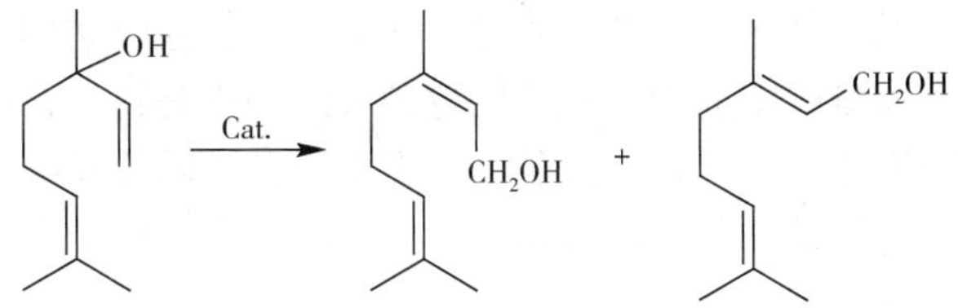

芳樟醇   橙花醇   香叶醇

香叶醇及橙花醇是重要的萜类香味物质，在日化香精中用于玫瑰香气成分的香精中，少量的香叶醇或橙花醇可以加强柠檬香韵。香叶醇是制备羧酸香叶酯及柠檬醛的中间体，而柠檬醛又大量地用于生产维生素 A 中间体的合成中。乙酸酐或乙酰氯可以顺利地将香叶醇和橙花醇酯化，得到乙酸香叶酯，它也是一个重要的香料。

（2）芳樟醇（linalool）

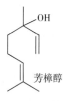
芳樟醇

芳樟醇，化学名称为 3，7 – 二甲基 – 辛 – 1，6 – 二烯 – 3 – 醇。分子中有手性碳原子存在，故有对映异构体。芳樟醇是重要的单萜烯醇之一，呈无色液体，沸点为 197～199℃，它具有似鲜花香气及香柠檬和薰衣草的香气，可以使人联想到百合花香气。芳樟醇多存在于香柠檬油、薰衣草油、芫荽油等精油中。

制备方法：

① 20 世纪 50 年代以前，用于调香中的芳樟醇主要从天然精油中分离得到，尤其从玫瑰木油中分离得到。现在绝大多数芳樟醇则主要是人工合成方法。

② 以 β – 蒎烯为原料合成芳樟醇（半合成法），反应式如下：

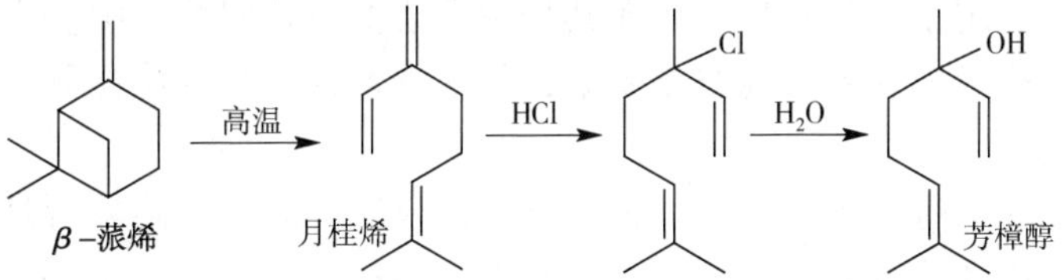

β–蒎烯   月桂烯   芳樟醇

③ 以 2 – 甲基 – 2 – 庚烯 – 6 – 酮为原料合成芳樟醇（全合成法），反应式如下：

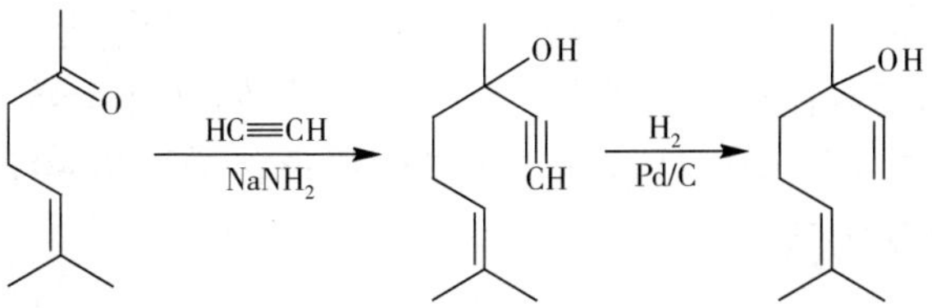

甲基庚烯酮   芳樟醇

73

芳樟醇的用途很多，它是生产维生素 E 的重要中间体。它也可以转化成松油醇、香叶醇、柠檬醛，并用以生产香茅醇、紫罗兰醇、金合欢醇、紫罗兰酮等香料产品，故每年有大量的工业生产，是用量最大的合成香料。在调香中，由于芳樟醇沸点低，一般用作头香。在碱性条件下不变色，所以芳樟醇也大量用于皂类香精。它的酯类化合物也是重要的香味成分。乙酸芳樟酯赋予香柠檬油、薰衣草油等精油的特征香气。

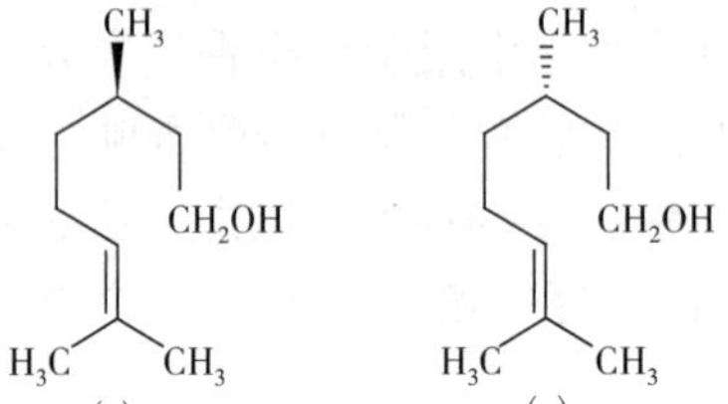

香茅醇

（3）香茅醇(citronellol)

香茅醇，有两种光学异构体。它存在于许多精油中，香叶油和玫瑰油中有 50% 的成分为（－）－香茅醇，呈无色液体具有甜的花香，类似于玫瑰花香。（－）异构体比（＋）异构体更能使人联想到保加利亚的玫瑰油香气。香茅醇的分子量为 156.27，沸点是 244.4℃。

制备方法：

① 香叶醇和柠檬醛的选择性还原。

② 以 α-蒎烯为原料的合成方法。先将 α-蒎烯氢化为 α-蒎烷，然后高温裂解得到二氢月桂烯，二氢月桂烯再经硼氢化合物还原、过氧化氢氧化得到香茅醇(反应式如下)。

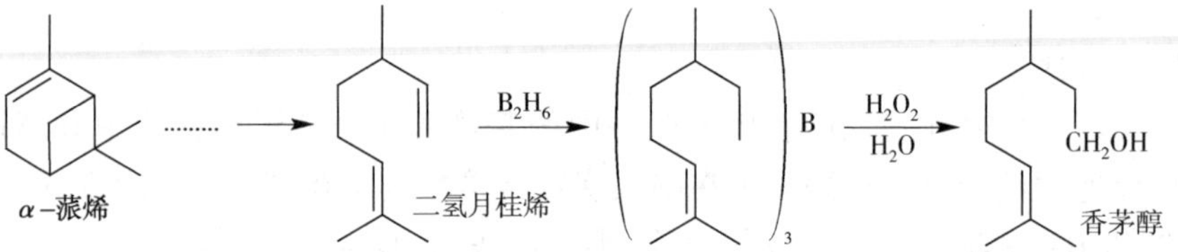

香茅醇广泛用于日化香精中，尤其是用于玫瑰花香型配方中。它与香叶醇配合使用，可以构成大多数玫瑰香型基础，其中香茅醇具有玫瑰样甜香，而香叶醇则是有香叶甜香。

用于食品加香时，香茅醇主要是用于加强玫瑰香韵。香茅醇所具有的玫瑰样香韵是许多花香和非花香香精所必须的基本香韵。

（4）薄荷醇(脑)

薄荷脑，即薄荷醇(分子结构式参见图 2－5)，其分子量 156.2。由于分子中有三个不对称碳原子，所以薄荷醇有四种独立的对映异构体存在。（＋）－和（－）－薄荷醇的气味存在极大差异。（－）－异构体具有新鲜、轻快、扩散性的气味，并带有甜的辛辣刺激性气味。在薄荷油中含量高达 80% 左右，在留兰香等其他精油中也有存在。

制备方法：

① 从天然薄荷精油中单离出薄荷醇(参见 2.2.2 植物香料中薄荷油)；

74

② 以百里香酚(间甲苯酚)为原料合成薄荷醇(反应式如下)。

在日化工业中，薄荷醇主要用于牙膏、牙粉香精中。由于具有清凉醒脑作用，是重要的医药原料。另外它在食品、烟酒工业中也应用广泛，在口香糖的用量为1100ppm。

（5）松油醇

松油醇是不饱和单环萜烯醇，其有四种异构体(图2-16)。α-松油醇是四种异构体中最重要的一种商品，存在于许多精油中，如薰衣草和松柏油。β-、γ-和4-松油醇在自然界并不存在。它无色黏稠液体，具有类似紫丁香、百合花的青香香气。沸点219℃，熔点37℃。

α型　β型　γ型　4型

图2-16　松油醇的四种异构体

制备方法：

① α-松油醇可由α-蒎烯转化制得。

α-蒎烯

② 以异戊二烯、戊烯-1酮-3为原料，制备α-松油醇。

1) CH₃MgCl
2) H₂O

α-松油醇主要用于香皂和化妆品的加香，其香气为典型的百合花香气。由于其价格便宜，所以是常用的香料。在紫丁香、铃兰香、百合香、橙花香等香精中起到主香剂作用，在玉兰、栀子、蔷薇中起协调剂作用。

3. 萜(醇)酯类香料

在调香中较为重要的一类香味物质是低级脂肪酸的萜醇酯。这类酯在自然界众多精油中存在，有时在精油中的含量相当高，尤其是乙酸萜醇酯。

由于规模化生产萜醇技术的发展，目前，低级脂肪酸的萜醇酯几乎全都由合成方法得到的，通常它们由相应的醇与羧酸或酸酐或酰氯反应而直接得到。如香叶醇用醋酐处理，即可得到对应的乙酸香叶醇酯。

因为低级脂肪酸萜醇酯是许多精油香气的重要贡献者，所以以广泛地用于各种类型的香精中以及配制精油中。表2-1一些常见萜醇酯及其香气。

表 2-1　常见脂肪酸萜醇酯与香气

香料名称	香　气
甲酸香叶醇酯	新鲜的清新、药草、水果的玫瑰气味
乙酸/丙酸香叶醇酯	水果样玫瑰，使人联想到梨和薰衣草气味
异戊酸橙花酯	水果玫瑰香气
乙酸橙花酯	花甜气味
甲酸芳樟酯	果香气味
乙酸芳樟酯	显着的香柠檬和薰衣草气味
丙酸芳樟酯	清新香柠檬香韵
丁酸芳樟酯	果样香柠檬香韵并带有动物香调
异丁酸芳樟酯	清新、水果样的薰衣草气味
乙酸香茅酯	清鲜、果香、玫瑰香
异丁酸香茅酯	甜-果香韵
丁酸香茅酯	玫瑰-药草气味

4. 萜醛、酮及衍生物类

在开链萜醛中，柠檬醛和香茅醛占有关键位置，因为它们不仅是重要的香料，而且也是合成其他萜类的起始原料。萜醛类的衍生物，尤其是低级缩醛类也是重要的香味物质。开链倍半萜醛类能赋予许多精油特征香气和香味，如 α-和 β-甜橙醛可赋予甜橙油的特征香气。

（1）柠檬醛

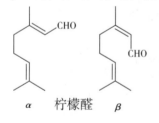

柠檬醛有两种异构体，分别称为 α-柠檬醛和 β-柠檬醛(橙花醛)，均具有很强的柠檬样气味、灰色液体。自然界中存在的柠檬醛几乎总是上面两种异构体的混合物。它们存在于柠檬草油(85%)，山苍子油(75%)及其他多种精油中。

制备方法：

① 由山苍子油单离而得到柠檬醛。

② 工业化生产方法主要有香叶醇的氧化法及脱氢芳樟醇的异构化法。在醇

铝的作用下，香叶醇经高温氧化可以直接转化成柠檬醛。醇铝一般为异丙醇铝、叔丁醇铝或仲丁醇铝。

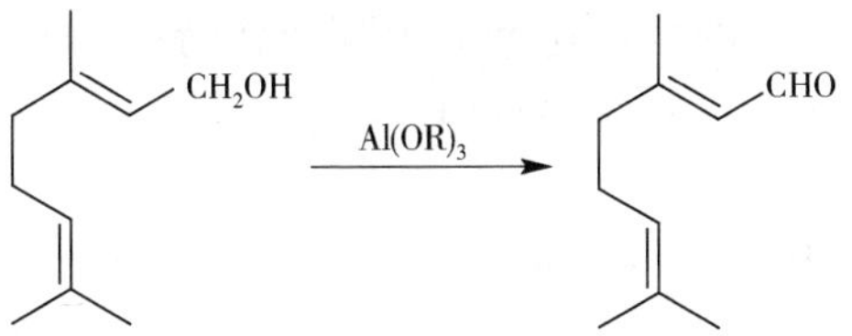

柠檬醛大量用于工业生产维生素 A 的合成中。尽管许多日化香精需要柠檬醛所具备的柠檬样新鲜香韵，但由于其不稳定因素，使它在日化香精中用途有限。在食用香精中，尤其是在柑桔属香型的香精配方中，柠檬醛是一种重要的香味成份，它可以大大地加强天然柠檬油的香气强度。

（2）紫罗兰酮及其同系物

紫罗兰酮具有 13 个碳原子，α – 和 β – 紫罗兰酮属于环基酮类物质，存在于当归油、桂花浸膏等精油之中。然而，由于它们是胡萝卜素的代谢产物，所以在自然界中含量较低。γ – 紫罗兰酮目前并未发现其在自然界中存在。它呈无色至浅黄色液体，沸点 237℃，具有优雅的紫罗兰香气，微溶于水，溶于乙醇等有机溶剂中。市售产品一般由化学合成法制备得到。

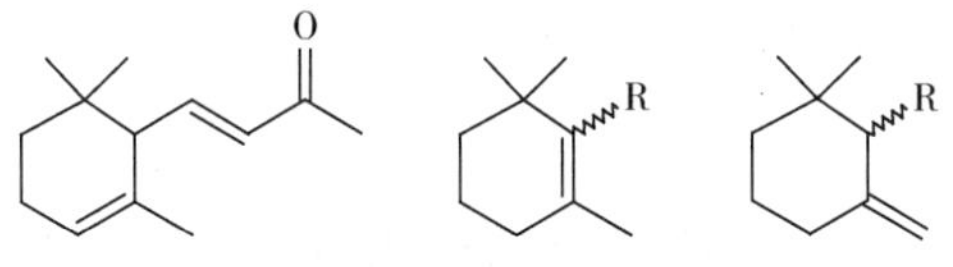

α – 紫罗兰酮　　β – 型　　γ – 型

制备方法：

① 柠檬醛与丙酮缩合

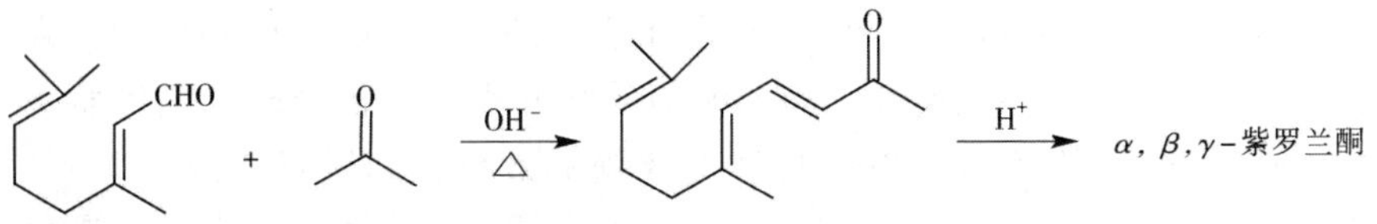

② 脱氢芳樟醇的重排

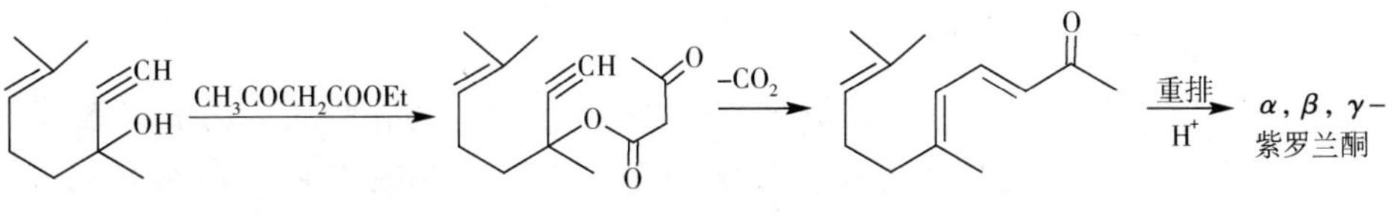

紫罗兰酮是最常用的合成香料之一。世界年产量为 2500t，可用于各种香型的香精中，是配制各种化妆品、香皂、香水香精的佳品。在食用香精中也可微量使用。在医药上它作为合成维生素 A 的中间体。

如果将柠檬醛与丁酮反应可得 3 种甲基紫罗兰酮和 3 种异甲基紫罗兰酮，

共六种混合异构体(见下反应式)。工业上生产的甲基紫罗兰酮为无色透明液体，一般是 α、β 甲基紫罗兰酮和 α、β 异甲基紫罗兰酮的混合体。具有柔和而又细腻的紫罗兰香气。它的香气比紫罗兰酮甜盛持久。其中 α-异甲基紫罗兰酮的香气最佳、最强烈。这些香料均由化学合成获得，且未见文献报道存在于自然界中。

制备方法：〔(异)甲基紫罗兰酮〕

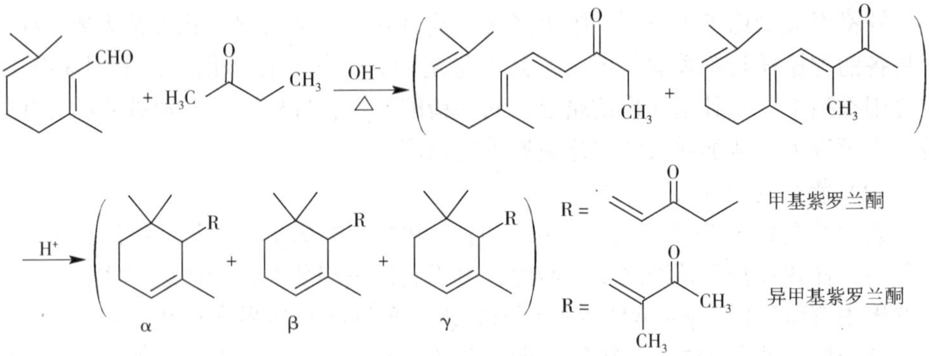

2.3.2　脂肪族类香料

1. 脂肪醇、醛、酮

脂肪族醇类的香气相对比较弱，作为香料而用于香精中的很有限。比较重要的醇类香料主要是一些不饱和醇，如叶醇它具有很强的青香气味，可以赋予某些香精特征香气；2，6-壬二烯醇具有青香和瓜果香气。

(1) 叶醇

化学名称：顺式-3-己烯醇，是透明无色液体，沸点 156～157℃。在纯净

和高浓度时，有乙醚似的绿叶香气，稀释时是新鲜割下的青草香气，有一种清新放松的效果，如置身于夏季旷野之感。其顺式可食用，反式不可食用。它在茶叶、草莓、圆柚、薄荷、萝卜中均有存在。

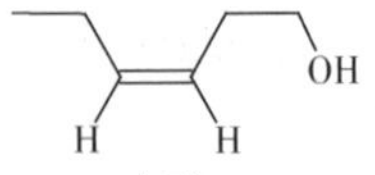

(2) 脂肪醛

其香气与相应醇类似，但较醇强烈得多。C_6～C_{12}饱和脂肪族醛在稀释下具有令人愉快的香气。但醛类香料，化学稳定性差，在存放中它们容易氧化和聚合，结果往往使香气逐渐减弱和破坏。醛对碱的作用不稳定，因而在皂用香精中受到限制。在调制香水、花露水中，由于乙醇的存在，醛基与其生成缩醛类化合物。缩醛类化合物大部分具有青香、花香或果香，且它们的化学性质也相对稳定。典型的脂肪醛类香料有：

1）壬醛 $CH_3(CH_2)_7CHO$　　无色至浅黄色液体，具有强烈的油脂果香气味。容易氧化，宜密闭储存于阴凉处。沸点 191～192℃。在柑桔类精油、鸢尾油、松节油中均存在，以及西瓜的挥发组分里。作为头香剂，微量用于玫瑰、橙花、茉莉等日用香精中。在柠檬、桔子等食用香精中也可少量应用。

2）癸醛：$CH_3(CH)_8CHO$　　无色至浅黄色液体，有甜橙、柠檬香气。易被氧化，宜配成 10% 乙醇溶液后储存。沸点 207～209℃，凝固点 17～18℃。柑桔类精油及柠檬叶油中存在。多用作为头香剂。

3）月桂醛：$CH_3(CH_2)_{10}CHO$　　无色至黄色液体，具有紫罗兰香韵，强烈而持久的香气。沸点 249℃，凝固点 8～11℃。在甜橙、柠檬等精油中存在。用于铃兰、丁香等日用香精与奶油、香蕉等食用香精中。

4）黄瓜醛：$CH_3CH_2CH{=}CHCH_2CH_2CH{=}CHCHO$　　无色至浅黄色液体，具有黄瓜紫罗兰叶的青香。沸点 187℃，紫罗兰油、黄瓜汁中均有存在。主要用途：微量用于紫罗兰、水仙等日用香精中，起新鲜的头香剂作用。

（3）3－羟基－2－丁酮和 2，3－丁二酮

两者均可视为 2，3－丁二醇的氧化产物，前者香料的沸点 148℃，存在两种光学异构体，在天然界分布广泛，且具有令人愉快的奶油香味，主要用途为增加奶油香韵。它可以从糖浆发酵的副产物中获得。后者（2，3－丁二酮）的 b.p = 88℃，$d(20/4℃)=0.8931$。它是许多水果和食品的一种香气成分，也是人们熟知的奶油的香气成分。调香中主要用于奶油和烘烤香韵中，大量用于人造奶油的调味，少量用于某些香水的调制。

（4）甲基庚烯酮

沸点 173～174℃，是一种十分重要的香料，具有水果香气和新鲜青草香气的液体，在玫瑰草油、柠檬油、香茅油中均有存在。甲基庚烯酮主要作为中间体，用于进一步合成含氧的萜类香料化合物，如柠檬醛、芳樟醇、紫罗兰酮等。它少量用于花香型香日用香精中。

甲基庚烯酮的全合成制备有两种路线：（反应式如下）

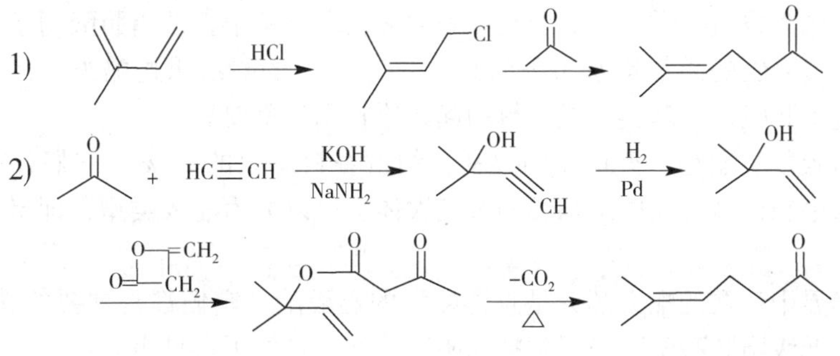

(5) 麝香酮(3 – 甲基环十五酮)

天然麝香的单离品具有旋光性(R 型)，在天然麝香中含量约2%左右，而合成品则为消旋体。麝香酮(3 – 甲基环十五酮)为无色黏稠液体，具有甜而柔和的麝香香气，且香气持久而有力。

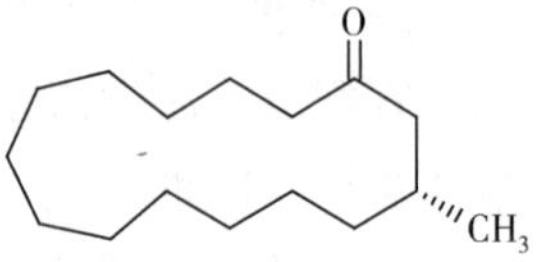

目前，有关麝香酮的制备有多种方法。因起始原料的不同，合成路线及工艺也不尽一样。这里仅选一种合成方法作介绍，其他可参阅相关文献或专著。

蒜头果油是一种生长于我国西南边陲的油料植物，经皂化水解后可得到一种的15 – 烯 C_{24} 的脂肪酸，经酯化、环化、甲基化等处理后，即可得到麝香酮的合成品，合成路线如下：

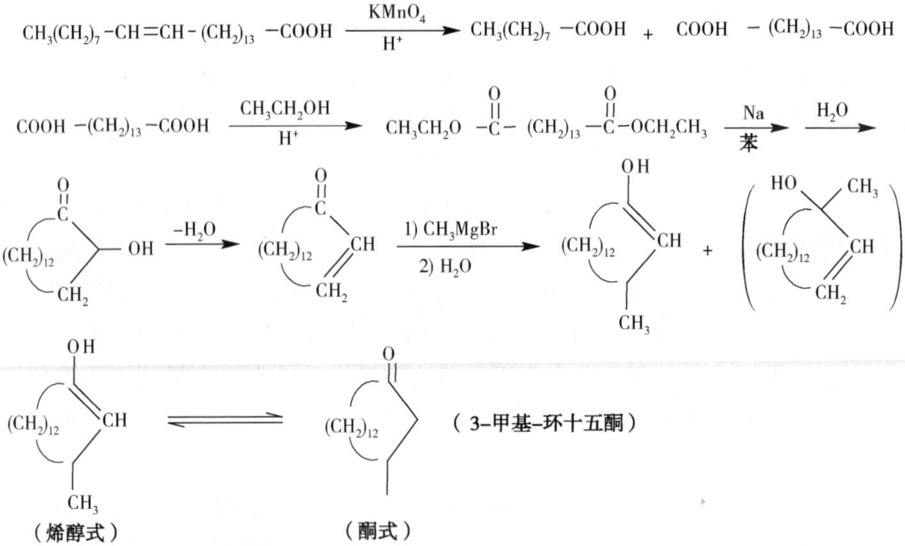

麝香酮结构式

$$CH_3(CH_2)_7-CH=CH-(CH_2)_{13}-COOH \xrightarrow[H^+]{KMnO_4} CH_3(CH_2)_7-COOH + COOH-(CH_2)_{13}-COOH$$

$$COOH-(CH_2)_{13}-COOH \xrightarrow[H^+]{CH_3CH_2OH} CH_3CH_2O-\overset{O}{\underset{||}{C}}-(CH_2)_{13}-\overset{O}{\underset{||}{C}}-OCH_2CH_3 \xrightarrow[苯]{Na} \xrightarrow{H_2O}$$

（烯醇式）　　　　　　　　　　　　（酮式）

2. 脂肪酸与脂肪酸酯

羧酸广泛存在于自然界中，例如甲酸是蚂蚁的分泌物，乙酸是食醋的主要成分，而草酸、乳酸、苹果酸、柠檬酸、草莓酸、肉桂酸、安息香酸、琥珀酸、酒石酸等，均是以它们的天然来源而命名。在众多精油和食品中都存在脂肪酸，但在调香中作为香料物质使用的酸类并不太多，在香精中直链脂肪酸用于加重香味的作用，$C_3 \sim C_6$ 的酸加重水果香韵，C_4，$C_6 \sim C_{10}$ 的酸加重奶酪香韵，大量的直链、支链脂肪酸作为酯类合成香料的起始原料则有重要意义。

脂肪族羧酸酯是一类重要的香料，约占香料总数的20%，它们存在于几乎所有的水果和许多食品中。酯类的香气大体上可以分为三大类型，即果香、酒香和花香。

自然界中存在的酯大部分是直链羧酸的乙醇酯，它们都是重要的香味成分，其中许多低级脂肪酸酯赋予了香精的头香香气，具体可参见表2 – 2。

表 2 - 2   一些脂肪酸酯类混合物的香气(味)

酯类香料	香　气	酯类香料	香　气
甲酸乙酯	稍辣的果香	2 - 甲基 - 4 - 戊烯酸乙酯	苹果清香，草莓和菠萝香
甲酸叶醇酯	青香一果香	己酸乙酯	强菠萝一香蕉香型的气味
乙酸乙酯	果香，似菠萝香	庚酸乙酯	似康酿克的酒香、果香
乙酸丙酯	梨一草莓样果香	辛酸乙酯	酒香、杏子香
乙酸异戊酯	果香，香蕉香	癸酸乙酯	似康酿克的果香
乙酸叶醇酯	青香，与叶醇合用	月桂酸甲酯	油质、似酒香的花香
丙酸烯丙酯	杏，苹果样芬香	十四酸乙酯	似鸢尾香气
丁酸丁酯	梨一菠萝样水果香	2 - 辛炔羧酸乙酯	柔和的紫罗兰青香，花青香
戊酸乙酯	有苹果香感的果香	2 - 壬炔羧酸乙酯	绿叶，紫罗兰底香韵
异戊酸乙酯	酒香、苹果香	2 - 癸炔羧酸甲酯	花、脂蜡青紫罗兰香

低碳数的羧酸酯是典型的果香，随碳原子数的增加，其香气向脂肪 - 皂香转化。$C_1 \sim C_6$ 的羧酸乙酯主要用于果香韵；C_7、C_8 的羧酸乙酯具有酒香韵；而 C_8、C_{10} 和 C_{12} 的羧酸酯有花香韵味。值得关注的是 2 - 炔羧酸甲酯，它具有类似于紫罗兰的花香气味，可用于花香及青香香韵的香精中。

（1）二氢茉莉酮酸甲酯

无色透明油状液体，具有浓郁的茉莉鲜花香气，留香持久，其特点是只闻单体时感觉极其淡薄，但配入香精后，飘逸散发出优美、清新的茉莉香气。沸点 109 ~ 112℃/74Pa。这是一个合成香料，未见文献报道在自然界中存在。它不仅应用于茉莉型香精，而且广泛用于各类花香型香精中。具体的合成路线：

（2）内酯化合物

天然存在的、具有感官重要性的内酯化合物主要是一些 γ 和 δ - 内酯及少数大环内酯。γ - ，δ - 内酯是相应羟基酸的分子内酯化形成的内酯。在内酯化合物中，一般来说，γ - 内酯具有果香；δ - 内酯具有奶香；而大环内酯占有特殊的位置，它们与大环酮类一样，具有很好的麝香香气，但与大环酮相比，大环内酯则有容易合成的优点。

1) γ-内酯　γ-壬内酯、γ-十一内酯分别具有典型的椰子香气和水蜜桃香气，故也被分别称为"椰子醛"和"桃醛"，主要用于食用香精。

早期γ-内酯的合成方法都是基于形成γ-羟基丁酸或不饱和羧酸的基础上，γ-羟基酸(即4-羟基酸)或不饱和羧酸用不同的试剂处理，即可转化为γ-内酯。例如由酮和β-溴代酸酯的缩合合成法：

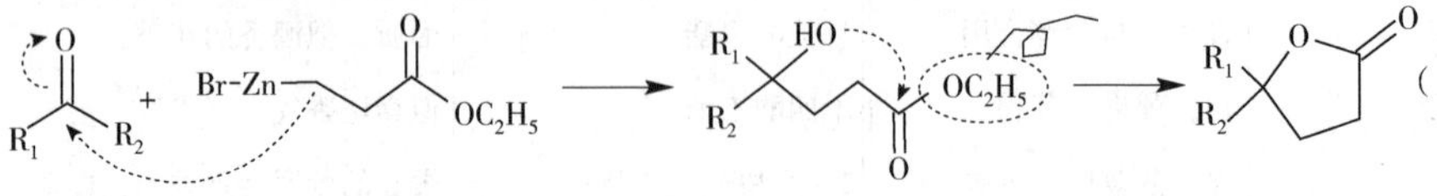

2) δ-内酯　δ-内酯广泛存在于天然油脂和水果等天然体系中，比较重要的是 $C_6 \sim C_{12}$ 的直链δ-内酯。如茉莉油中茉莉内酯(δ-十一内酯，结构式如右图所示)是茉莉油的关键香气成分之一，它带有椰子、桃子、乳脂香气，主要用于食用及花香型的日用香精中。一种合成路线方法如下：

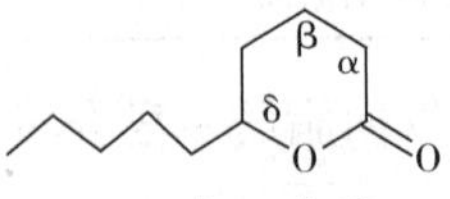

δ-十一内酯

3) 昆仑麝香　无色至浅黄色黏稠液体，具有甜而强烈的麝香香气。不溶于水，溶于乙醇等有机溶剂中。沸点332℃，凝固点0～7℃。这是一种人工合成香料，未见文献报道它存在于自然界中。主要用途作为优良的定香剂和花香增强剂，广泛应用于花香型日用香精中。

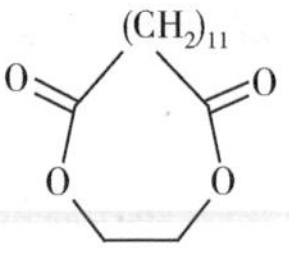

昆仑麝香

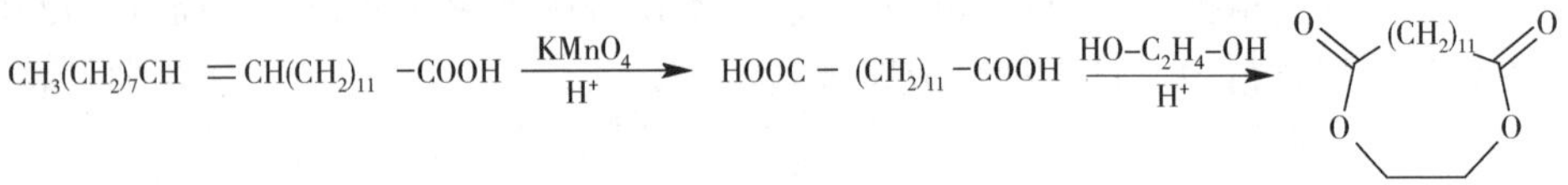

2.3.3　芳香族类香料

芳香族类香料在合成香料中占有相当重要的作用，其中较重要的如苯乙醇、香兰素、丁香酚等都是比较重要的香气成分，每年有相当量的生产和使用，下面作一简要的介绍。

1. 芳基醇类

此类醇分子结构中均含有芳环，沸点相对较高(200～260℃)，在调香中起修饰、定香剂作用，同时它也是其他香精组分的优良溶剂。典型品种有苄醇、苯乙醇、大茴香醇(对-甲氧基苯甲醇)、肉桂醇(苯基烯丙醇)等。下述为大茴香醇、肉桂醇的合成路线。

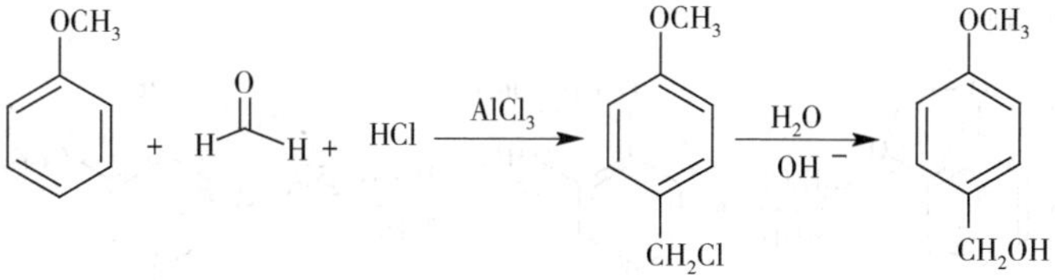

OCH₃ ... (反应式) ... 大茴香醇

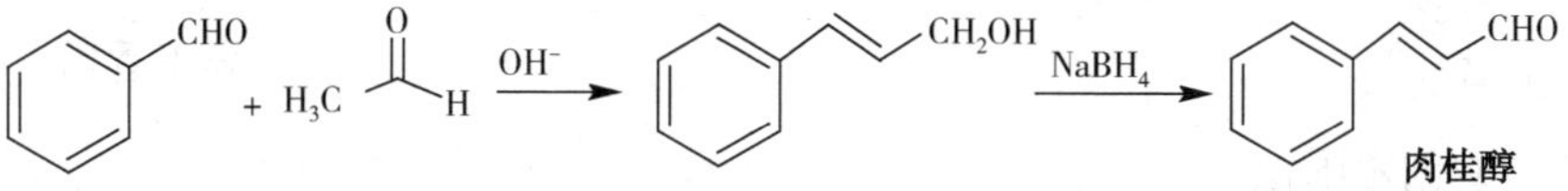

肉桂醇

2. 芳香醚类

（1）丁香酚、异丁香酚

丁香酚，化学名称：2－甲氧基－4－烯丙基苯酚，（4－羟基－3甲氧基烯丙基苯），b. p252.7℃，m. p10.3℃。丁香酚具有强烈的丁香香气，存在于丁香罗勒油、柯榴油、丁香油等精由中。

异丁香酚，是丁香酚的位置异构体。由于丙烯基的顺反异构，使得该香料有两种异构体，在常温下顺式异构体为液体，而反式异构体为结晶固体，产品具有丁香的香气特征，其中反式异构体的香气比顺式更令人喜爱。异丁香酚存在于天然界的依兰油、丁香油、柯榴油、肉豆蔻油等体系中。

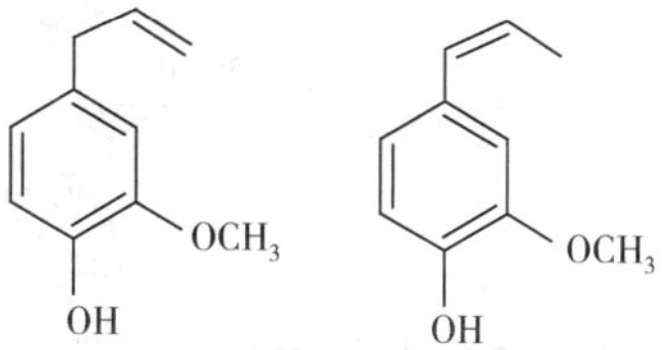

丁香酚　　　　异丁香酚

早期丁香酚的工业制备方法是从天然丁香罗勒油和丁香油中分离得到。具体方法是将丁香油或丁香罗勒油用氢氧化钠溶液处理，分离出水相再经酸处理析出丁香酚，最后经真空分馏提纯得到。现采用以愈创木酚为原料的工业合成方法：

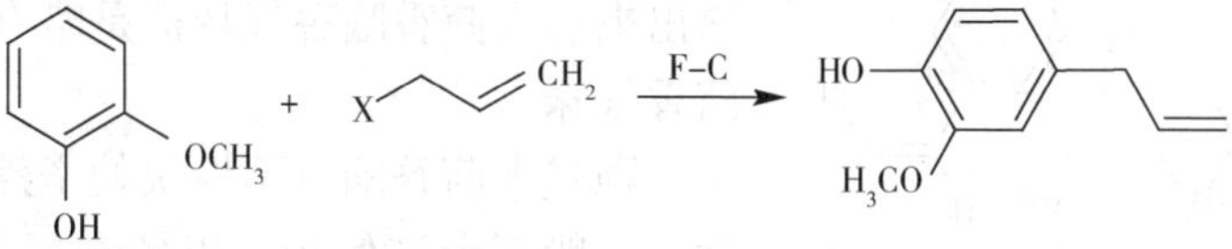

愈创木酚　　　　　　　　　　　　　丁香酚

异丁香酚是极有价值的香料，它能用于紫丁香、素心兰、玫瑰等日用香精中，天然的异丁香酚可用于桃子、丁香等食用香精中。异丁香酚的合成方法较多，具体有：

1）丁香酚为原料，经分子重排制得（见下反应方程式）：

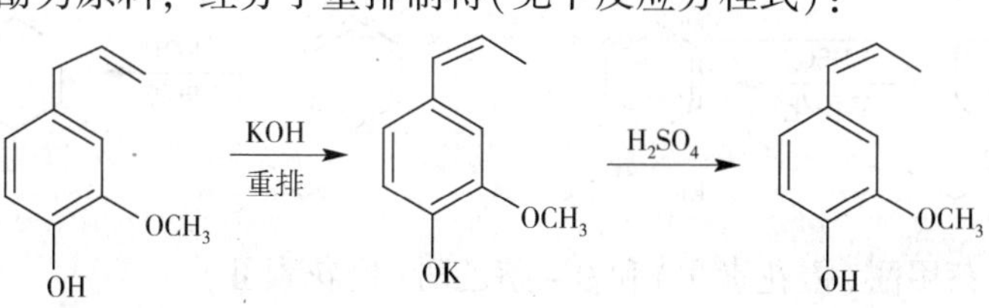

丁香酚　　　　　　　　　　　　　　　　　异丁香酚

2）黄樟油素为原料：

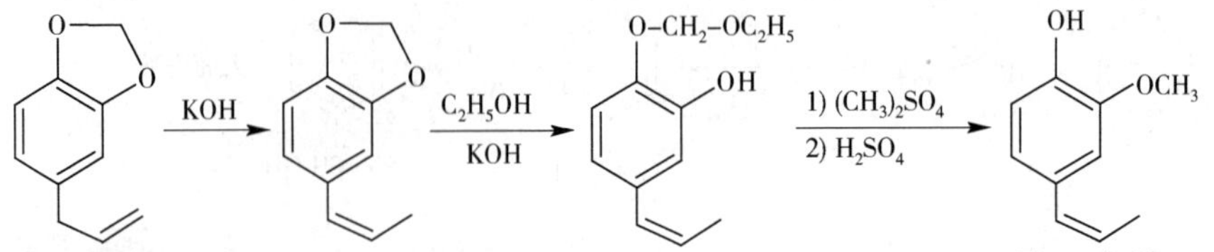

黄樟油素 $\xrightarrow{KOH}$ $\xrightarrow[KOH]{C_2H_5OH}$ $\xrightarrow[2) H_2SO_4]{1) (CH_3)_2SO_4}$ 异丁香酚

3）愈创木酚法：

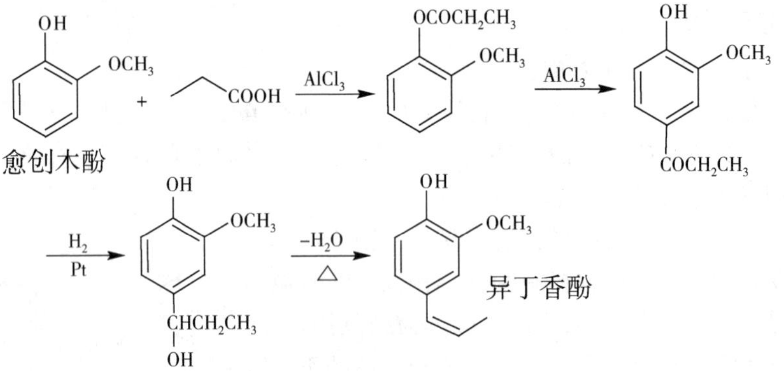

愈创木酚 $+$ $\xrightarrow{AlCl_3}$ $\xrightarrow{AlCl_3}$

$\xrightarrow{H_2 / Pt}$ $\xrightarrow[\triangle]{-H_2O}$ 异丁香酚

（2）大茴香脑

化学名称　对 - 丙烯基苯甲醚，由于丙烯的位置，它存在顺、反着二种异构体。顺式大茴香脑的毒性比反式大茴香脑的毒性大 10~20 倍，天然大茴香脑为反式结构，存在于大茴香和小茴香油中，并能用高效精馏和结晶的方法从天然体系中将其分离出来。大茴香脑香气特征是略有甜香的强烈茴香气味。

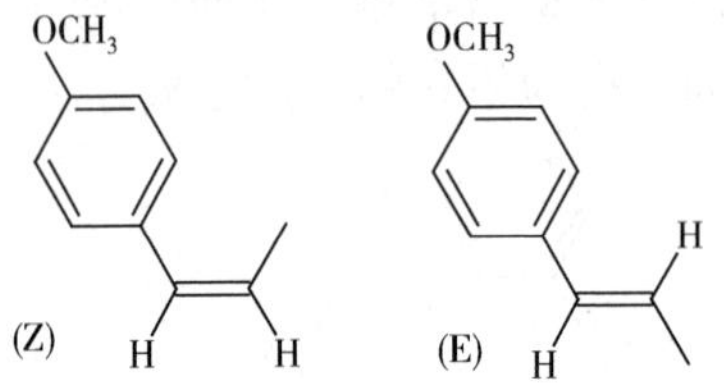

（Z）　　　（E）

顺式大茴香脑有不愉快的辛辣味，且有毒性，一般不允许使用。以硫酸氢钾为催化剂，可使顺式异构化为反式(见下反应式)，反式大茴香脑是口腔清洁剂香精和重要的食用香料。工业上以对 - 烯丙基苯甲醚(是造纸的副产物)为起始原料来制备大茴香脑。

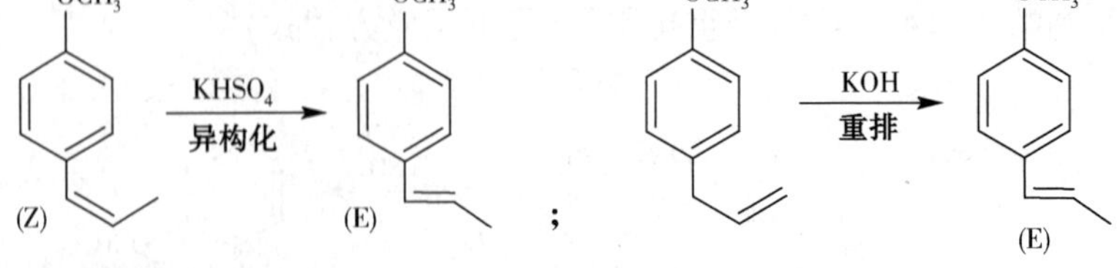

（Z）$\xrightarrow[异构化]{KHSO_4}$（E）　；　$\xrightarrow[重排]{KOH}$（E）

（3）β - 萘甲醚(橙花素Ⅰ)和 β - 萘乙醚(橙花素Ⅱ)

β - 萘甲醚，白色片状结晶，具有橙花芳草香。熔点 72~73℃，沸点274℃，

84

加热时易升华；β-萘乙醚白色片状结晶，具有温和的橙花、桔叶香气。熔点 37℃，沸点 282℃，目前均为未见文献报道存在于天然精油中。β-萘甲醚和 β-萘乙醚主要用于低档的橙花、茉莉、百合香皂香精和洗涤剂香精之中。其合成工艺路线为：

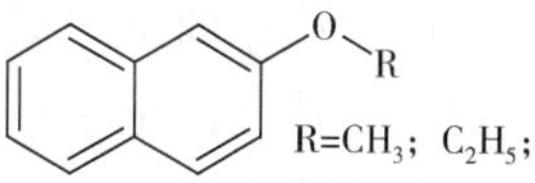

β-萘甲(乙)醚

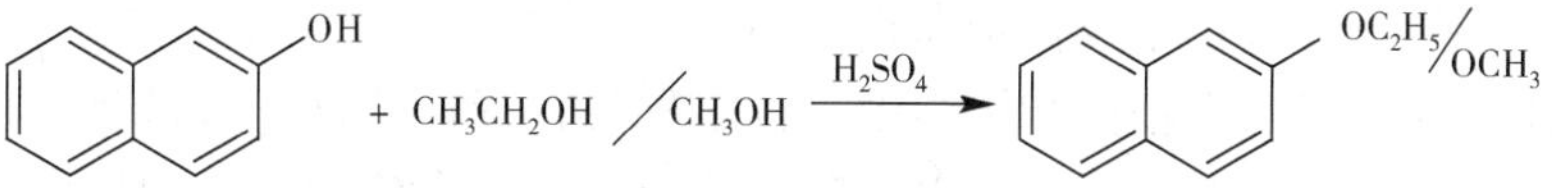

（4）佳乐麝香

这是一个人工合成的香料，目前，还未见文献报道存在于天然精油之中。呈无色黏稠液体，沸点 129℃，具有强烈、青甜的麝香香气，它化学性质稳定，香气细腻且不会变色。

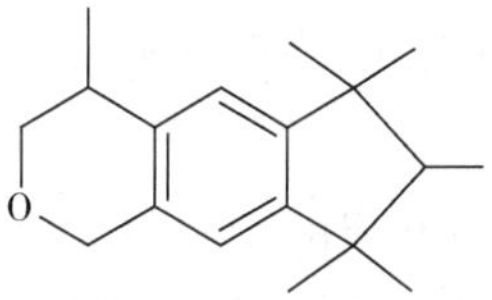

佳乐麝香主要用在碱性介质中，香气稳定不致变色，香质佳而价格低廉，是很有前途的人工合成的多环麝香。作为定香剂和协调剂，多用于紫罗兰、玫瑰、素心兰等皂用香精中。

合成方法：

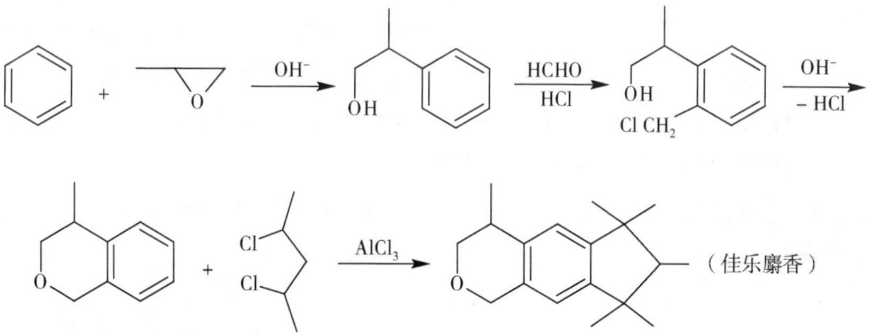

3. 芳香(内)酯

（1）芳香酸酯

主要是苯甲酸、苯乙酸、水杨酸、肉桂酸等酯类化合物(结构式见图 2-17)。如苯甲酸甲酯具有依兰花的香气，在吐鲁香脂、苏合香脂中存在它主要用于香水、香精及人造精油中；水杨酸甲酯，具有冬青油的辛香。

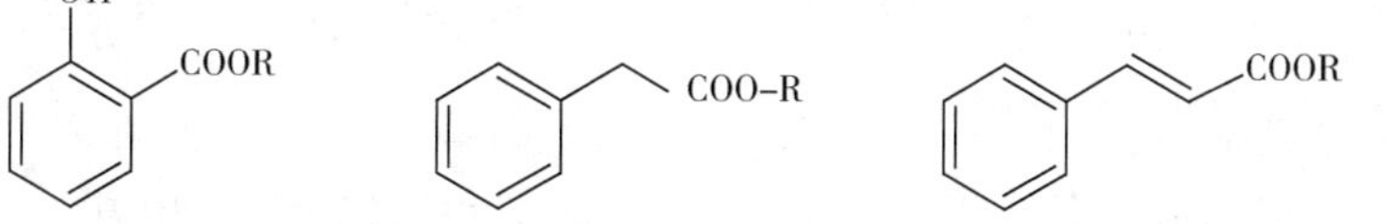

水杨酸酯   苯乙酸酯   肉桂酸酯

图 2-17 一些芳香酸酯的分子结构式

水杨酸异戊酯和水杨酸苄酯，其香气分别为类似兰花样香气和弱的香脂气息。值得注意的是，近几年利用水杨酸和叶醇开发的水杨酸叶醇酯，兼有两类香料的基本特征，是一类值得开发利用的香料。

苯乙酸乙酯有如蜂蜜一样甜香，主要用于配制一些花香香精和果味香精中；苯乙酸香叶酯具有温和的玫瑰香和蜂蜜香，用于玫瑰香精的定向剂和浓味香的香精中；苯乙酸苯乙酯具有较重的、甜的玫瑰香或风信子花香气味，以及明显的蜂蜜香韵，用作花香香精中及作定向剂作用。

肉桂酸存在于许多精油和树脂中，含于秘鲁香膏、吐鲁香膏以及苏合香香膏中。肉桂酸甲酯、乙酯、苄酯、以及肉桂酸肉桂酯、肉桂酸苯乙酯是令人感兴趣的重要香料。

另外，乙酸苄酯(芳香醇酯)具有类似茉莉花的香气，是风信子、栀子、依兰等精油的主要化学成分。主要用于配制香水香精、皂用香精和部分食品香精。

（2）香豆素与二氢香豆素

香豆素的学名：α - 苯并吡喃酮。它是一大类存在于植物界中的香豆素类化

香豆素　　　二氢香豆素

合物的母核。白色结晶状，熔点 68～70℃，沸点 297～299℃。它难溶于冷水，能溶于沸水，易溶于甲醇、乙醇、乙醚、氯仿、石油醚、油类。有挥发性，能随水蒸气蒸馏并能升华。在黑香豆、肉桂油中均有存在，具有类似黑香豆的新鲜干草香气。香豆素是一种重要的香料，用于素心兰等香水香精、皂用香精，也用作饮料、食品、香烟、塑料制品、橡胶制品等增香剂。

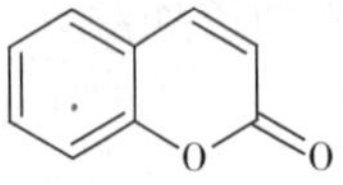

香豆素母环的的经典合成反应主要是 Perkin 反应和 Pechmann 反应。（见下式）

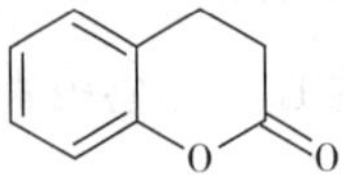

1）Perkin 反应：

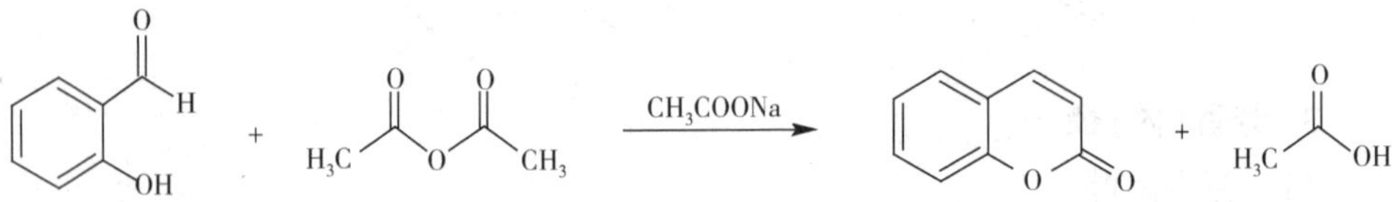

2）Pechmann 反应：

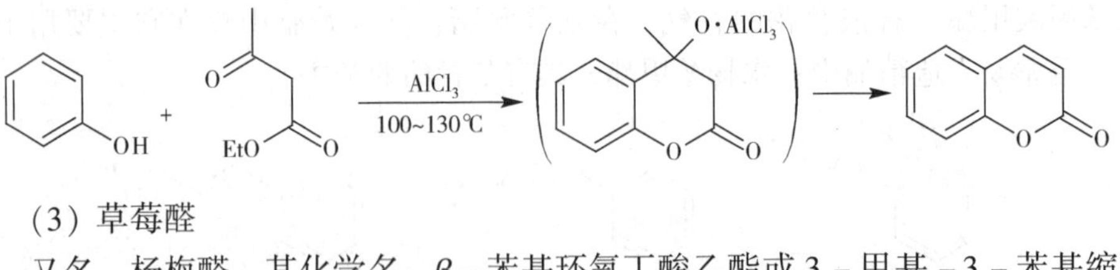

（3）草莓醛

又名：杨梅醛，其化学名：β - 苯基环氧丁酸乙酯或 3 - 甲基 - 3 - 苯基缩水甘油酸乙酯。呈无色至浅黄色液体，具有强烈的草莓水果香气，沸点 260℃。在天然精油中尚未被发现。

主要用于紫丁香、玫瑰、素心兰等日用香精，以及草莓、葡萄、樱桃等食用

香精中。

制备方法：

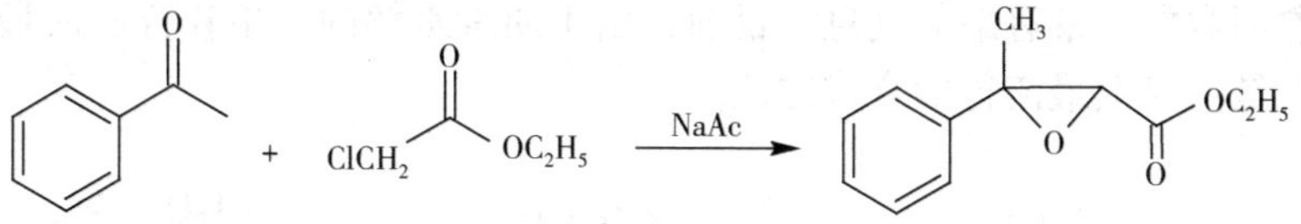

4. 芳香醛和酮

芳香族醛、酮类是应用较广泛的一类香料，醛类有愉快的、多半是强烈的香气，它们广泛存在于精油中，对精油的香气在相当程度上起决定作用。但是，由于醛化学活泼性大，稳定性差，存放时容易发生氧化和聚合，结果香气减弱变坏。下面介绍一些常用的芳香醛和酮。

（1）大茴香醛

化学名称：对 – 甲氧基苯甲醛，b. p：248℃，$n_D(20℃)$：1.5712。大茴香醛存在于茴香油、小茴香油、金合欢油、香荚兰浸膏等天然体系中。它在食品、烟草香精中有相当的用量。

（2）香兰素及乙基香兰素

化学名称：邻 – 甲氧基对 – 羟基苯甲醛。产品为结晶固体，它有两种结晶形式：针型(77～79℃)和四方型(81～83℃)的结晶，沸点284～285℃，有类似天然香荚兰的香气。香兰素能升华而不分解，它以游离状态或葡萄糖苷的形式含于香荚兰果里，含量1.5%～3.0%。香兰素葡萄糖苷能在无机酸或酶的作用下，水解为香兰素和葡萄糖。

乙基香兰素为香兰素的天然等同香味物质，具有类似香兰素的香气特征，但香气更为强烈，略带有花香气息，其用途类似于香兰素，可与香兰素合用。

制备方法：

① 异丁香酚路线：

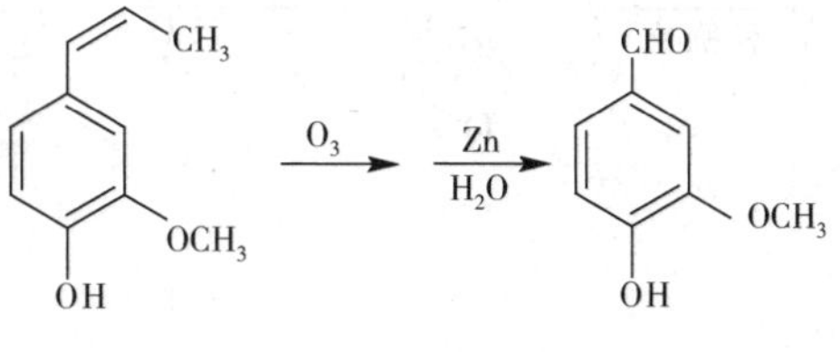

② 愈创木酚路线：

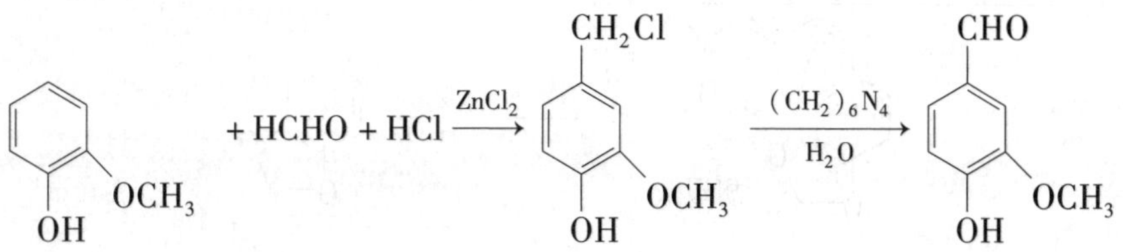

③ 由木质素水解：

丁香酚或黄樟油素到异丁香酚合成，所得香兰素香气纯正，但成本较高；化学原料愈创木酚，带有酚的气息。目前，由木质素水解的松柏苷合成法最具有竞争力，也是世界上最流行的合成方法。

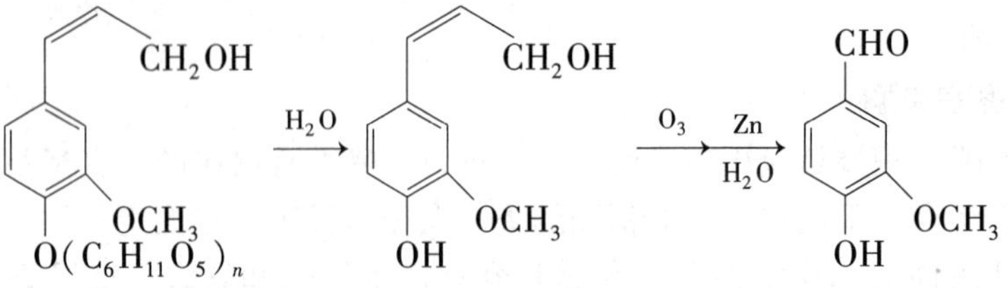

香兰素是重要的香料之一，几乎用于所有的香型。花香型的日用香精及奶香型的食用香精，用途非常之广，号称"香料之王"。另外，它也可用于医药工业。

(3) 洋茉莉醛

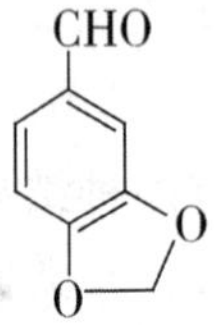

洋茉莉醛，也称胡椒醛。m. p = 36.7 ~ 37.1℃，b. p = 236 ~ 264℃，具有类似葵花的香气，该香料存在于天然界葵花油、丁香油、香荚兰豆油等精油中。由于结构具有高度的活泼性，故该香料在光、空气以及水的长期作用下，或加热情况下会分解或变色。

洋茉莉醛主要用于配制葵花、甜豆花等日用香精及烟用香精中，微量可用于可乐、樱桃香型的食品香精中。

制备方法：

① 黄樟油素路线：

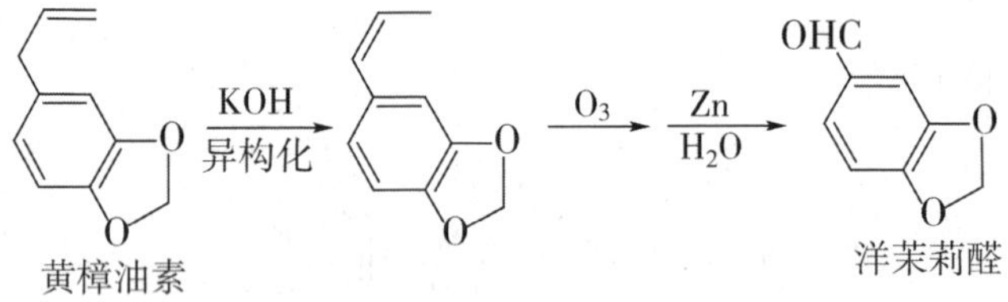

黄樟油素   洋茉莉醛

② 胡椒碱路线：

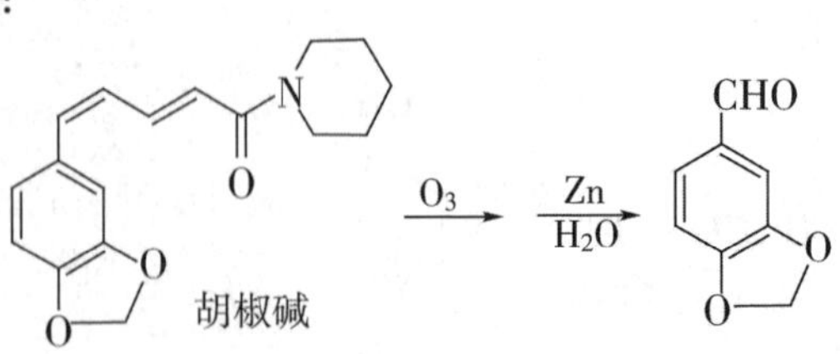

胡椒碱

③ 邻苯二酚路线：

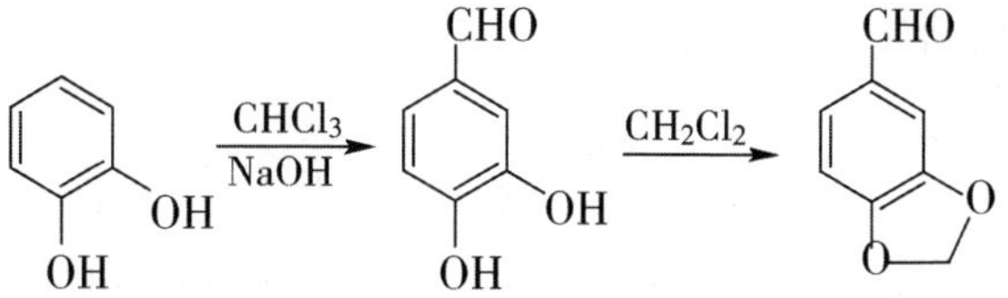

（4）兔耳草醛

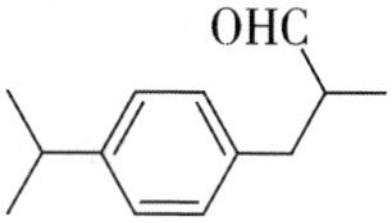

又名仙客来醛，无色至浅黄色液体，沸点270℃。具有强烈的茉莉花的花香及高雅的百合香韵，是珍贵的合成香料。目前为止，兔耳草醛未见文献报道存在于天然精油中。作为增强鲜花花香，它广泛应用于各种百合花等花香型日用香精中，有很好的增强花香效能。

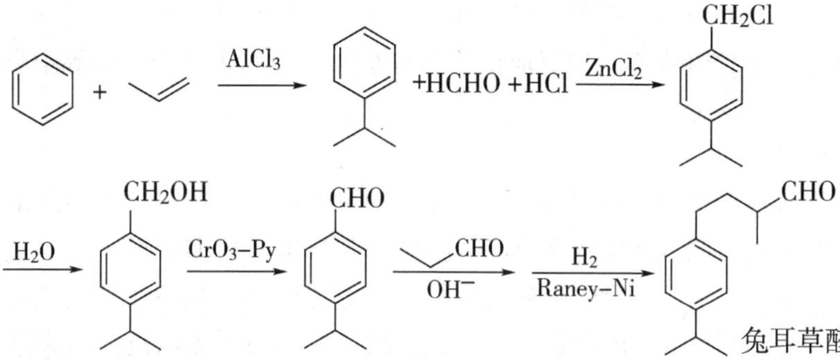

兔耳草醛

制备方法：

（5）芳香酮类

此类结构中有名是甲基苄酮，白色结晶固体，mp20.5℃，bp202℃，d（20/4℃）。它是许多食品和精油的成分，有甜香气味，能使人联想起橙花的气味，常用于日用和食用香精中。

二苯甲酮也是一种合成香料，它呈白色结晶，熔点47～48℃；沸点306℃。具有持久的类似玫瑰和香叶的香气，在葡萄中有微量检出。人工合成法是采用苯甲酰氯与苯在三氯化铝的催化作用下F－C酰化反应制得。二苯甲酮作为定香剂，主要用于玫瑰等低档日用香精中。

萘乙酮有α、β位二种异构体。白色至微黄色结晶，具有优雅的橙花香气，熔点：52～54℃；沸点300～301℃。未见文献报道存在于天然精油中。

与二苯甲酮的合成方法类似，它是通过萘与乙酰氯的F－C酰化反应制备得到。根据文献报道，反应选择不同的溶剂得到异构体比例不同。以二硫化碳作溶剂时，产物以α－萘乙酮为主，含量在65%；硝基苯作溶剂，产物中β－萘乙酮的含量高达90%。作为定香剂萘乙酮应用于橙花、茉莉、水仙等香皂和化妆品香精中,少量用于食用香精。

5. 硝基与腈化合物

(1) 硝基化合物

当苯环上含有三个、两个和一个硝基,以及甲基、叔丁基、烷氧基、乙酰基这些基团的不同排列组合,使该类硝基化合物具有不同程度的麝香香气。其中含有两个硝基的芳香族化合物具有最为强烈的麝香香气,是重要的天然麝香替代物。下图 2-18 列出了部分典型硝基麝香混合物的分子结构式。

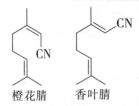

葵子麝香　　　　　　酮麝香　　　　　　二甲苯麝香

图 2-18　部分硝基芳环化合物(人造麝香)的分子结构式

作为定香剂和修饰剂,广泛应用于具有东方香型的香波、皂用等中低档的日用香精中。

(2) 柠檬腈

作为香料使用的第一个腈类化合物始于 1944 年,是具有柑桔香气的碳十四腈,但作为新型香料而引起香料界重视则是从 70 年代后期开始。腈类化合物相对应于醛来说,香气更加强烈、透发、持久且化合物性质稳定,它对光、热、酸、碱不太敏感,特别适用于洗涤剂、肥皂等产品的加香。另外,毒性检测发现除苯乙腈对皮肤稍有刺激性外,其他一些分子量较高的腈类化合物比相应醛的毒性和刺激性都要小。

橙花腈　　　香叶腈

柠檬腈是较典型的腈类化合物香料。它是香叶腈和橙花腈混合物(见右图),为无色至浅黄色液体,沸点 222℃。它具有类似新鲜柠檬果的香气,未见文献报道它存在于天然精油中。

目前,柠檬腈的合成一般以甲基庚烯酮为原料,通过与腈化物反应制得。具体反应方程式如下:

柠檬腈主要用于果香型、花香型皂用、洗涤剂。

2.3.4　杂环类香料

环上含有氮、氧和硫等原子的环状化合物称杂环化合物。由于氮、氧、硫杂环化合物存在于食品香味成分中，且具有很高价值的感官特性，所以这类化合物是目前最令人感兴趣的香味物质。尽管它们在各种食品中存在甚微，但由于它们有很强的气味和较低的阈值，使它们在增强食品的基本天然香气特性方面起着重要的作用。下面我们对部分杂环结构的香料化合物作一简单的介绍。

1. 3－甲基吲哚

别名，粪便素。白色或微带棕色结晶，熔点93～96℃；沸点265～266℃。对光敏感，久置后逐渐变棕色，它能溶于热水、醇、氯仿等溶剂。浓度高时，具有不愉快的粪便臭气味，但高度稀释后具有优雅的茉莉花香。存在于粪便、灵猫香中。主要用于花香型日用香精中。

2. 甲基喹啉

喹啉及其衍生物类香料，添加于香精中经一段时间后，对整个香精发生显著影响，能大大改善香气品质。目前，香料工业中应用最多的是甲基喹啉，如6－、7－和8－甲基喹啉等。此类物质发现于炒花生中发出的蒸汽之中。主要用于日用、食用香精中。

3. 2－乙基噻吩

具有烤肉的香气，最近几年被人们所认识，在煮牛肉蒸汽中被发现存在。主要用于食品的加香，在水中的味感阈值只有0.003ppb。

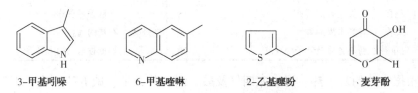

3-甲基吲哚　　　6-甲基喹啉　　　2-乙基噻吩　　　麦芽酚

图2－19　部分杂环香料的化合物结构式

4. 麦芽醇(酚)

化学名：2－甲基，3－羟基，4H－吡喃酮－4，存在于麦芽中。白色针状结晶，溶于热水中，也溶于氯仿等一些极性有机溶剂中。它的密度为1.348g/cm³，熔点161～162℃，具有焦甜香气，加入食品中具有增强香味的作用。麦芽醇(酚)的制备一般通过淀粉发酵制备得到。

2.4　调香技术

从实际应用方面看，几乎很少直接使用单一的天然香料、单离香料或合成香料，一般都需经过调合后使用，调和(合)的香料也称"香精"。它是将几种乃至几十种天然香料与合成香料，通过一定的调配技艺，混合制造出酷似天然鲜花、新鲜果香或幻想出具有一定香型、香韵的香料混合物。天然的植物本身就是自然形成的发香混合体。

2.4.1 香气的分类与评香

1. 香气分类

随着合成香料的不断发展，香(原)料的品种、数目也迅速增加，而采取寻常的方法来记忆香料品种渐渐地会感到十分的困难。为便于记忆，人们通常需对香料进行分类，但由于香气类型的千差万别，且人的主观感觉与偏好又各有所异，所以香气的分类方法也多种多样。这里仅介绍一种比较实用的分类法，即 K 博尔分类法。

表 2-4 K 博尔香气分类法

序号	香气	特　　点	序号	香气	特　　点
1	醛香	脂肪醛如人体气味、烫衣服气息	11	药草香	药草的复杂气息
2	动物香	麝香及粪臭素等	12	药香	消毒剂气味，如水杨酸甲酯
3	膏香	浓重的甜香，如可可、秘鲁香膏	13	金属香	金属表面的气息。
4	樟脑香	樟脑气息	14	薄荷香	薄荷的清凉气息。
5	柑橘香	新鲜柑橘类水果的刺激香味	15	苔香	森林深处及海藻的香型
6	泥土香	腐植土壤或潮湿泥土的气息	16	粉香	爽身粉的扩散的甜香香型
7	油脂香	动物油脂及脂肪的香味	17	树脂香	树脂等香气
8	花香	各类花香的总称	18	辛香	辛辣香料总称
9	果香	各类水果的香气	19	蜡烛香	石蜡的气息
10	青草香	新割青草及叶子的香气	20	木香	如檀香木、柏木等香气

根据中药的寒、热、温、凉四气及酸、甜、苦、辛、咸五味而定，五气基团可分为：酸气、甜气、苦气、辛气、咸(碱)气五种。表 2-5 罗列了五气的主要特点。

表 2-5 五气分类及特点

序号	气　味	特　　点
1	酸气	食物腐败酸、发酵之酸等。天然香料中，薄荷油、帖烯类各种香树脂及青涩的醚类、烷烯类等部分香料可归于酸气类。
2	苦气	新鲜中药植物茎叶之青苦。例如天然冬青油、合成带焦气的醛、酯香豆素等。
3	甜气	鸢尾凝脂、甲基紫罗兰酮等，香料中如玫瑰香叶醇、合成香料，苯乙酸异丁酯等。
4	辛(辣)气	芬芳的、鲜青的茴香气。带辣的辣辛气，带酒的腥气。
5	咸气	具有沉闷的幽灵感，可类同于动物的粪、尿等动物性香气成分。

根据相关的研究报道，五气之间具有相互转换的关系(见图2-20)。

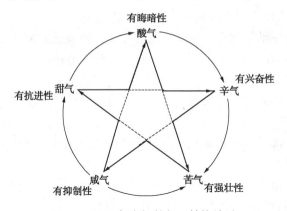

图2-20 五气之间的相互转换关系

2. 香气的强度

香气是香料成分其物理、化学上的质与量在空间和时间上的表现，即在某一固定的质与量、某一固定的空间或时间所观察到的香气现象，而并非是真正的香气全貌。有些香(原)料在浓缩时香气并不强甚至或是臭的，但稀释后香气变强，容易使人低估它们的香气强度；而另一些香原料在浓缩时香气似乎极强，但冲淡后香气显著减弱，使人易于高估它们的强度。因此，若没有丰富的经验，在香气强度的判定上，往往容易形成错觉。

为了方便调香、闻香、评香或拟定香精配方时可以参考比较，通常将香料的香气强度分为5个等级(见表2-6)。

表2-6 香气强度的等级

序号	香气强度	能嗅辨的稀释浓度	等 级
1	特强	稀释至万分之一	一
2	强	稀释至千分之一	二
3	平/中等	稀释至百分之一	三
4	弱	稀释至十分之一	四
5	微	不稀释	五

另外，香气的强度也可用阈值来定量表示；即能嗅觉出有香物质的最小浓度，称为该物质香气的阈值。阈值可以采用空气稀释法测定，阈值的单位用每立方米空气中含有香物质的量表示，如 g/m^3，mol/m^3。阈值也可以采取水稀释法测定，可采用百万分之一(ppm)、十亿分之一(ppb)或万亿分之一(ppt)浓度单位表示。如3-甲基-2-甲氧基吡嗪在水中的阈值为3ppb。显然(香)物质阈值愈小，表示其香气愈强，阈值愈大，则香气愈弱。

3. 评香方法

常见的评香方法有以下几种：

①用辨香纸评辨：此方法为最常用的方法，辨香纸通常设计成长 13~16cm；宽 6~7mm 的坚实而又有良好吸收性的纸条。辨香前在辨香纸上写明香料名称、产地、规格等内容，然后蘸取一定量的样品进行评辨。

②固体样品的评辨：玻璃棒挑出少量样品，均匀涂于洁净的纸片或表面皿上，进行仔细分辨。

③喷雾法：将香料样品雾化喷施于特制的试香橱中进行嗅辨，该法较适用于香气浓度的评价。

④通气法：用无气味溶剂溶解香料，通入洁净空气，控制空气流量，然后在空气出口处进行嗅辨，此法适合于考察香气强度。

2.4.2 香精基本组成

作为调香使用的原料，若根据它们各自在香精中的用途进行分类，可分为：①主香剂；②合香剂；③修饰剂和；④定香剂四类。

主香剂(base)：是构成香精主体香气与香型的基本原料。起主香剂作用的香料，其香型必须与所配香精的香型一致。多数情况下是用几种甚至数十种香料作为主香剂。例如调配玫瑰香精时，常用香叶醇、香茅醇、苯乙醇等数种香料作为主香剂。

合香剂(blender)：亦称为协调剂。其作用是将各种香料混合在一起，使之能产生协调一致的香气，其香气与主香剂属同一类型，并使主香剂的香气更加突出与明显。如芳樟醇、羟基香茅醛等是玫瑰香精中的合香剂。

修饰剂(modifier)：亦称为变调剂。其作用是在香精中发挥特征香气的效果。其香气与主香剂往往不属于同一类型。通过修饰剂调整，可使香精增添某种新的风韵。例如玫瑰香精的修饰，常采用茉莉或其他花香的香料。

定香剂(fixative)：亦称保香剂。其作用是调节成分的挥发度，使香精的香气稳定持久。香精质量的优劣除了香韵外，与其香气的持久性和稳定度有直接关系。如某些香精最初香气很好，可是到后段其香气会面目全非。香型变异的差别，留香时间的长短是香精质量的重要标志。分子量大，沸点高的物质，其留香时间长。

动物性香料(组分)是一种重要的定香剂，它不仅能使香气持久，而且能使香气变得更加柔和、圆熟。天然麝香是香料中最好的定香剂之一，其香气优美名贵，并能使香精的香气变得更加温暖而富有情感。麝香在香精中扩散力极大，留香时间亦长；而龙涎香是动物中留香时间最长的定香剂，但扩散力较小。常用的植物定香剂有檀香、鸢尾等精油。可作为定香剂的合成香料很多，凡是沸点超过

200℃的合成香料都有定香作用，这其中有些是有香气的，而有些几乎是无香气的。

对于定香作用的解释虽有多种，如定香剂与配方组分之间形成恒沸混合物、吸附控释作用、分子间反应的残余原子价、胶体的分散作用等，但真正的原因仍十分模糊。

按照组成香精配方中香料的挥发度和留香时间的不同，可大体将香精分为基香、体香和头香三个组成部分。

头香(top note)：亦称为顶香。属于挥高发度的香料，其留香时间在 2h 以下。为使香精头香突出强烈，能够给使用者提供一个良好的第一印象，赋予人的喜爱，有时需添加一些易挥发与扩散的香组分，如辛醛、柑桔油等。但头香绝不是香水(精)的特征香韵。

体香(body note)：具有中等挥发度的香料称为体香。它在评香纸上留香时间为 2~6h。体香是构成香精香韵的重要组成部分。

基香(basic note)：亦称尾香。挥发度低、留香时间长的香料称为基香。通常在评香纸上留香时间超过 6h 者均可称为基香，它代表香精的香气特征，是香精的基础部分。天然麝香类的香料在评香纸上留香时间可长达 1 个月以上。

一般来说，头香组分 b. p：50~140℃；体香 b. p：140~250℃；基香 b. p：250~340℃。

2.4.3 香精的调配

1. 香精配方拟定

图 2-21 为香精调配的基本步骤示意图。根据此流程，在明确目标之后，开始选择合适的香料，而香料的选择应满足以下要求：第一，符合设计香型及香韵的要求；第二，符合加香对象的要求；第三，符合加香工艺的要求；第四，符合设计成本的要求。此外，选择香料的同时应考虑好适当的溶剂和稀释剂。作为香料、香精常用的溶剂是水，低度乙醇、丙二醇等。最后还应适当考虑选用何种定香剂。

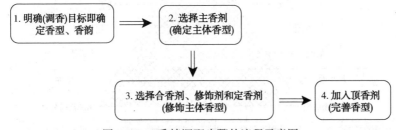

图 2-21 香精调配步骤的流程示意图

根据基本的调香原则，设计一定香韵香精时，可按香气类型选择香料，

例如，

辛香：大茴香油，大茴香醛，芹菜籽油(辛青)，丁香油、丁香罗勒油。

果香：甜橙油、乙酸异戊酯、2－甲基丁酸乙酯。

酒香：老姆醚、庚酸乙酯、己酸乙酯。

膏香：秘鲁浸膏，吐鲁浸膏，安息香浸膏。

焦糖香：麦芽酸、乙酸麦芽、面包酮。

烤烟香：云烟净油、烟草花油。

2. 香精配制的实验过程

香精的配制操作大致可归纳为三步：

第1步：采用香料品种(包括其来源、质量规格等)和它们的用量，试验以初步达到设计的香型与香气质量(包括持久性与稳定性)要求，如果是进行仿制，与仪器分析的结果配合起来进行调整。初步确定香精配方，并从香精试样的香气上作出初步的结论。

第2步：将初步确定的香精试样进行应用试验，也就是将香精按照加香工艺条件要求，加入到加香对象中去，观察与评估效果如何。

第3步：香精初步调配完成后，需经过小样评估和大样评估。小样评估是试配5～10g香精直接嗅辨评估；大样评估是试配500～1000g香精在加香产品中使用，加香效果。评估通过后，香精配方的拟定才算完成。

调香的要求：主香韵要突出，头香、体香、基香要和谐、稳定、持久，要有连续性扩散力；体香要浓郁圆润、有血有肉、血脉相连；基香具有一定的持久性而不沉闷。

香气大致可分为动物香型、植物香型和合成香型，可用三角形方法表示(图2－22)。

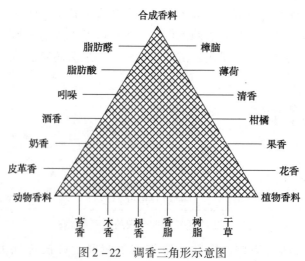

图2－22 调香三角形示意图

图示的调香三角形，反映了各类香料之间的过渡关系。动物香气、植物香气、合成香气分别三角形的三个顶点，在三条边上，以类似香料香气强弱顺序依次排列，它将最基的香料类型都包括在内。下面以玫瑰香型的调香为例，作相应的调香描述。

① 首先选择玫瑰香型主香剂，典型的有香茅醇、香叶醇和乙酸香叶酯。

② 在同一类香型中选择定香剂，如苯乙醇、乙酸苯乙酯、苯乙酸乙酯、乙酸二甲基苄基甲酯、异丁酸苯乙酯等。

③ 然后选具有玫瑰型香气的头香剂，如甲酸香叶酯、甲酸香茅酯、苯乙醛（10%）、玫瑰醚（10%）等。

④ 合香剂可在调香三角形中，根据（花香）香型所在的同一边上作各类香型的选择。如果香型香料可选择草莓醛和桃醛；叶子香型可选择叶醇、庚基羧酸甲酯；柑桔类香型总选择柠檬油；薄荷型香料选择乙酸薄荷酯；樟脑型香料则多选择樟脑。

如此扩展之后的香基香气变得比较丰润协调，但仍嫌枯燥，缺乏天然玫瑰所具有的勃勃生机。这是由于天然玫瑰含有微量具有相反香气的成分。还需添加适量的修饰剂。

⑤ 修饰剂则需在调香三角形的另外两条边上选择。如脂肪醛族香料中的壬醛；动物型香料中的麝香 T；酒香中的康酿克油；木香中的龙脑；树脂中的安息香树脂；根类中的秘鲁香脂等。

经过如此调配的香精，在比较浓郁的玫瑰香型的基础之上，则具有了富于变化的、活泼的美妙香韵。表 2 - 7 列出了一个典型玫瑰香精的基础配方。

表 2 - 7 玫瑰香型香精组成

组成	香料名称	份数	组成	香料名称	份数
主香剂	香茅醇	15	合香剂	草莓醛（10%）	2
	香叶醇	10		桃醛（10%）	1
	乙酸香叶醇	3		叶醇（10%）	0.5
定香剂	苯乙醇	35		庚基羧酸甲酯	1
	乙酸苯乙酯	3		柠檬油	2
	苯乙酸乙酯	1		乙酸薄荷酯	1
	乙酸二甲基苄基甲酯	4		樟脑（10%）	2
	异丁酸苯乙酯	3	修饰剂	壬醛	2
头香剂	甲酸香叶酯	2		麝香 T	2
	甲酸香茅酯	2		康酿克油（10%）	0.5
	苯乙醛（10%）	1		龙脑（10%）	1
	玫瑰醚（10%）	2		安息香酸树脂	1
				鸢尾根油（10%）	2
				秘鲁香脂	1
合计					100

3. 香精的加工工艺

香精按照形态分为：不加溶剂的液体香精、水溶性香精、油溶性香精、乳化香精、粉末香精；而若按照香型分有：花香香精、非花香香精、果香香精、酒用香精、烟用香精、食用香精、幻想型香精(大多用于化妆品，往往冠以优雅抒情的称号，如巴黎之夜、圣诞之夜等)。

下面对液体、乳化体和粉状固体的香精的加工工艺作简要的介绍。

(1) 液体香精

图2-23为一般液体香精的制作工艺流程。其中熟化是香料制造工艺中应该注重的环节之一。目前采取的最普通的方法是把制得的调和香料在罐中放置一定时间，令其自然熟化。目的是将调和香料达到终点时的香气变得和谐、圆润、柔和。熟化是一个复杂的化学过程，至今尚不能用科学理论完全解释。

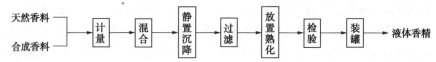

图2-23 无溶剂液体香精的制作工艺

(2) 水溶性、油溶性香精

图2-24表示了溶剂型香精的典型生产工艺。根据香精及溶剂的性质差别，有水溶性与油溶性二种溶剂型香精。水溶性溶剂常选用40%~60%的乙醇溶液，一般占香精总量的80%~90%；油溶性香精溶剂，常用是精致的天然油脂，一般占香精总量的80%左右。水溶性香精主要应用于饮料、果汁、果冻、冰淇淋等食品之中；而油溶性香精可用作于食品香精，此时的溶剂为天然的油脂，也可采用有机溶剂制成日用香精，广泛用于化妆品、香水等。

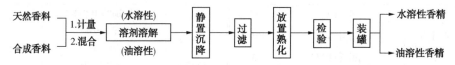

图2-24 水溶性与油溶性液体香精的制作工艺

(3) 乳化香精

图2-25为乳化香精的一般制作工艺。在配制乳化香精的外相液时，常用的乳化剂有：单硬脂酸甘油酯、大豆磷酯、二乙酰蔗糖异丁酸酯等；常用的稳定剂主要有阿拉伯胶、果胶、明胶、羧甲基纤维素等天然高聚物。它多用于奶制品、巧克力、冰淇淋等食品以及发乳、发膏等 O/W 型化妆品之中。

(4) 粉末香精

粉末香精配制有粉碎混合法、熔融体粉碎法、载体吸附法、微粒型快速干燥法、微胶囊型喷雾干燥法。粉碎混合法是制备粉末香精中最为简便的方法，只需将调香的固体组分粉碎、混合、筛分及检验几个步骤即可。熔融体粉碎法，先将蔗糖等糖类物质煎熬至浆状物，随后加入香精，混合、冷却、粉碎制得粉末状固体香精，由于过程需加热，对香精的香味/气会产生一定的影响。载体吸附法，即利用固体粉末作为载体，将溶有香精的乙醇溶液与固体粉末混合，待乙醇挥发后即制得吸附型固体粉末香精。

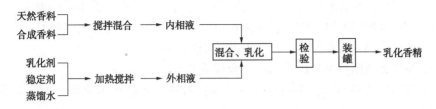

图 2-25　乳化型液体香精的生产工艺流程图

微粒型快速干燥法，通常是将含香精的溶液或乳液，通过薄膜干燥器或喷雾干燥器，经快速干燥制得微粒小球。最近报道利用美拉德(Maillard)反应与喷雾干燥相结合的方法生产粉状脂肪香精。大致方法：首先将精炼脂肪在高温下氧化并与糖和氨基酸发生美拉德反应产生肉香味物质，然后将反应产物与麦芽糊精、葡萄糖、乳化剂和水等混合均匀，进行均质乳化，经喷雾干燥后，就可生产出集脂味、肉味和烤味于一体的粉状脂肪香精。

粉状香精的另一主要形式，就是利用微胶囊技术制作的一种新型固体香精。所谓的微胶囊是将被包埋物作为"芯材"，外面的高分子作为"壁壳"的微容器或包装体，大小在 5～200mm，壁的厚度约 0.2mm。它在一定的条件下，内核的被包埋组分可在适当的速度下释放。如图 2-26 为微胶囊性固体粉状香精的制作工艺流程。

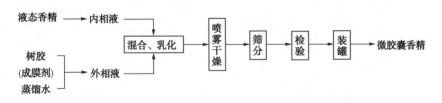

图 2-26　微胶囊型固体香精的生产工艺流程图

鉴于微胶囊技术的特殊功能性，利用该技术可将传统的液体香精制成固体形式。如将柠檬香油先乳化分散于 2% 的阿拉伯树胶液中，再添加 2% 的明胶并高速搅拌，用醋酸调节 pH 值，使明胶与阿拉伯胶凝结在香精油滴的外围形成薄膜，最后加入甲醛固化，制得细小的固体粉末状香精。这种微胶囊固体香精不仅克服了液体香精散发快、保香期短的缺点，而且它能迅速溶于水中，应用于饮料、冰淇淋等食品中，另外，微胶囊固体香料也便于生产、保存和运输，大大地拓宽了香精的应用领域。

【思考题】

1. 香料与香精有什么区别？

2. 天然动物性香料有哪几种？各有什么特点？

3. 天然性植物香料的生产方法有哪些？各适用于哪些芳香植物的提取？

4. 合成香料的原料有哪些？你能说出哪些化合物具有芳香的气味？

5. 什么是调香？在"创香"中怎样确定香精的配方？

6. 为什么说调香中考虑香气的平衡很重要？

7. 按挥发性的不同，香精分为哪几类？对一个香精配方来说，起主体作用的香精是什么？

8. 为什么在香精、香料的原料选择和生产中要注意它的稳定性和安全性？

9. 请比较乳化香精与水溶性香精在原料要求、生产工艺及产品特点上的不同之处。

10. 怎样看待微胶囊型香精的特点？

11. 产品加香过程中应注意哪些方面的问题？

12. 为什么说一个好的香精配方只有通过在制品中进行用量及应用试验，才能取得各方面都满意的效果？

第3章　化妆品基础

据记载，化妆品具有悠久的历史。早在古埃及人们就用驴液沐浴，以保护和改善皮肤；用散沫花的提取液来染着指甲。在西方古罗马帝国，公元500年左右，Naplas（那不勒斯）曾是芳香制造中心，那时香水类产品已有相当的使用。但化妆品工业的真正形成与发展则是在近1~2个世纪。这期间随染料、香料及油脂等化学工业的迅猛发展，为化妆品提供了丰富的原料。进了21世纪后，随着生物化学的迅速发展，化妆品在数量、品种以及外形包装上，都有了质的飞跃。目前人们对化妆品的消费与需求，业已构成一个庞大的化妆品工业。

化妆品是一门多学科交叉的科学，它涉及到物理化学、表面化学、胶体化学、有机化学、染料化学、香料化学和化学工程以及微生物、皮肤生理学等多门相关学科，加上其本身的品种众多，体系复杂，对其理论的研究仍处于初级阶段，部分产品生产及很多方面仍停留在经验阶段，这也是今后化妆品有待于深入研究的重要领域。

"化妆品"一词在希腊语中的意思即为"装饰的技巧"，就是说通过化妆品把人体自身的优点多加发扬，而将缺陷加以弥补，也是人们使用化妆品的根本目的。鉴于化妆品是人们自觉自愿而使用的一种化学商品，因此，它不同于药品，应具有温和、舒适、无副作用等特征。从功能上讲，化妆品应是一类具有清洁、美化、保护、营养及卫生防治作用的日用化学品。通常地说，药品是某种病人治疗所用的产品，而化妆品是健康人日常使用的产品，这也是两者之间的本质差别，所以作为化妆品它须满足下述几个要求：

① 安全性——应无毒、无刺激，更不应长期累积使用而引起某种疾病；

② 稳定性——指化妆品在胶体化学与微生物方面的稳定，确保产品外观与性质的稳定；

③ 有效性——有效的化妆品应对皮肤、毛发等具有生理促进功能。

④ 外观性——因属自愿消费品，漂亮、美丽的外形设计，将赢得人们的更多的喜爱。

化妆品从初期发展至今，其品种种类已达数以千种之多。但其主要应用于人体的表面，即皮肤与毛发，因此，适当了解人体皮肤、毛发的生理结构与机能，对正确使用与研究开发化妆品，都有着重要的指导意义。

3.1　皮肤与毛发

根据医学研究，皮肤是人体的最大器官，覆盖于全身表面。成人皮肤的总面积约 1.5 ~ 2.0m³，厚度在 0.5 ~ 4mm，包含的水量约占人体的 70%。

皮肤分三层：表皮、真皮和皮下组织。(参见图 3 - 1)表皮处于最外层，与外界直接接触。真皮位于中间，与表皮呈波浪状态地牢固相连，其厚度为表皮的 10 倍。它由结缔组织和基质组成，赋予皮肤有较好的坚实度和弹性。真皮中还包含有丰富的血管，神经，肌肉，皮腺，汗腺，毛囊等，可感受冷、热、痛、触等各种刺激作用，通过反射机体而产生相应的防御调节机能，是皮肤的核心。皮下组织位于真皮的深层，由大量的脂肪细胞和疏松的结缔组织构成，细胞内含有动脉，静脉，淋巴管，神经，汗腺和深部毛囊等，它可缓冲外来的冲力，并能减少体内热量的挥发。

表皮是由角质层、透明层、颗粒层、棘层、基底五层重叠所构成(图 3 - 2)。

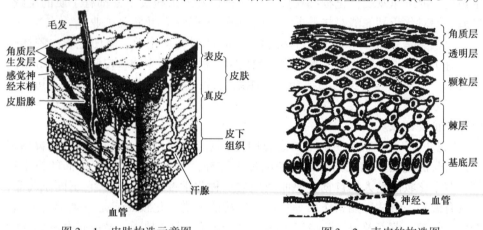

图 3 - 1　皮肤构造示意图　　　　　图 3 - 2　表皮的构造图

① 角质层：在皮肤表皮的最外层，由扁平无核的角化死细胞构成，含有角蛋白及角质皮脂肪，排列紧密，起保护作用。

② 透明层：位于角质层的下面，由 2 ~ 3 层扁平无核，透明死细胞构成，呈无色透明状，光线可以透过此层；

③ 颗粒层：由数层菱形细胞构成，这些细胞几乎接近死亡，正要变成角化细胞。此层细胞有折射紫外线功能，可减少紫外线射入体内。

④ 棘层：由 4 ~ 8 层带棘的多角形细胞组成，它是表皮中最厚的一层，细胞间棘突相连，细胞间隙中有组织液，为细胞提供营养。

⑤ 基底层：由基底细胞 + 黑色素细胞组成。基底细胞是表层细胞发生源，可以不断向上生长，构成各层细胞。当基表皮破损时，底层细胞就会增生、修复。黑色素细胞散布在基底细胞之间，有分泌黑色素的功能，黑色素多皮肤则黑，紫外线照射会加速黑色素的形成。

水分是皮肤构造中的重要组分，主要来源于汗腺的排泄，并与角质中的皮脂形成乳化体而"滞留"于皮肤中。研究表明，(表皮)角质层中 50% 是硬阮(角

102

阮)，20%是脂肪质其余的是水以及水溶性物质。脂肪质主要由皮脂腺分泌而来，主要包括角鲨烷(烯)、甾醇、各种酯、脂肪酸等，在角质蛋白上形成膜，以阻止水分过快的挥发。其中的水溶性物质则能吸收水分，保持皮肤水分的正常水平。由于此类物质的保湿作用，化妆品行业中将此称之为"天然保湿因子"(natural moisturizing factor)，简称 NMF。其大致组成参见表 3 – 1。

表 3 – 1　天然润湿因子的化学组成

名　称	含量/%	名　称	含量/%
氨基酸	40.0	糖、有机酸等	8.5
吡咯烷酮羧酸	12.0	钾、钠离子	9.0
乳酸、柠檬酸(盐)	12.5	钙、镁离子	3.5
尿素、尿酸等	8.5	氯化物与无机盐	6.5

在正常情况下，表皮中的水、皮脂和角质蛋白三者处于平衡状态，水分维持在 10% ~ 20%，皮肤显得富有弹性。若水分含量低于 10%，皮肤就显得干燥、易开裂，俗称"干性皮肤"；相反，当皮脂分泌过剩时，皮肤表面如涂上一层油，易堵塞毛孔而引起皮炎，此类皮肤通常称之为"油性皮肤"。

1956 年英国分子生物学家 Harman 提出了自由基学说，它的中心内容是：自由基反应普遍存在于生命有机体中，在自由基的作用下，机体的所有成分或多或少地经历着不同强度的化学变化，衰老就是来自于正常代谢过程中自由基的随机性破坏作用。由皮肤结构可知，皮肤衰老的内因在于真皮，真皮主要由胶原蛋白和纤维蛋白质组成，纤维蛋白质中间是黏多糖、盐类和水组成的凝胶层，它的多种生理功能(如感觉、分泌等)都依赖于其完成。若胶原蛋白、弹性纤维等在形态和生理上发生退化性变化，其外观的显著特征就是皮肤失去弹性、出现皱纹和色素斑过量沉积，即所谓"皮肤衰老"。

要防止皮肤的衰老，一方面须加强皮肤功能的锻炼，如日光浴、按摩等增加皮肤抵抗力；另外，还要通过正确使用防衰老化妆品，消除体内过剩的自由基，保持皮肤的正常代谢。护肤化妆品的使用目的，就是要维护、平衡表皮中的水分，使皮肤显得富有弹性。

毛发、皮脂腺、汗腺及指甲都属于皮肤的附属器官。除手、脚的内表面不长毛发，皮肤其余部分，毛发均单独或成簇地覆盖于表面上，明显的如头发、眉毛、胡须、腋毛等。毛发从由外朝里(纵向)可分为：毛杆、毛根和毛乳头三部分(见图 3 – 3)。毛杆，即裸露在皮肤外面的头发部分，也称"发梢"；埋在皮肤里面的部分称"毛根"；毛根最下端膨胀成球状，称"毛球"，而毛乳头就位于毛球向内凹入部分，它含有丰富的结缔组织、神经末梢和毛细血管，向毛发提供所需的营养成分。

将毛发沿横截面切开，毛发也有三个层次：护膜、毛皮质和髓质(如图3－4所示)。最外层是护膜，也称"毛表皮"，主要起保护作用，保持头发的光泽和柔性；毛皮质，也叫"发质"，完全被毛表皮包围，是毛发的主要组成部分，约占毛发重量90%，它决定头发的粗或细；髓质位于毛发的中心部位，赋予毛发一定的强度和刚性，决定头发的硬与软。

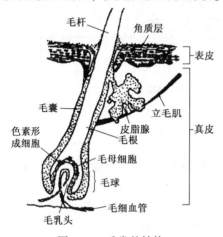

图3－3　毛发的结构

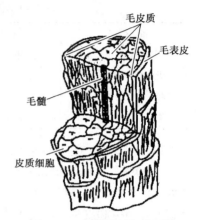

图3－4　毛发的(横)截面图

毛发的化学成分主要是蛋白质，其中95%是角蛋白，它是具有阻抗性的不溶性蛋白。在头发中，各种氨基酸组成长链、螺旋、弹簧状结构相互缠绕交联，其中因胱氨酸中含有S元素，可形成二硫键(—S—S—)的交联结合，而增加了角质蛋白质的强度和阻抗性能，使头发具有独特的刚韧特性。此外，在螺旋状蛋白质纤维间，沉积着一串串的色素颗粒，它使得头发呈现各种色泽，如黑色、棕色、金黄色等。

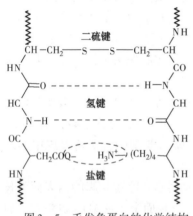

图3－5　毛发角蛋白的化学结构

毛发中含有胱氨酸等十多种氨基酸，相邻二个氨基酸分子通过—NH_2和—COOH缩合形成—NHCO—，称"肽键"，这样许多个氨基酸分子就连接组成多肽基的蛋白质链分子。肽链间存在着离子键、氢键等(参见图3－5)。因此，毛发是一种网状结构，在宏观上就表现为头发具有一定的弹性和伸长性。

3.2　化妆品原料

化妆品是一类复配方产品，根据化妆品的生产、制造过程以及原料的功能作用，将其分成基质原料和辅助原料二大类。基质原料是构成某一产品的主体成份，缺它不可，且用量往往也占较大的比重；辅助原料的用量一般只占产品整体的少部分，但其功能性则极为明显。例如，香精赋予化妆品以一定的香气，给人一种愉快的感觉；色素能使产品外观产生一种美丽的色泽，同样给人一种美的视觉。另一方面，有时一种原料，在一个产品中是作为辅助型原料，而在另一类产品中，则会作为基质原料使用，如表面活性剂在膏霜型护肤产品中仅作为辅助原料，起乳化作用；而在洗发香波中，它起清洁作用成为主要活性成份。因此，两者是相互交叉渗透的，只是一个相对的概念。另外，随着化妆品的迅速发展，产品的外观、功能性等都已发生了很大的变化，因此，构成产品的组分原料也有较大的变化，这里我们仅对主要组分原料按其物理形态、化学组成作一基本介绍。

3.2.1　粉状原料

通常的情况下，这类组分原料多呈白色粉末状，在化妆品的配方产品中，主要起遮盖、滑爽、等作用，且在美容类产品中用得较多，典型的品种有：

1) 滑石粉(talc powder)　它是一种天然矿石经加工磨细后所得的一种白色粉末，具有滑爽的感觉。它的主要化学组份为 $3MgO \cdot 4SiO_2 \cdot H_2O$，不溶于水、冷酸及冷碱，密度为 $2.2 \sim 2.8 g/cm^3$。主要起滑爽功能，多用于爽身粉、粉饼类等化妆品中。

2) 高岭土(kaolinclay)　也是一种精细加工后所得的无机矿物质，视加工程度，外观可呈白色和米白色。主要的化学成分是 $Al_2O_3 \cdot SiO_2 \cdot 2H_2O$，其化学性质类似于滑石粉，但滑爽性远不如后者，且带有点黏附性，在粉状类化妆品中也是常用的组分原料。

3) 膨润土(bentonite)　这是一种经特殊方式加工而成的浅棕色粉末，基本的化学成分是硅酸铝。膨润土的明显特征是它与水有很强的亲和力，约能吸收15%(本身重量)水分，在碱液和肥皂液中会形成凝胶。另外，通过化学改性后，能制造出溶于有机溶剂中的膨胀土，它可用于非水性凝胶体系，如指甲油等。

4) 钛白粉　是俗名，其化学分子式为 TiO_2，为无色、无臭、无昧的白色粉状，密度为 $3.80 \sim 3.95 g/cm^3$。不溶于水以及稀酸中，但易溶于碱。钛白粉是白色粉料中遮盖力最强者，在配方中主要起遮盖作用。

5) 氧化锌　作用类似于 TiO_2，只是遮盖力不如 TiO_2，但它兼有杀菌作用。

6) 碳酸钙(镁)　此类无机盐具有很强的吸收性，除用于粉饼类化妆品中，还可用于牙膏配方中作摩擦剂。碳酸镁在碱性条件下，会形成碱式盐$(MgCO_3)_4 \cdot Mg(OH)_2 \cdot 5H_2O$。

7) 磷酸钙盐系　按磷酸中和程度，有磷酸钙、磷酸氢钙和焦磷酸钙等多种，其粒子大小质地硬软以及摩擦力各不相同，是制备牙膏的常用粉状原料。

8) 金属皂 即长链脂防酸的金属盐，故称"金属皂"。常用的有锌、镁、铝等盐，密度约为 $1.0 \sim 1.1 \mathrm{g/cm^3}$，质地轻，熔点在120℃左右。它不溶于水、乙醇、乙醚，但能溶于烃类溶剂，具有良好的黏附性，在粉饼类化妆品配方中常利用其优异的皮肤黏着性。

3.2.2 油、脂与蜡类

1. 动、植物油脂

这是膏、霜、奶液型化妆品配方中不可缺少的组分，通过自身或乳化体的成膜，达到保护、柔软和滋润皮肤等功能。天然油脂主要包括动物脂肪和植物油两大类，习惯常温下呈液态的称"油"；呈凝固态的叫"脂"。表3-2列出了化妆品配方中常用的油、脂组成。

表3-2 化妆品中常用动植物油、脂的物性常数

名称	相对密度(20℃)	折射率	酸值	皂化值	碘值	不皂化物/%
杏仁油	0.911 ~ 0.918	—	<5	188 ~ 200	92 ~ 105	<1.5
橄榄油	0.910 ~ 0.916	—	<1	186 ~ 194	79 ~ 88	<1.5
可可脂	—	—	<3	188 ~ 195	35 ~ 43	
芝麻油	0.915 ~ 0.922	—	<0.5	187 ~ 194	103 ~ 116	<1.5
红花油	0.922 ~ 0.927	1.473 ~ 1.477	<0.5	186 ~ 194	140 ~ 150	<1.0
大豆油	0.919 ~ 0.925	1.473 ~ 1.477	<0.5	188 ~ 195	123 ~ 142	
山茶油	0.910 ~ 0.915	1.468 ~ 1.471	<5	189 ~ 194	78 ~ 83	<1.0
蓖麻油	0.915 ~ 0.925	1.467 ~ 1.472	<3	176 ~ 187	80 ~ 90	
棉籽油	0.917 ~ 0.923	—	<0.5	190 ~ 197	102 ~ 120	<1.5
木蜡	0.960 ~ 1.000	—	<25	205 ~ 225	5 ~ 18	<1.0
椰子油	0.912 ~ 0.922	1.447 ~ 1.450	<0.5	246 ~ 264	7 ~ 11	
蛋黄油	—	—	<10	179 ~ 210	55 ~ 90	<1.0
海龟油	0.914 ~ 0.915	1.467 ~ 1.470	<17	191 ~ 210	68 ~ 170	—
貂油	0.900 ~ 0.925	1.467 ~ 1.472	<1	190 ~ 220	75 ~ 90	<1.0

油、脂的化学名称是"甘油脂肪酸酯"，即三分子脂肪酸与一分子甘油的酯化产物。油、脂中因脂肪酸的种类、含量不同，即构成了各种不同的动、植油脂。动物脂肪中主要为饱和脂肪酸，而植物油中多含不饱和的脂肪酸，具体可参见表3-3。

表3-3 不同油脂中脂肪酸的组成比例及其含量　　　　　　　　%

油脂名称	饱和脂肪酸				不饱和脂肪酸		
	月桂酸	豆蔻酸	软脂酸	硬脂酸	油酸	亚油酸	其　他
大豆油	0 ~ 0.2	0 ~ 1	6 ~ 10	2 ~ 4	21 ~ 29	50 ~ 59	亚麻酸 26 ~ 58
花生油		0.4 ~ 0.5	6 ~ 9	2 ~ 6	50 ~ 70	13 ~ 26	

油脂 名称	饱和脂肪酸				不饱和脂肪酸		
	月桂酸	豆蔻酸	软脂酸	硬脂酸	油酸	亚油酸	其 他
棉籽油		0~2	19~24	1~2	23~33	40~48	
桐 油				2~6	4~16	10.0	桐油酸 74~91
亚麻油		4~7	4~7	2~5	9~38	3~43	亚麻油酸 25~28
蓖麻油				2~3	0~9	3~7	蓖麻油酸 80~92
椰子油	44~52	17~20	4~10	1~5	2~10	0~2	十二酸 45~51
月见草油					7~8	72~74	γ-亚油酸 7~9
猪油		1~2	28~30	12~18	41~48	6~7	
牛油		2~3	24~32	14~32	35~48	2~4	
奶油		7~9	23~26	10~13	30~40	4~5	丁酸 3~4

　　化妆品选用的油脂，多为"不干性"的植物系油。相比植物油，动物油脂的气味、色泽都较差，较少采用；但个别对皮肤有特殊柔软作用的动物油，如貂油、海龟油等除外。

　　近些年来，随着对化妆品安全性、有效性的进一步深入，一些新型的、与皮肤相容性更好的天然油脂已被用于护肤类产品中，如沙棘油。据报道由沙棘油配制的护肤化妆品能促进表皮细胞的代谢，使皮肤恢复柔软性，增加皮肤的光彩，防止皮肤皱纹，延缓皮肤衰老。

2. 高碳烃类

　　这是一类由 C、H 元素组成的大分子烃，在配方产品中多起溶剂作用。此外，它在皮肤表面形成的疏水性油膜，能抑制皮肤表面水分的蒸发，增强化妆品的保湿效果。

　　1）角鲨烷（squalane）　是一种低凝点的高级润滑油，为无臭、无味、无色的透明油，主要成分为六甲基二十四烷（异三十烷），是从深海盗鱼肝提取的角鲨烯经加氢而制成的。由于属 C、H 烃结构，无论是化学还是微生物学层面上，稳定性均非常好，且无液体蜡的那种油腻感，是化妆品行业十分乐于使用的一种油性原料，唯价格较高些。

　　2）液体石蜡（liquidParaffin）　是烃类油性原料用量最大的一种。其化学组成为 C_{16} 以上的直链、支链和环状饱和烃。与角鲨烷一样，化学、微生物上都极其稳定。它的另一优势就是廉价易得。

　　3）凡士林（vaseline）　其组成为 C_{20} 以上的液体石蜡、固体石蜡、微晶石蜡的混合饱和烃，熔点在 38~63℃。精制后的凡士林在化学上非常稳定，与液体石蜡一样，价廉、用量大。

4）固体石蜡、微晶蜡、纯地蜡 均为 $C_{16} \sim C_{31}$ 以上的直链和环状饱和烃，与其他矿物系油性原料一样，化学稳定性好且价格低廉。它们主要用于口红类美容品，所不同的是熔点差别，固体石蜡为 $50 \sim 75℃$，微晶蜡是 $60 \sim 85℃$，而纯地蜡是 $61 \sim 90℃$，且黏度较大。

3. 天然蜡类

天然蜡的主要成分是高级脂肪酸与高级一元醇所形成的单酯。最常见的脂肪酸是十六酸和二十六碳酸；最常见的醇是十六、二十六和三十醇。此外，蜡中还含有少量游离的高级脂肪酸、高级脂肪醇和高级烷烃等成分。化妆品中使用较为典型的蜡类品种有：

1）蜂蜡（beewax） 来自工蜂的排泄分泌物。主要成分是十六酸蜂蜡醇酯（$C_{15}H_{31}COOC_{30}H_{61}$）及一定量的游离酸和烃。常温下蜂蜡呈淡黄色，其基本物性常数如下：

熔点：$61 \sim 65℃$，皂化值：$88 \sim 102$，碘值：$8 \sim 11$，不皂化物：$52\% \sim 55\%$。

蜂蜡与其他蜡类不同，它含有大量的游离脂肪酸，因此，可皂化作为乳化剂使用，自古以来它一直是制造冷霜类护肤品的原料，也是口红及美容类化妆品的重要组分之一。

2）鲸蜡（spermaceti） 主要成分是软脂酸鲸蜡醇酯（$C_{15}H_{31}COOC_{16}H_{33}$）是抹香鲸的头部提取物，通常呈半透明的白色物质。其大致的物性常数如下：

密度：$0.938 \sim 0.944 g/cm^3$，熔点：$42 \sim 48℃$，酸值：$2.0 \sim 5.2$

皂化值：$108 \sim 134$，   碘值：$4.8 \sim 5.9$，不皂化物：$49\% \sim 56\%$。

鲸蜡溶于乙醚、氯仿和热的乙醇，除用于膏霜型化妆品外，还用于唇膏、鞋油的制造。

3）巴西棕榈蜡（carnauba wax） 主要成分是蜡酸（三十酸）与蜡醇（$C_{26}H_{53}OH$）或蜂蜡醇（$C_{30}H_{61}OH$）形成的酯，可从巴西棕榈叶中提取获得。其大致的物性常数如下：

密度：$0.996 \sim 0.998 g/cm^3$，熔点：$82 \sim 86℃$，酸值：$2.0 \sim 10.0$

皂化值：$78 \sim 88$，   碘值：$7.0 \sim 14.0$，不皂化物：$51\% \sim 60\%$。

巴西棕榈蜡是所有天然蜡中熔点最高者，它质硬而坚韧并具有光泽，是绽状类化妆品不可缺少的成型组分，广泛用于唇膏类美容化妆品的配方之中。

4）小烛树蜡（candelilla wax） 与巴西棕榈蜡相似，但熔点要低些，常温下为淡黄色固体，物性常数为：

密度：$0.996 \sim 0.998 g/cm^3$，熔点：$66 \sim 71℃$，酸值：$2.0 \sim 10.0$

皂化值：$47 \sim 64$，   碘值：$19 \sim 44$，   不皂化物：$47\% \sim 50\%$。

和巴西棕榈蜡一样，与蓖麻油相容性较好，多用于绽状类化妆品，尤其适应于作光亮剂。

5）羊毛脂（lanolin）　名称叫脂，但实质是一种蜡。是由硬脂酸、油酸及十六酸等分别与胆甾醇、蜡醇（C_{26}醇）所形成的酯。它是附着在羊毛上的油状分泌物，是羊毛碱洗过程中所得副产品。其精致品的理化性质为：

密度：$0.932 \sim 0.945 g/cm^3$，熔点：$40 \sim 42℃$，酸值：$0.5 \sim 4.5$

皂化值：$98 \sim 127$，　　　　碘值：$19 \sim 22$，　不皂化物：$35\% \sim 45\%$。

羊毛脂不溶于水，但能与本身二倍重量的水相混合而不分离，说明它具有良好的自乳化性能。另外，羊毛脂还有良好的湿润、保湿和渗透性能，广泛用于各类化妆品的配方之中。另外，羊毛脂烃氢化处理后即得羊毛醇，不仅稳定性提高，且乳化性能也明显提高。

6）霍霍巴油（jojoba oil）这也是一种蜡，取自西蒙得木果实。主要由 $C_{20} \sim C_{22}$ 高级不饱和脂肪酸与脂肪醇所组成，且有约2%的游离脂肪酸和脂肪醇。与其他的不饱和植物油不同，霍霍巴油不易氧化、酸败，其化学性质可以保持相当长的时间而不变。如将霍霍巴油加热到285℃保持4天，其组分无变化。再者它与皮脂成分相似，容易被皮肤吸收，且无油腻感，具有优异的润滑性和护理性，在皮肤上呈"丝绒感"，是当今十分流行的化妆品原料。

4. 合成脂肪类

酯类化合物可用通式 RCOOR' 表示，是由脂肪酸与醇分子脱水而得的缩合产物。它们在化妆品中的作用也不尽相同，它可作为溶剂、油性原料或者作为乳化剂使用。表3-4列出化妆品常用的一些酯类化合物。

表3-4　化妆品常用的酯类化合物

名称	相对密度	折射率	酸值	皂化值	碘值	羟值
肉豆蔻酸异丙酯	0.850 ~ 0.860	1.434 ~ 1.437	<1		<1	
棕榈酸异丙酯	0.850 ~ 0.860	1.437 ~ 1.440	<1		<1	
硬脂酸丁酯	0.851 ~ 0.862		<1	146 ~ 177	<1	
油酸癸酯	0.860 ~ 0.870	1.453 ~ 1.457	<1		55 ~ 65	<5
肉豆蔻酸肉豆蔻酯			<1		<1	<7
月桂酸己酯	0.850 ~ 0.870	1.438 ~ 1.441	<0.5		<2	<5
丙二醇二油酸酯			<8	175 ~ 198		
丙二醇单硬脂酸酯			<8	157 ~ 178		
乙二醇单硬脂酸酯			<15	165 ~ 185		
甘油三肉豆蔻酸酯			<3	224 ~ 244	<3	<30
乙酸羊毛酯			<3	100 ~ 130		<10
乳酸十六烷基酯	0.893 ~ 0.904		<2	174 ~ 189		
乳酸肉豆蔻酯	0.894 ~ 0.902		<2	166 ~ 196		

另外，还有些物质虽结构组成不是酯，但形态、作用却有所相似。例如月桂

酸、肉豆蔻酸、棕榈酸、硬脂酸、山嵛酸、油酸及合成的异硬脂酸等，若与碱复配可生成皂而起乳化作用。长链脂肪醇作为化妆品的原料以历来已久，它除作为油性原料直接使用外，还常常用作辅助乳化剂，以稳定化妆品的乳化体系。

表3-4中所列的多元醇脂肪酸酯除作为油性组分外，还兼有乳化作用，且无毒性，广泛用于各类化妆品中。近些年来，化妆品工作者对聚甘油及相应酯的兴趣不断加深，以多聚甘油作为亲水基团与脂肪酸缩合能制得 HLB 值在 3 ~ 15 范围的各种表面活性剂，可广泛用作化妆品生产的乳化剂、赋形剂、保湿剂和柔软剂，是目前开发出的一类新型化妆品原料。

3.2.3　功能添加剂

化妆品配方中，还有些添加组分尽管在用量上只占较少比例，但其功能性却十分明显，对产品的成型、稳定及外观都发挥了作用，是整体产品的组成部分。

1. 乳化剂

几乎各种类型的化妆品都需用乳化剂（即表面活性剂），它对产品的外观、理化性能、用途及储存都有着极大的影响，是化妆品中一个非常重要的组分。详细内容参见后续的 3.3 节化妆品的增溶与乳化。

2. 香料

香料在化妆品中的用量极少（一般不足 1%），但效果则非常之大。一个产品的推出，是否受消费者欢迎，有时往往香气起决定性的作用。香料仅从香气（味）考虑，其变化就层出不穷，详细内容见第二章香精与香料。

3. 色素

颜色也是化妆品的一个重要环节，在美容美发类产品中尤其显得突出。根据色素分子的性质，有可溶性的染料与不溶性的颜料；而从来源区分有天然色素和合成色素；从化学结构上有无机色素和有机色素之分，需详细了解可参阅有关方面的资料。这里仅对化妆品中一些典型的品种作些基本的介绍。

1）酒石黄　这是一个偶氮结构的水溶性染料，在乙醇中略微溶解。其色泽为微绿黄色，可用于香波和非碱性的乳化系产品（结构式见下图）。

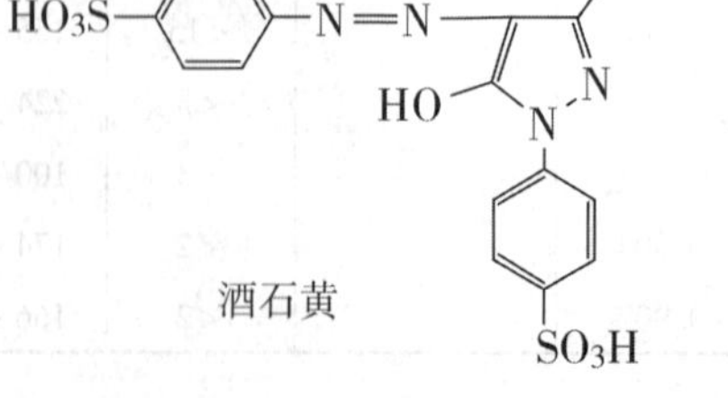

酒石黄

2）立索尔红　这是一个偶氮结构的色淀型颜料。根据不同的金属离子，可制得不同深度的红色颜料，在唇膏类产品中广泛使用(结构式见下图)。

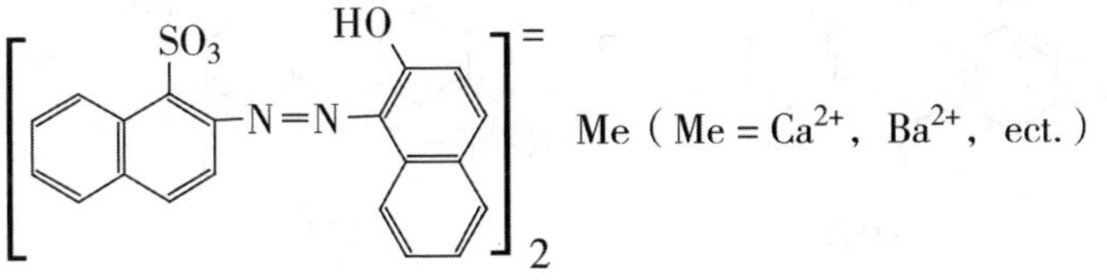

立索尔红

3）占吨类染料　此类结构的色素大多具有鲜艳的色泽，尤其是红色，故在唇膏中的应用很广。其分子结构式随溶液的 pH 值变化，在酮式和烯醇式之间变换，如下图所示。酮式结构易溶于水，具有高亮度的色彩，如曙红，四碘荧光素等；而烯醇式结构微溶于水但溶于有机溶剂，对皮肤同样有着良好的染着性，如二溴物呈橙色；四溴物呈紫红色；而四氯四溴物为深紫红色，它们对嘴唇表面的皮肤有很好的染着性，且不易褪色，仍是唇膏中重要的色素。

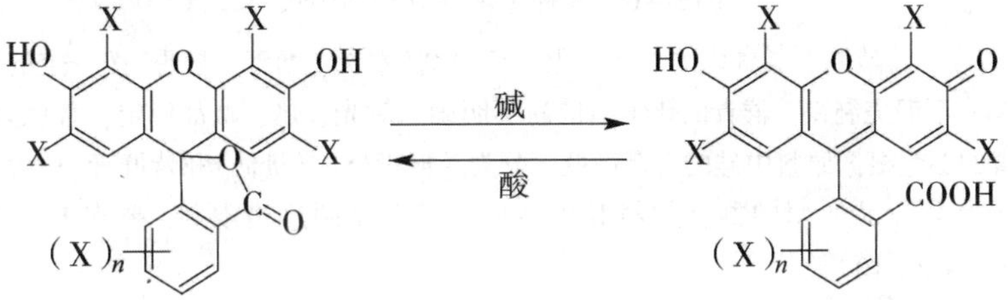

烯醇式　　　　　　　　　　　　　酮式

4）喹啉黄　属于氮萘系结构的染料(见图 3－6)，呈鲜明的绿黄色，具有较好的耐光牢度。若将其进行磺化可制得水溶性的二磺化衍生物。用于香皂、香波及需光稳定色素的化妆品中。

5）茜素类染料　天然的茜素染料为桔红色晶体，溶于乙醇和乙醚，略微溶于水。若将其磺化则可制得水溶性的桔红染料，进一步可制得色淀型颜料。与茜素有关的染料还有茜素鸢尾醇 R，茜素花青绿 CG 等。前者为蓝紫色；后者呈蓝绿色(参见图 3－6)。

无机矿物性颜料由于制造方便，价格便宜，且有良好的遮盖性、耐光性，而广泛用于口红、胭脂等美容化妆品中。其主要的品种有：

白色：氧化锌(ZnO)，二氧化钛(TiO_2)；

黄色：氢氧化亚铁$[Fe(OH)_2]$；

红色：三氧化二铁(Fe_2O_3)；

绿色：氧化铬(Cr_2O_3)

青色：氢氧化铬$[Cr(OH)_3]$，群青[①]

紫色：紫群青[①]

黑色：四氧化三铁($FeO + Fe_2O_3$)，炭黑粉。

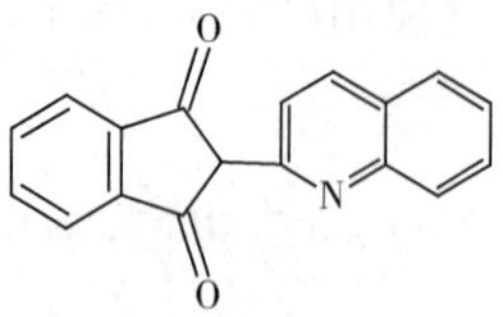

图 3-6　几种色素的分子结构式

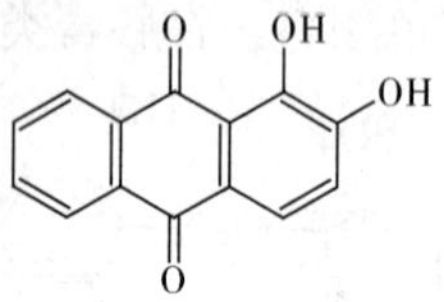

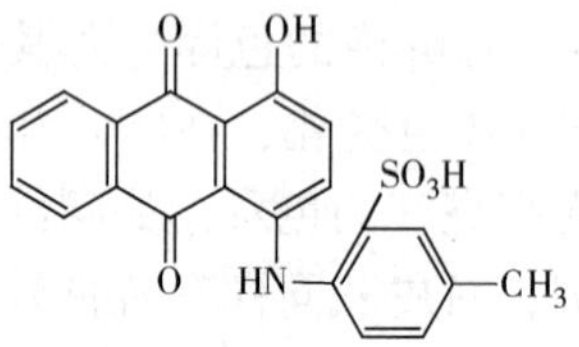

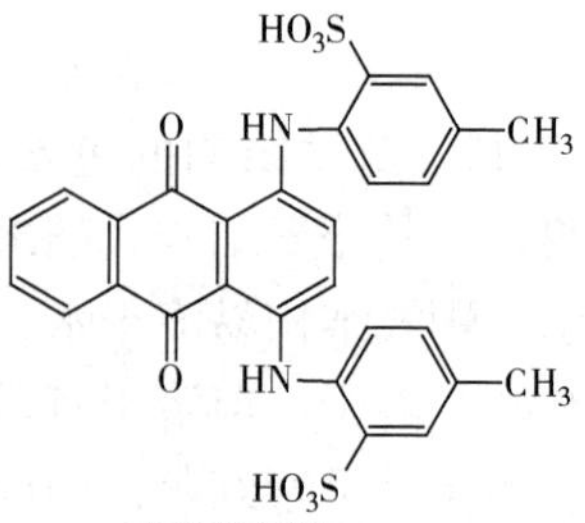

① 将硫磺、碳酸钠、氢氧化钠、高岭土、还原剂(木炭、沥青、松香)按一定的比例混合，在 700~800℃下锻烧制得。群青的化学结构尚不明确，对光、热、碱都稳定，着色力和遮盖力一般。群青的颜色根据原料中硅的含量高低，分为兰群青(Si 含量低)和紫群青(Si 含量高)。需特别说明的是化妆品所用的群青颜料其重金属离子含量须严格限制，要求 $Pb < 20 \times 10^{-6}$；$As(As_2O_3 计) < 2 \times 10^{-6}$。

珠光颜料由于能产生出珍珠般光泽效果，而深受人们的喜爱，在当今美容类化妆品中的应用已日趋增多。目前，用于化妆品的品种有天然鱼鳞片、氢氧化铋、二氧化钛-云母等。其中天然鱼鳞片虽珍珠光泽较凝重，但产品的质量稳定性难以控制，且价格昂贵。用得较多的是夹心结构的二氧化钛-云母珠光颜料，相比天然鱼鳞片它有良好的光、热和化学稳定性，而且除银白色光泽外，还能制得彩虹型的产品。

天然色素由于着色力、耐光性、和供应数量问题等基本上被合成色素所取代。寻找、开发稳定性好的色素是今后化妆品用色素的一个研究课题。

4. 防腐与抗氧剂

化妆品在储藏和使用过程中，由于微生物的作用以及所用油、脂成分的氧化(酸败)而会发生变质。这些现象很容易从化妆品的色泽、嗅味及组织的显著变化而察觉出来。另外，化妆品的变质还包括某些维生素、激素等结构的破坏。因此，如何防止化妆品中微生物的生长及延迟油脂酸败，是化妆品生产的主要关键。所谓防腐剂，即能有效地阻止(防止)微生物生长的一类试剂；而抗氧剂是防止或延迟油脂被氧化(酸败)的一类化学组份。

虽然许多化合物具有抗微生物性，但受化妆品的限制，真正用于此领域的品种不很多，下面列举几种较为常用的防腐剂和抗氧剂的品种。

112

（1）防腐剂

1）对羟基苯甲酸酯 俗称"尼泊金酯"，用得较多的酯为甲酯、乙酯、丙酯、丁酯，分子呈中性，它的挥发性都较小，且本身又是一种抗氧剂，在油性化妆品中能产生全面的保质作用。

2）[3－氯丙烯]－3，5，7三氮杂－1－偶氮基金刚烷氯 这是七十年代开发出的一个抑菌剂，商品名 Dowicil－200（参见图3－7）。外观为白色或浅黄色粉状，极易溶解于水（127g/100g 水，25℃），而在白油中的溶解度极小（0.1g/100g 白油）。它的 $LD_{50} = 1.07g/kg$，对皮肤无刺激性，无过敏性。另外，它与尼泊金酯合用时，能产生更佳的效果。唯日久后会泛黄。

3）2－溴－2－硝基1，3－丙二醇 商品名为"Bronopol"（见图3－7），也是一种常用的防腐剂。它对皮肤无刺激性，无过敏性，抗菌光谱性广，与尼泊金酯复配使用效果更佳。

4）咪唑烷基脲 商品名为"Germall－115"，是美国80年代所开发的新型防腐剂，结构式见图3－7。Germall－115 为白色粉状固体，极易溶于水，而多用于乳化系产品，如膏、霜、奶液等，一般的用量为 0.2%～0.6%。Germall－115 的 LD_{50} 在 5000mg/Kg 左右，对皮肤无刺激性，无过敏性，但是单独使用时，效果不十分明显，加入尼泊金酯后，才有良好的抑菌效果。

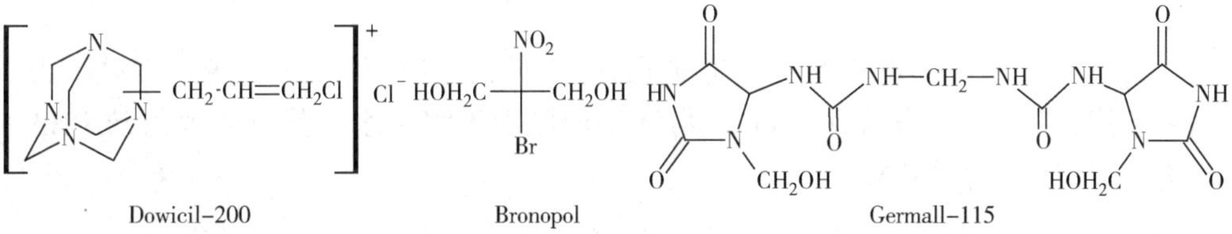

图3－7 几种防腐剂的分子结构式

5）卡松（kathon CG） 它是5－氯－2－甲基－4－异噻唑－3－酮和2－甲基－4－异噻唑－3－酮的混合物（见图3－8），是一类用量少、效率高的化妆品防腐剂。自1978年开始由美国引用，一般使用浓度为 0.02%～0.1%，可广泛用于水溶性化妆品如膏霜、洗面奶、香波、护发素、沐浴液等，是发用产品首选的防腐剂。

6）二羟甲基二甲基乙内酰脲（DMDM hydantoin） 其商品名为 Glydant，又名 DMDM 海因（见图3－8），它是靠缓慢释放甲醛来防止化妆品微生物污染，比甲醛安全，具有较广泛的杀菌作用，一般使用浓度为 0.05%～0.5%，多用于洗发香波等用后要冲洗掉的产品中。

7）3－碘－2－丙炔基－丁氨基甲酸酯（iodopropynyl butylcarbamate） 简称"IPBC"，为氨基酸类衍生物（见图3－8），是一种较为新型的化妆品用防腐剂。在美国 FDA 登记使用的化妆品防腐剂中，于1996年才开始有登记使用。它在防霉、杀真菌方面比其他化妆品防腐剂的效果好，常与其他防腐剂复配使用，如与双咪唑烷基脲复配组成 Germall Plus，与 DMDM hydantoin 复配构成 Glydant Plus。一般它的使用浓度为 0.1% ~1.0%。

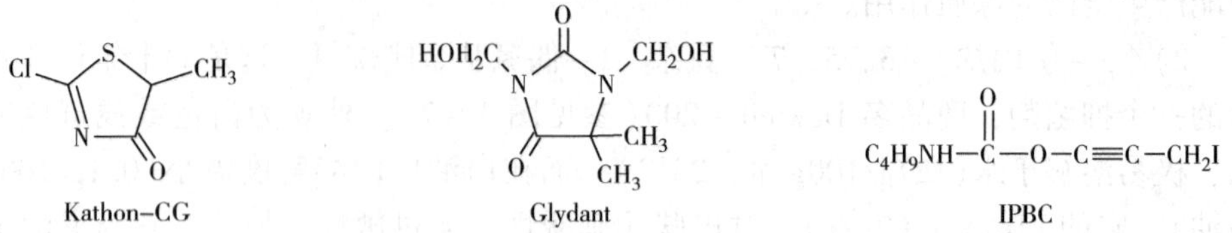

图 3-8　几种防腐剂的分子结构式

（2）抗氧剂

化妆品中一般含有各种动、植物油脂，它们在空气中往往会自动发生氧化反应，生成小分子的氧化产物醛、酮、酸而变质，俗称"酸败"。油脂的酸败不仅会使产品质量下降，甚至会产生对人体十分有害的化学物质，因而在化妆品的生产和配方上，需加入抗氧剂以防止它的自动氧化作用。与防腐剂一样，化妆品所用的抗氧剂一般需无毒性、无刺激性，且有较好的抗氧效果。典型的品种有：

叔丁羟基茴香醚　简称 BHA，其化学结构式见图 3-9。BHA 在常温下为白色蜡状物，熔点为 60℃，易溶于油脂而不溶于水。在食品、化妆品等领域广泛应用。

2,4-二叔丁羟基苯甲醚　简称 BHT，其化学结构式见图 3-9。常温下为白色-浅黄色结晶，熔点为 70℃，易溶于油脂而不溶于水。其抗氧效力与 BHA 相近，但味要好于 BHA。

图 3-9　部分化妆品用抗氧剂的化学结构式

原二氢化愈创木酸　有时也称去甲二氢愈创酸，简称 NDGA，其化学结构式见图 3-9。能溶于甲醇、乙醇和醚，油脂中微溶。NDGA 在碱液中呈深红色，与柠檬酸、磷酸有协同效应。由于它分子量较大，挥发性小，也可用于香精油中。

没食子酸酯　化学名称为 3,4,5-三巯基苯甲酸丙酯，其化学结构式见图 3-9。常温下为白色至乳白色结晶粉末，熔点为 105℃，易溶于醇和醚中，在水中的溶解度只有 0.1%，加热后能溶于油脂。没食子酸酯既能单独使用，也能混合使用，且无毒性。

114

5. 水溶性高聚物

水溶性高分子化合物由于其分子结构中常含有羟基、羧基、氨基等亲水性基团，当与水发生水合作用时，呈球形或凝胶状态，增加了溶液的黏度。据统计，目前水溶性高分子化合物在化妆品中的应用已位居第五。

化妆品工业早期使用的水溶性高聚物均为天然黏性组分，如黄蓍树胶粉、明胶、酪蛋白胶粉等，但由于天然胶的质量往往难于稳定控制，且易受菌类的侵蚀而引起变质。为此，研究者不断寻找代用品，根据合成物原料的来源，可分为半合成品和全合成品(见表 3 - 5)。

表 3 - 5　化妆品中常用的水溶性高聚物

性质	品 种	化学组分	溶解性	用 途
天然	黄蓍胶粉	黄蓍酸和中性多糖	水中成凝聚状，不溶于乙醇	牙膏、毛发类
	阿拉伯树胶	阿拉伯糖酸盐	极易溶于水，不溶于乙醇	胭脂、粉饼类
	果胶	部分酯化的聚半乳糖醛酸	溶于水和甘油，不溶于乙醇	牙膏
	海藻酸钠	d - 甘露糖醛酸聚合物	溶于水，pH = 3 时，能凝聚	牙膏、透明胶体
半合成	羟乙基纤维素	纤维素的 β 羟乙基醚	在水中呈黏稠态	牙膏、粉饼类
	羧甲基纤维素	纤维素的多羧甲基醚	在水中呈黏稠态	牙膏、粉饼类
全合成	PVP	聚乙烯吡咯酮	溶于水	毛发类产品
	PVA	聚乙烯醇	溶于水	毛发类产品
	聚羧酸	丙烯酸 - 马来酐共聚物	溶于水	奶液或增稠剂

然而，必须指出的是，天然水溶性高分子用于化妆品的那种独特的触感是目前人工合成品所不具备的，所以迄今化妆品用的天然水溶性高聚物还不能完全被合成品所取代。

6. 特效添加剂

随着分子生物学的不断发展，一些新型的、特效明显的生物组分及研究成果也已不断地用于化妆品的配方之中，赋予了产品的特殊性能，如柔软、保湿、美白、防晒等，使化妆品的有效性发生了质的变化。下面介绍一些当今化妆品较为流行的添加组分。

1) 天然提取物　这是相对较早的营养型添加剂，它包括人参、花粉、丝蛋白、蜂乳、珍珠粉、尿囊素及各种维生素等，加入化妆品中对皮肤或毛发有一定的营养作用。有的具有良好的保湿作用，能使皮肤滋润，如人参、丝蛋白；有的能软化角蛋白，促进表皮最外层的吸水功能，而保护皮肤或毛发，像尿囊素；而维生素 E 等则具有一定的防晒和抗衰老作用。

2) 超氧歧化酶　全名应为"超氧化物歧化酶"(super - oxide dismutase，简称 SOD)。它是将动物血液来源的 Cu，Zn - SOD 用酶工程方法，在分子水平上进行改造，在很大程度上提高其稳定性和体内半衰期及抗蛋白酶水解能力，因此，也称为修饰 SOD(modified－SOD)。修饰 SOD 的稳定性强，在膏、霜和乳液中常温下经过 1 年，其活性可保留 86% 以上，而且消除了抗原性，确保在化妆品中应用的安全性。

将修饰 SOD 添加于化妆品是近些年新开发的系列品种，它通过歧化作用消除过氧自由基，达到对皮肤的保护作用。修饰 SOD 可以增强祛斑、抗皱、抗衰老的功效，它对皮肤柔嫩和消除色斑有明显的疗效作用。

3）芦荟(aloe)　芦荟叶经压榨或溶剂萃取制得浅黄色的半透明芦荟液，再经吸附方法除去大黄素类、蒽醌苷等不稳定苦味部分，经高温瞬时消毒后，低温浓缩喷雾干燥，研磨成细粉制得商品级的芦荟粉。芦荟的成份十分复杂，目前为止，被测知的各种化学成份已超过 160 种，已检出 18 种微量元素、11 种游离氨基酸、21 种有机酸、维生素、肽、糖类等成份。其中最主要的成分是：1）芦荟素(Aloin)也称"芦荟苷"，为蒽酮类衍生物；2）芦荟宁(Aloenin)为吡喃酮类衍生物，它们的化学结构式参见图 3－10。天然芦荟不刺激皮肤，透气性好，具有清凉、镇痛、消肿和修复晒伤肌肤的作用，作为一种新型的化妆品原料已为世人所瞩目，被认为是仅次于维生素的最佳化妆品有效添加剂。目前国际上含芦荟的化妆品已超过 1500 种，相信随着对芦荟进一步的认识，芦荟将在化妆品中得到更广泛的应用。

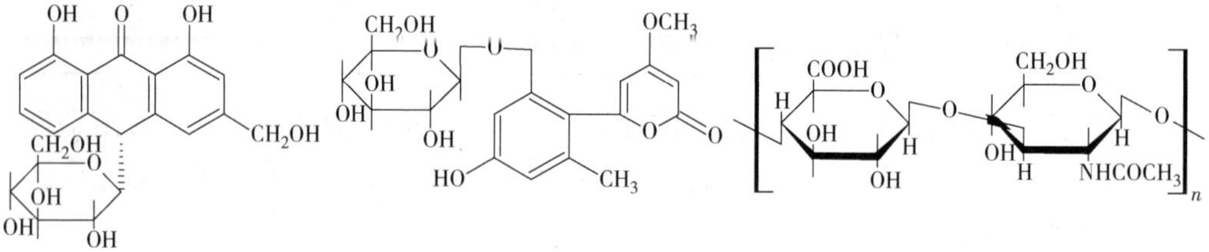

芦荟素(Aloin)　　　　　芦荟宁(Aloenin)　　　　　透明质酸(HA)

图 3－10　芦荟成分与透明质酸的化学结构式

4）透明质酸(hyaluronic acid)　又名"玻璃酸"，简称 HA，是一类重要的氨基多糖。构成透明质酸的二糖单元为葡糖醛酸(GlcUA)和 N－乙酰葡糖胺(GlcNAc)，参见图 3－10。透明质酸天然存在于皮肤细胞间质中，由于分子结构中含有众多的羟基，通过氢键与水强烈结合，从而使之具有很强的吸水作用，其理论保水值高达 500mL/g。

HA 在组织中的保水作用是其最重要的生理功能之一，被称为天然保湿因子。在结缔组织中，HA 与蛋白质结合成分子量更大的蛋内多糖分子，亲水性强，是保持疏松结缔组织中水份的重要成分。HA－蛋白质－水三者形成凝胶，从而将细胞黏合在一起，发挥正常的细胞代谢作用及组织保水作用。充足的水份能使皮肤光滑、细腻而富有弹性。HA 以其特有的优良保湿特性和理化性质，而且天然

116

存在于皮肤的细胞中，成为国际上公认的理想天然保湿剂，近年来已在国内外化妆品中得到了广泛应用。

5）果酸　英文名为 alpha – hydroxyl acid，简写 AHAs。其中应用较多的有：乳酸、柠檬酸、苹果酸、乙醇酸、酒石酸和葡萄糖酸。90 年代，全球化妆品界和美容界的研究、开发及消费热点就是 AHAs。尽管 AHAs 对皮肤的作用机理还不很清楚，但许多研究表明，AHAs 对皮肤功能主要有：①保湿，AHAs 能从大气中吸收水分，从而增加角质层弹性，处理干燥皮肤；②修护受损的皮肤，AHAs 能刺激皮肤真皮胶原合成与黏多糖的合成；加速细胞繁殖；③淡化皮肤色斑，打开和清洁毛孔，帮助油性和粉刺皮肤的处理。

另一方面，由于果酸呈酸性，体系的 pH 可降低至 3 左右，这对乳化体系的设计非常关键，要求所选乳化剂在相应的 pH 值下性质稳定。另外，产品体系的酸性（pH < 5.0）对皮肤也会带来一定的刺激性，因此，实际配方时往往需附加相应的抗刺激剂。

6）曲酸及其衍生物（kojic acid）　它的化学名称为：5 – 羟基 – 2 – 羟甲基 – γ – 吡喃酮（5 – Hydroxy – 2 – hydroxymethyl – γ – Pyrone），常温下为白色针状结晶体（熔点：152℃），溶于水、乙醇和乙酸乙酯，略溶于乙醚、氯仿和吡啶。一系列研究证明，曲酸是皮肤细胞合成黑色素

曲酸分子结构式

（melanin）关键酶—酪氨酸氧化酶的专特性抑制剂，能抑制黑色素的合成，阻滞色素的沉着使皮肤美白。目前，关于黑色素酶抑制剂的研究仍在不断的深入，除了曲酸类，其他一些组分对酪氨酸氧化酶也有抑制作用，如熊果苷，干草素等。

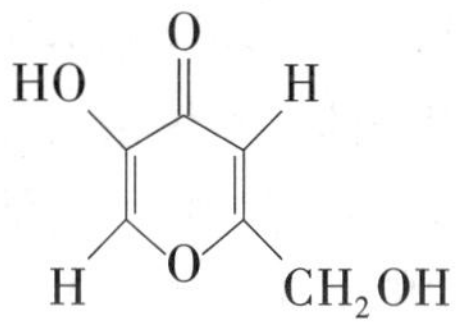

胶原蛋白三重螺旋结构

7）胶原蛋白　这是一种生物性高分子物质，英文学名 collagen。由 3 条链状多肽组成，每条胶原链都是左手螺旋构型，3 条左手螺旋链叉相互缠绕成右手螺旋结构，即超螺旋结构（参见左图）。胶原蛋白独特的三重螺旋结构，使其分子结构非常稳定，且具有低免疫原性和良好的生物相容性。分析测定显示组成胶原蛋白的氨基酸主要是甘氨酸 27%、脯氨酸和羟脯氨酸 25%、谷氨酸 10% 和其他的氨基酸。

在皮肤中，胶原蛋白是"弹簧"，决定着皮肤的弹性和紧实度；也是"水库"，决定着皮肤的含水量和储水力。它直接决定着皮肤的水润度、光滑度和"皮肤年龄"。由于胶原蛋白是皮肤主要蛋白质，当皮肤老化产生皱纹时，利用胶原蛋白可以改善，甚至去除。研究表明胶原蛋白的主要作用有：①使皮肤保水能力增加；②调整皮肤表层油脂成适当量；使皮肤微血管扩张，温度上升；③使皮肤中组织结合更为紧密，使皮肤表层经常维持光滑。皮肤之所以会产生皱纹是由于真

皮层的胶原蛋白老化，所以补充的胶原蛋白不但可以去皱纹，并有保湿功效。

总之，这类添加剂是近几十年来发展最为迅速，赋予化妆品的效果也最为明显，是当今最为流行的化妆系列产品。相信随着纳米技术、脂质体及生物基因技术在化妆品行业中的不断应用，它将使化妆品的功效产生"质"的飞跃，引发一场化妆品革命。

3.3　化妆品的乳化与增溶

几乎各种类型的化妆品都需使用表面活性剂。因为化妆品是由各种组分复配后的混合物，如何使水、油组分"相溶"，形成均匀混合物，这就需要利用表面活性剂，通过其乳化、增溶作用，增加各组分间的"互溶性"，以最终形成均一的混合体系。

增溶与乳化是表面活性剂的基本特性。简单地说，由于表面活性剂分子的引入，使得原先不溶于水的组分变为"可溶"，即增溶作用；同样，使原先分为两相的油－水体系，可形成相对稳定的乳液，即乳化作用。通过乳化技术可生产出众多的膏、霜、奶液型护肤产品。详细的乳化与增溶作用原理，参见本书第一章中的1.3.5节与1.3.6节。

3.3.1　化妆品常用乳化剂

化妆品中使用的乳化剂品种非常繁多。近年来，随着对化妆品的安全性和环境保护的日益关注，新产品不断出现，除传统的乳化剂体系外，还出现了不少新的乳化剂和复合乳化剂体系。这里根据表面活性剂的类型，对化妆品乳化剂作一简单的描述。

1. 阴离子乳化剂

1）皂类乳化剂体系　是最老的阴离子乳化剂，即单价羧酸盐，通式为RCOOM。其中R为$C_{12} \sim C_{18}$基团，多为混合脂肪链；M为钾、胺等。这类乳化剂主要用作O/W型乳化体系，一般应用时，以碱中和其中15% ~ 30%脂肪酸即可，形成接近中性的肥皂与脂肪酸的混合物。皂类乳化剂对钙离子较敏感，遇电解质会发生沉淀，因此，在硬水中使用时，最好添加螯合剂（如 EDTA – Na_2）。三乙醇胺皂是很常用的化妆品乳化剂，它用来制造软霜和乳液。

2）蜂蜡－硼砂乳化剂体系　此应用可追溯到古罗马时代。蜂蜡的主要成分为高级脂肪酸及其酯类。硼砂用量根据蜂蜡的酸值而定，不同地区产生的蜂蜡的成分有差异，中蜂蜡酸值4 ~ 9，四蜂蜡酸值16 ~ 23。如酸值为20，则每克蜂蜡需要0.068g含结晶水的硼砂，一般中和其中80%以上的游离脂肪酸形成的乳化体系较合适。

3）烷基磷酸单酯、双酯及其盐　近年来乙氧基化的烷基磷酸酯是一类化妆品工业广泛使用的乳化剂。这种乳化剂具有阴离子性和非离子性的两性特征。与羧酸酯不同，磷酸酯在高与低 pH 值都十分稳定，它能很好地与脂肪醇复配，形成复配型乳化剂体系。此外，磷酸酯 SAA 有助于油相更好地在皮肤角蛋白上沉积，用于油溶性 UV 吸收剂配方，可在皮肤上停留较长的时间，提高防晒制品的功效。

4）脂肪醇硫酸酯钠盐　一般用作香波的基质原料，与脂肪醇复配，能形成良好的乳化剂体系。如 $C_{16} \sim C_{18}$ 醇和月桂醇硫酸酯钠盐是价格较便宜而有效的乳化剂。

2. 阳离子乳化剂

应用最广泛的阳离子表面活性剂是季胺盐。季胺盐主要用于护发素乳化剂，除具乳化作用外，更主要的是它具有良好的抗静电和调理作用。具体产品有：烷基三甲基季胺盐、双烷基二甲基季胺盐和乙氧基化的季胺盐等。日前，Croda 公司推出的山嵛醇基三甲基硫酸甲酯胺盐和氯化胺盐及其与 16 ~ 18 醇的复配物（Incroquat Behenyl TMS）是一种对皮肤作用温和、调理性与抗静电性优良、增稠作用明显的的乳化剂；Stepan 公司的双棕榈酰羟乙基甲基硫酸甲酯铵盐（AmmonyxGA – 70PG 和 AmmonyxGA – 90 简称 DHM）是一种温和的对头发和皮肤亲合性好、可形成平滑和柔软的拒水膜，具有保湿作用的多功能阳离子乳化剂。

3. 非离子乳化剂

非离子乳化剂是品种最多和发展最快的一类乳化剂。由于分子在水溶液中不电离，不带有电荷，配伍性良好，这给配方带来不少便利。非离子乳化剂的 HLB 值复盖的范围也很广，且有时还附带一些其他功能，这为化妆品配方提供了良好的选择。

1）脂肪醇聚氧乙烯醚　通式为 $RO(CH_2CH_2O)_nH$，$n = 2 \sim 50$。n 值大小和分布直接影响其 HLB 值和乳化性能。表 3 –6 列出部分市售产品的组成与 HLB 值。

表 3 – 6　一些市售脂肪醇聚氧乙烯醚的 HLB 值

名　称	商品名(生产商)	性　状	HLB 值
16 ~ 18 醇醚 – 6 和硬脂醇	Cremophor A6（BASF）	白色蜡状	10 ~ 12
16 ~ 18 醇醚 – 25	Cremophor A25（BASF）	白色蜡状	15 ~ 17
16 ~ 18 醇醚 – 5	Volpo CS – 5（Croda）	白色蜡状	9. 50
16 ~ 18 醇醚 – 20	Volpo CS – 20（Croda）	白色硬固体	15. 6
硬脂醇醚 – 2	Brij 72（ICI）	白色蜡状	4. 90
硬脂醇醚 – 21	Brij 721（ICI）	白色蜡片	15. 5
16 ~ 18 醇醚 – 12	Eumuigin B1（Henkel）	白色蜡状	12. 0
16 ~ 18 醇醚 – 20	Eumuigin B2（Henkel）	白色蜡固体	15. 5

2）脂肪酸聚氧乙烯醚　亦称为聚乙二醇（PEG）脂肪酸酯，可以是单酯或双酯。氧乙烯单元数 n 值的在范围 $5 \sim 100$。一般情况下，$n < 8$，为油溶性或水中可分散的酯类；$n > 12$ 为水溶性。其中 PEG - 8 和 PEG - 12 的酯类衍生物，是化妆品广泛使用的 O/W 型乳化剂。

3）失水山梨酯脂肪酸酯/及聚氧乙烯醚　前者的商品名称为"司盘"（Span），后者称为"吐温"（Tween）。"Span"是一类十分有用的 W/O 型乳化剂，亦可用作 O/W 型辅助乳化剂，且有软化和珠光的作用。"Tween"是 Span 的氧乙烯化衍生物，其水溶性明显提高。Span/Tween 的混合物则是最典型的复合乳化剂，广泛用于日化、食品、医药等行业。

失水山梨醇（橄榄油）脂肪酸酯（Olivem900，B&T，HLB = 4.7）是一种从天然橄榄油衍生出的 W/O 型乳化剂，作用温和，可与相应的 Olivem 系列乳化复配使用。

4）聚氧乙烯橄榄油甘油酯　这是近年来出现的从天然橄榄油衍生的新的乳化剂。主要特点是原料来自天然植物油，对皮肤作用极其温和、亲合性好，与高极性的油类配伍性好。低温乳化可制得外观良好且稳定的 O/W 乳液或膏霜，多用于高档敏感皮肤的化妆品。典型的市售产品有：PEG - 4（Olivem 300 B&T，HLB = 7）和 PEG - 7（Olivem700，HLB = 11）。

5）甘油单硬脂酸酯　是化妆品膏霜和乳液最广泛使用的乳化剂之一，简写：GMS。甘油单硬脂酸酯是有效的 W/O 乳化剂，也可与其他高 HLB 值的 O/W 型乳化剂复配，用于制备 O/W 型乳液。表 3 - 7 为一些公司推出甘油单硬脂酸酯的专利复配物。一些自乳化级 GMS 含有 5% ~ 10% 硬脂酸钾作为辅助乳化剂。另一类酸性稳定的甘油单硬脂酸酯是含有 PEG - 100 硬脂酸酯的复配物，适用于低 pH 值的产品，如止汗剂、含 AHA 等的膏霜和乳液。

表 3 - 7　市售甘油单硬脂酸酯及其复配物的 HLB 值

名　　称	商品名（生产商）	HLB 值
纯甘油单硬脂酸酯	Cithrol GMS N/E（Croda）	3.4
	Arlacel 129（ICI）	3.2
	Stepan GMS Pure（Stepan）	3.8
自乳化型甘油单硬脂酸酯	Cithrol GMS S/E（Croda）	4.4
	Lexemul T（Inolex）	5.5
酸稳定甘油单硬脂酸酯	Cithrol GMSAcid S（Croda）	10.9
	Arlacel 165（ICI）	11
	StepanGMSS. E/AS（Stepan）	11.2

6）蔗糖酯、葡萄糖酯及其 EO 衍生物　这是一类来自天然可再生资源，且易于生物降解的乳化剂。对皮肤作用温和，可减轻配方中其他组分的刺激性；能以低浓度提供有效的乳化作用和稳定性，对产品有显著的增黏作用。更重要的是它们能恢复由于混和、泵打和灌装操作中失去的黏度。蔗糖酯、葡萄糖酯类主要用于用于敏感皮肤的护肤制品。

市售的产品主要包括：甲基葡糖苷倍半硬脂酸酯（Glucate，SS，HLB = 6），聚氧乙烯醚甲基葡糖苷倍半硬脂酸的酯（Glucate，SSE - 20，HLB = 15）；甲基葡糖苷二油酸酯（Glucate DO，HLB = 5），聚氧乙烯醚 - 20 甲基葡糖苷二硬脂酸酯（GlucateE - 20Distearate. HLB = 12.5）。近年 Seppic 公司推出一系列新复合糖苷乳化剂，其中包括：C_{16} 醇和椰子基糖苷（Montanov 82），C_{16} 醇和 C_{16} 烷基糖苷（Montanov 68），C_{22} 醇和 C_{22} 烷基糖苷（Montanov 202），C_{14} 醇和 C_{14} 烷基糖苷（Montanov 14）除上优点外，制得膏体触变性好，温度对乳液黏度影响小。

4. 聚合型乳化剂及其他

1）聚甘油脂肪酸酯　由聚合甘油和脂肪酸酯化制得。调节甘油的聚合度、酸化度和脂肪酸的种类可获得具有不同特性的化妆品用乳化剂，其 HLB 值范围在 2 ~ 13。这类酯符合当今化妆品原料发展的趋势，即来源于植物、安全性高、生物降解性能好、颜色和气味好。尽管其乳化能力不如聚氧乙烯系列乳化剂，但由于其多功能特性和完全不含聚氧乙烯基，而开始日益受到重视。市售这类产品主要包括：

O/W 型乳化剂，聚甘油 - 3 双硬脂酸酯（Cremophor GS 32/BASF；Cithrol 2623/Croda）；

W/O 型乳化剂，聚甘油 - 3 双油酸酯（Cremophor GO 32）。

此外还有复配的聚甘油 - 10 五硬脂酸酯、山嵛醇和硬脂酰乳酸钠（Nikkomuleses 41，Nikko）。这类酯容易形成层状液晶的胶状网络结构，而使乳液具有极好的稳定性，同时又具有非常好的保湿性能。

2）PEG - 30 二聚羟基硬脂酸酯（缩写 PHS - PEG - PHS）　是一种 A - B - A 型共聚物，用作 W/O 型乳化剂。A 代表羟基硬脂酸酯（亲油基），B 代表聚氧乙烯（亲水基），相对分子质量约为 7000，分布窄，HLB 值 5 ~ 6。近年来，随着疗效化妆品的发展，添加活性物的品种越来越多，导致对 W/O 型乳化体系作为基质的兴趣作了重新评价。PHS - PEO - PHS 显著的特性是可配制低黏度（最低可达到 600mPa. s），铺展性和肤感性良好，非常稳定的 W/O 乳状液，不需要调整 HLB 值可乳化纯硅油（硅油含量可达 50%）。它亦可用作 W/O/W 型多重乳液的乳化剂。

进些年来，国外不少生产商不断地推出复合型乳化剂（有些称为"乳化蜡"），这类乳化剂一般为多功能的，具有保湿、调理、和调节流变性的作用。具体参见表 3 - 8。

表 3 - 8   一些复合乳化剂体系及功能

名　称	(商品名)生产商	HLB 值	功　能
Span/蔗糖蓖麻油酸酯	Arlatone 2121(ICI)	6.0	O/W 型乳化剂,易形成液晶,有超长保湿、滋润稳定作用。
烷氧基甘油失水三梨醇羟基硬脂酸酯	Arlacel 780(ICI)	4.7	W/O 型乳化剂,可用于低温乳化工艺,乳化热敏感的活性物。
失水三梨醇油酸酯和甘油蓖麻油酸酯	Arlacel 1689,1690(ICI)	3.5	天然级 W/O 型乳化剂,低用量就可乳化广泛油类和活性物。
羊毛脂醇醚 - 5,十六醇醚 - 5,油醇蜜 - 5,硬脂醇醚 - 5	Solulan 5(Amerchol)	8.0	非离子 O/W 型乳化剂,W/O 型体系辅助乳化剂和稳定剂。
非离子乳化蜡	Polawax GP 200(Croda) Polawax A31(Croda)		非离子自乳化蜡,耐盐性和热稳定性高,不刺激皮肤和眼睛。
羊毛脂醇醚 - 16,十六醇醚 - 16,油醇蜜 - 16,硬脂醇醚 - 16	Solulan 15(Amerchol)	15	非离子 O/W 型乳化剂,加溶剂。
羊毛脂醇醚 - 25,十六醇醚 - 25,油醇蜜 - 25,硬脂醇醚 - 25	Solulan 25(Amerchol)	16	非离子 O/W 型乳化剂,加溶剂。
硬脂酸甘油酯和油脂酰胺乙基二乙胺	Lexemul AR(Inolex)	4.1	阳离子体系乳化剂,稳定剂,柔软剂和遮光剂。
硬脂酸甘油酯和月桂醇硫酸酯钠盐	Lexemul AS(Inolex)	4.9	阳离子体系乳化剂,稳定剂,柔软剂和遮光剂。

3.3.2　乳化剂选择

乳化剂是形成乳状液的必要因素,乳化剂的性质则对乳液的类型,粒径大小及乳液的稳定性都有着密切的联系。因此,选择适宜的乳化剂,不仅可以促进乳化体的形成,有利于形成细小的微滴,提高乳化体的稳定性,而且可以控制乳化体的类型(即 O/W 型或 W/O 型)。目前,在选择乳化剂时,主要还是一些经验和半经验的方法,其中主要包括:亲水 - 亲油平衡(HLB)法、相转变温度(PIT)法和乳液转变点(EIP)法。

1. HLB 法

有关 HLB 法在表面活性剂章节中已作了阐述,在此就不作重复。表 3 - 9 为一些常用化妆品乳化剂的 HLB 值。

表 3 - 9   常用乳化剂的 HLB 值

商品名	化　学　名	类型	HLB 值
Span 85	失水山梨醇三油酸酯	非离子型	1.8
Span 65	失水山梨醇三硬脂酸酯	非离子型	2.1

商品名	化 学 名	类型	HLB 值
Atlas G – 1704	聚氧乙烯山梨醇蜂蜡衍生物	非离子型	3.0
Span 80	失水山梨醇单油酸酯	非离子型	4.3
Span 60	失水山梨醇单硬脂酸酯	非离子型	4.7.
Aldo 28	甘油单硬脂酸酯	非离子型	3.8 – 5.5
Span 40	失水山梨醇单棕榈酸酯	非离子型	6.7
Span 20	失水山梨醇单月桂酸酯	非离子型	8.6
Tween 61	聚氧乙烯失水山梨醇单硬脂酸酯	非离子型	9.6
Atlas G – 1790	聚氧乙烯羊毛脂衍生物	非离子型	11.0
Atlas G – 2133	聚氧乙烯月桂醚	非离子型	13.1
Tween 60	聚氧乙烯失水山梨醇单硬脂酸酯	非离子型	14.9
Atlas G – 1441	醇羊毛酯衍生物	非离子型	14.0
Tween 60	聚氧化乙烯失水山梨醇单硬脂酸酯	非离子型	14.9
Tween 80	聚氧乙烯失水山梨醇单油酸酯	非离子型	15.0
Myri 49	聚氧乙烯单硬脂酸酯	非离子型	15.0
Atlas G – 3720	聚氧乙烯十八醇	非离子型	15.3
Atlas G – 3920	聚氧乙烯油	非离子型	15.4
Tween 40	聚氧乙烯失水山梨醇单棕榈酸酯	非离子型	15.6
Atlas G – 2162	聚氧乙烯氧丙烯硬脂酸酯	非离子型	15.7
Myri 51	聚氧乙烯单硬脂酸酯	非离子型	16.0
Atlas G – 2129	聚氧乙烯单月桂酸酯	非离子型	16.3
Atlas G – 3930	聚氧乙烯醚	非离子型	16.6
Tween 20	聚氧乙烯失水山梨醇单月桂酸酯	非离子型	16.7
Brij 35	聚氧乙烯月挂醚	非离子型	16.9
Myri 53	聚氧乙烯单硬脂酸酯	非离子型	17.9
	油酸钠(油酸的 HLB = 1)	阴离子型	18.0
Atlas G – 2159	聚氧乙烯单硬脂酸酯	非离子型	18.8
	油酸钾	阴离子型	20.0
K_{12}	月桂醇硫酸钠	阴离子型	40.0

对于一个指定的油 – 水体系,通常存在一个最佳 HLB 值。它可以通过一系列(使用已知 HLB 值乳化剂)的乳化试验,求得一些油、脂和蜡制备成 O/W 或 W/O 型乳液所需的 HLB 值。部分常见油、脂和蜡所需的 HLB 值可参见表 1 – 8。所谓的 HLB 法,就是选择乳化剂的 HLB 值,应该与油相所需的 HLB 值相一致。一般能满足油相所需的乳化剂体系可能性有多种,而最佳的乳化剂体系则需通过进一步的实验确定。

2. PIT 法与 EIP 法

大量实验已证实,表面活性剂的溶解度、表面特性和 HLB 值均随温度而发生显著地变化。Shinoda 等人系统地研究了表面活性剂－油－水体系的性质与温度的关系。发现温度对表面活性剂亲水性有较大的影响,特别是对于一般的非离子表面活性剂。温度增加,将使其亲水基(聚氧乙烯基)的水合程度减少,降低了表面活性剂的亲水性。对于一特定的表面活性剂(如含聚氧乙烯的非离子表面活性剂)－油－水三元的体系,它存在着一较窄的温度范围(见图3－11)。超过上限温度表面活性剂溶于油相;而温度低于下限则溶于水相。故温度逐渐升高时,体系由O/W 型乳状液转变为 W/O 乳状液,发生转相的温度称为"相转变温度(PIT)",是该体系的属性。在特定体系中,相转变温度 PIT 实质是表面活性剂的亲水、亲油性质在界面上达到平衡的温度,此时,它有较强的加溶能力和超低的界面张力。这是因为在此过渡温度范围附近,形成了所谓表面活性剂相。

在三相图中可观察到一个含表面活性剂相的相区。在某一恒定的温度区下,共存三相区是由表面活性剂－油相、表面活性剂－水相、水相－油相三个互溶相交替地重叠而构成的。三相区是出现在油－表面活性剂相和水－表面活性剂相的两个临界点之间(见图3－11)。对于离子表面活性剂来说,温度对 HLB 值的影响较小,然而,在适当盐含量、辅助表面活性剂和某些特殊结构的表面活性剂存在时,也会观察到三相区的存在。

Shinoda 等还发现油相与水溶胀胶团相(O/W)之间的界面张力 γ_2 随温度升高而下降(见图3－12)。在浊点以上出现表面活性剂相 S,由于表面活性剂相 S 能保留更多油相,它与油之间的界面张力继续随温度升高而下降。同样,从高温开始冷却,由于水的加溶作用增加,非水反相胶团(即油溶胀的胶团。W/O)和分离的水相之间的界面张力 γ_1 随温度下降而降低,在三相区内变得很小。在 PIT 附近上述两种界面张力是十分小的,水油界面张力等于两者之和。在三相区温度范围内,$\gamma_1 = \gamma_2$ 界面张力达到最低值,该温度相当于亲水－亲油平衡温度,即 PIT。

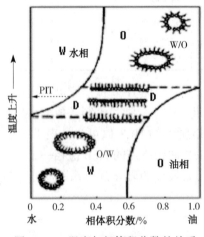

图3－11　温度与相体积分数的关系

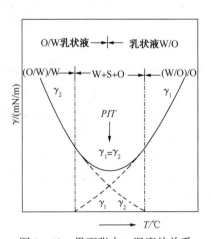

图3－12　界面张力－温度的关系

PIT 法的要点:用质量分数 3% ~5% 的乳化剂乳化等比混合的油和水体系,加热至不同温度,摇动,测定其转相温度。即由 O/W 型变为 W/O 型的温度。对于 O/W 乳状液,一个合适的乳化剂体系应有比乳状液保存温度高 20 ~60℃的 PIT;对于 W/O 乳状液,则应选 PIT 比保存温度低 10 ~40℃的乳化剂体系。

关于 EIP 法的要点,可参见第一章表面活性剂中的 1.3.5 节。

下篇 日用化学品

第4章　个人护理及美容产品

4.1　护肤用品（Skin Care）

膏、霜类化妆品是以清洁、保持皮肤（特别是皮肤最外的角质层中的）适度水分为目的而使用的化妆品。其特点是不仅能保持皮肤的水分平衡，而且还能补充必要的油性成分、亲水性保湿成分（保湿剂）。它使用的范围很广，是化妆品中最大的一类。根据膏、霜产品中含油量一般分为几种：见表4－1。

表4－1　护肤类化妆品的基本组成

类型	构成成分			典型例子
	油含量/%	水含量/%	其他	
O/W 型乳液	10~25	75~95	粉剂	雪花膏
	30~50	50~70	各种药剂	营养霜、婴儿雪花膏
	50~70	25~50		按摩膏、洁肤霜
W/O 型乳液	50~85	15~50	营养药剂	冷霜、按摩膏
无水型	100	0	药剂	特殊清洁膏

就目前市场而言，产品的主要类型是 O/W（水包油）型和 W/O（油包水）型乳化体系，雪花膏和冷霜分别是这二种乳状液的典型代表。另一方面，根据乳化体产品的形态，将不能流动的、呈凝固态的称为"膏或霜"（cream）；将液态的、流动型的乳化体称之为"奶液"（lotion）。

4.1.1　膏、霜型（Creawl）

传统的雪花膏是一种以硬脂酸皂为乳化剂的 O/W 型乳化体，由于涂敷在皮肤上，会似雪花般融化消失而得名。水分挥发后就留下一层油性薄膜，可缓减皮肤中水分的过快挥发，保护皮肤不至于粗糙、干裂。

传统雪花膏的配方组成：

1. 化合硬脂酸	3.0%~7.5%（wt）		5. 不皂化物	0~2.5
2. 游离硬脂酸	10.0~20		6. 香料	适量
3. 多元醇	5.0~20		7. 防腐剂	适量
4. 碱（以 KOH 计）	0.5~0.1		8. 精制水	60.0~80.0

在具体的配方设计时，需注意①硬脂酸的用量，一般为 15%（wt）；其中 15%~30%的硬脂酸中和成皂（作为乳化剂），其余则作为油性组分。②碱的用量随脂肪

酸品种不同而异。

"冷霜",也称香脂或护肤脂,多为 W/O 型乳化体。早在公元 150 年,希腊人 Galen 就以橄榄油、蜂蜡、水为主要成分配制成膏状产品,不仅能赋予皮肤以油分,还以水分滋润皮肤。由于这种膏霜和当时仅用油保养皮肤相比,因含有水分,当水分挥发时会赋予皮肤冷却感,故称之为"冷霜"。"冷霜"是 W/O 型乳化体,特别适用于干性皮肤,也广泛用于按摩或化妆前调整皮肤,所以现已逐渐用于按摩霜。

典型的冷霜是蜂蜡 – 硼砂体系制成的 W/O 型膏霜。蜂蜡中的游离脂肪酸与硼砂、水生成皂,使油相与水相乳化而形成膏体。反应方程式可表示为:

$$Na_2B_4O_7 + 2RCOOH + 5H_2O \longrightarrow 2RCOONa(皂) + 4H_3BO_3$$

冷霜的基础配方:

1. 蜂蜡	10.0%(wt)		4. 精制水	33.0
2. 硼砂	1.0		5. 香料、防腐剂	适量
3. 液体石蜡	50.0		6. 其他	余量

配方时硼砂的用量非常关键,若量少了,中和不足,乳化性能差,且产品粗糙、无光泽;若硼砂过量太多,会导致硼砂或硼酸结晶析出,正确的添加量需根据蜂蜡的酸值来加以计算确定。配方的另一重要因素就是水分的含量不应超过 45%(总量),否则体系不够稳定。

近十几年来,随着对皮肤结构和生理功能的进一步研究,对皮肤的保养也有了新的理解。另一方面,表面活性剂的迅速发展,为膏霜化妆品乳化剂的选择提供了充分的保证,克服了皂类乳化剂碱性偏高的缺陷。现代市场上,传统型雪花膏和冷霜都已渐渐被淘汰,取而代之的是添加油各种营养性成分、新型保湿剂、活性功能组分,且与皮肤有着良好的相容性的各类润肤产品。护肤产品中引入了更多的活性(功能)组分,使其功能特性更加突出,如保湿、增白、防皱等,加之供选择的油性组分和添加剂的品种有许多,因此,润肤霜的品种也特别繁多。

当今绝大多数的膏、霜产品均制成 O/W 型乳剂,这是因为在室温下制得的 O/W 型乳化体系要比 W/O 型稳定。而制得的膏、霜型产品应具有:

1. 中性、愉快的气味和颜色;

2. 易于涂敷、易渗透,且有良好的皮肤感;

3. 使用后无油腻感,无过敏性;

4. 具有良好的保湿性。

膏、霜型化妆品的基础配方*(wt%)

1. 乳化剂	2~6		5. 保湿剂	1~8
2. 润肤剂	10~35		6. 防腐剂、抗氧剂	0.2~1
3. 增稠剂	0.1~1		7. 色、香料	0.1~1
4. 蒸馏水	足量		8. 活性组分	0.1~2

*其中组分 1~4# 为必要基体组分,5~8# 则是经常使用的配方组分。对于 O/W 型,水的含量一般在 60%~80%;而 W/O 型配方中水量大致在 30%~45%。

130

配方实例1(润肤霜,O/W),wt%

1. 精制沙棘油	12.5	6. Tween – 80	2.5
2. 精制橄榄油	14.8	7. 甘油	4.2
3. 二甲基聚硅氧烷	1.4	8. 香料	0.2
4. 羊毛脂	1.3	9. 去离子水	60.5
5. Span – 60	2.6		

配方实例2(润肤霜,W/O),wt%

1. 蜂蜡	8.0	7. 棕榈酸异丙酯	4.0
2. 鲸蜡	3.0	8. 丝肽	0.3
3. 白油	32.0	9. 硼砂	0.6
4. 橄榄油	6.0	10. 香精	适量
5. 橙叶油	0.2	11. 防腐剂、抗氧剂	适量
6. 羊毛脂	4.0	12. 水	加至100%

配方实例3(护肤霜,O/W),wt%

1. 鳄梨油	2.0	7. 丙二醇	1.0
2. 脂肪酸三甘油酯	6.0	8. 果酸	8.9
3. 硬脂酸甘油酯及 PEC 衍生物	2.1	9. 二氯苯乙醇	0.2
4. 硬脂酸甘油酯及月桂基硫酸钠	4.0	10. 尼泊金酯	0.1
5. 十六醇	1.0	11. 去离子水	69.3
6. 维生素 – E	0.1		

配方实例4(防皱凝胶霜),wt%

1. 甘油脂肪酸脂	5.0	7. 芦荟萃取液(紧肤剂)	3.0
2. 植物精油	6.0	8. V_E棕榈酸酯	0.5
3. DPHP(细胞修复因子)	1.0	9. 防腐剂	1.0
4. V_E醋酸酯	1.0	10. 香精油	0.2
5. 乳化增稠剂	0.7	11. 蒸馏水	70.3
6. argireline(抗皱纹因子)	5.0		

上述配方产品据报道,连续使用6周后(2次/天)具有明显的效果,"鱼尾纹"随即消失,皮肤更显年轻。同时它赋予皮肤足够的保湿因子,使皮肤富有弹性。

配方实例5(美白霜),wt%

1. 角鲨烷	10.0	8. 吡咯烷酮酸钠	2.0
2. 荷荷巴油	4.0	9. 抗氧剂	0.5
3. 硬脂酸甘油酯及 PEC 衍生物	5.0	10. 二氯苯乙醇	0.2
4. 植物花籽油	2.0	11. (混合)防腐剂	1.5
5. 氨基酸衍生物(增白剂)	2.0	12. 香料	适量
6. 维生素 – E 酯	1.0	13. 黄原胶	0.5
7. 十六醇	2.0	14. 去离子水	67.3

配方实例6(治疗皮肤皲裂护手霜),wt%

1. 山梨醇 EO/酯(乳化剂)	2.0	9. EDTA	0.2
2. 脂肪醇 EO 衍生物	2.0	10. 芦荟萃取液	4.0

3. 植物油甘油酯	5.0	11. 瓜尔豆胶	0.5
4. 杏仁油	9.0	12. 维生素原 B$_5$	2.0
5. 凡士林	4.0	13. V$_E$ 醋酸酯	1.5
6. 硅油	2.0	14. 尼泊金酯	1.0
7. 十六醇	3.0	15. 香料	0.3
8. 牛油果(油)	2.0	16. 去离子水	61.3

4.1.2 香乳型(lotion)

这也是一类乳化体系的产品,但它的外观呈低黏度的流动态,易在皮肤上铺开,并对皮肤具有滋润、保湿等作用,很受消费者的欢迎,是目前市场十分流行的品种之一。

作为护肤产品,其功能与前述的膏霜类相同,主要起润肤、清洁、保持皮肤水分平衡等作用,但较膏霜型更易被皮肤吸收。从产品的配方组成分析,lotion 型护肤品中,液态组分的含量较多些,水分的含量也有所增加(对 O/W 型而言)。另外,由于此类产品要同时兼顾乳液的稳定性和流动性,因此,在生产制造上要较膏霜型困难。为了满足胶体的稳定性和使用的流动性,在 lotion 型护肤品的配制过程中,一般须采取以下几个措施:

1)减少蜡状物的用量,增加低黏度的油性组分。选择的油相组分密度尽可能与水相近。

2)添加黏性物质,如水溶性高聚物,以增加连续相(外相)的黏度。

3)采用强剪切力乳化设备,如高压匀质器,增加乳化度。

质量好的香乳(lotion)应是色泽洁白,室温下无水份析出,具有良好的流动性,涂敷时无黏腻感,不影响汗液的排放,对皮肤无刺激和过敏现象。

配方实例 1(润肤香乳),wt%

1. 蜂蜡	0.5	7. 丙二醇	5.0
2. 角鲨烷	5.0	8. 乙醇	5.0
3. 凡士林	2.0	9. 聚羧酸(1% aq)	20.0
4. Tween - 80	1.2	10. 香料	适量
5. Span - 80	0.8	11. 防腐剂、抗氧剂	适量
6. 氢氧化钾	0.1	12. 精制水	60.0

配方实例 2(润肤乳液 W/O 型),wt%

1. 液体石蜡	25.0	6. Span - 85	3.0
2. 橄榄油	30.0	7. 甘油	2.5
3. 羊毛脂	2.0	8. 硫酸镁	0.2
4. 凡士林	2.0	9. 香精、色素	适量
5. 石蜡	1.0	10. 精制水	34.3

132

配方实例 3（芦荟保湿洁面乳），wt%

1. 椰油羟乙基磺酸钠 /混合脂肪酸	15.0	5. 羟乙基纤维素	0.8
2. 硬脂酸	10.0	6. 芦荟粉（200∶1）	0.3
3. 椰油酰胺丙基甜菜碱	6.0	7. 香料	0.2
4. 水溶性硅油	1.0	8. 防腐剂	适量
		9. 去离子水	加至100%

配方实例 4（防皱乳液），wt%

1. 霍霍巴油	1.5	8. 聚乙二醇 – 120 霍霍巴酯	3.0
2. 坚果仁油	1.0	9. 透明质酸（1%）	5.5
3. 植物精油	4.0	10. 藻酸钠	0.2
4. 硬脂酸甘油单酯	3.0	11. V_E醋酸酯	1.0
5. 鲸蜡醇	1.5	12. 防腐剂、抗氧剂	适量
6. 二甲基硅油	0.2	13. 精制水	足量
7. 丙二醇	4.0		

配方实例 5（植物萃取保湿乳液，O/W），wt%

1. 澳洲坚果油	10.0	7. V_E（抗氧剂）	0.2
2. 鳄梨酱	2.0	8. EDTA	0.2
3. 甘油酯类乳化剂	5.0	9. 西瓜萃取液	3.0
4. 硬脂酸	2.0	10. 防腐剂	1.5
5. 羟乙基纤维素	1.0	11. 香料	0.2
6. 天然氨基酸钠（保湿剂）	3.0	12. 蒸馏水	71.9

配方实例 6（植物萃取洗面奶），wt%

1. 蒸馏水	56.4	9. 荷荷巴油	4.0
2. 甘油	2.0	10. 葵花籽油	0.2
3. 肌醇磷酸酯钠盐	0.1	11. 椰油基谷氨酸钠	12.0
4. 乙酰戊酸钠	3.5	12. 聚甘油 – 10 月桂酸酯	2.0
5. 黄原胶	0.5	13. 香料	0.3
6. 柠檬酸甘油酯衍生物	4.0	14. 氢化卵磷脂	2.0
7. 葵花籽油	6.0	15. 植物提取液	3.0
8. 核桃油	4.0	16. 柠檬酸（20% aq.）	适量

配方实例 7（洗面奶/油性皮肤），wt%

1. 白油	11.0	7. 尼泊金甲酯	0.2
2. 凡士林	5.0	8. 三乙醇胺	1.0
3. 硬脂酸	2.0	9. 丙二醇	4.0
4. 十六醇	1.5	10. 乙醇	2.0
5. AEO	2.0	11. 香精	0.5
6. Tween – 20	0.5	12. 去离子水	70.3

将本品涂于面部轻轻按摩，使油垢溶解于洗面奶中，然后用纸巾擦除。它特别适用于油性皮肤，无油腻感。此配方中，硬脂酸与三乙醇胺作用，形成液体皂。

配方实例8(洗面奶/干性皮肤),wt%

1. 貂油	6.0	6. 去离子水	80.8
2. 单硬脂酸甘油酯	4.0	7. 聚乙二醇-400	5.0
3. 硬脂酸	2.0	8. 三乙醇胺	0.5
4. 十四酸异丙酯	1.0	9. 咪唑烷基脲	0.2
5. 羊毛醇	0.5	10. 香精、色素	适量

本品特点适于干燥皮肤使用,具有滋润皮肤,软化皮肤,防裂、防皱,防止紫外线损伤等作用。清洗的主要成分为硬脂酸的三乙醇胺盐。

配方实例9(杀菌型皮肤清洗剂),wt%

1. 乙氧基化月桂酰三乙醇胺硫酸盐	7.5	5. 二辛酸\癸酸丙二醇酯	40.0
2. $C_{12} \sim C_{14}$ 酰基乙醇胺混合物	10.0	6. 氯代水氧酰替苯胺	0.8
3. 蓖麻油聚乙二醇衍生物	15.0	7. 香料	0.5
4. 去离子水	26.2		

4.1.3 凝胶型(Gel)

这是一种通过水溶性高分子溶胀作用所形成的分散体系。配方体系中富含水分,涂抹在皮肤上具有短暂的保湿、增湿作用,且易于清洗去除。

配方实例1(洁面凝胶),wt%

1. 去离子水	46.5	6. 尿囊素	0.2
2. 乙醇	50.0	7. PVP/甲基丙烯酸二甲基氨基乙酯共聚物	2.0
3. 氢氧化钠(10% aq)	0.5		
4. Stableze 06(增稠/稳定剂)	0.5	8. 薄荷醇	0.1
5. 油醇基聚氧乙烯醚-20	0.2	9. 香料	适量

制备:先将组分2、3与60%的水混合,搅拌下再加入增稠剂。并将其加热到70~80℃,继续搅拌30min,至溶液变成透明为止。另外,其余组分依次溶于剩余的水(40%)中,并将此水溶液搅拌下加入上述的透明液,混合至均匀,冷却、搅拌下加入香料。

配方实例2(透明胶状洗面剂),wt%

1. 蒙脱土细粉	1.3	6. 肉豆蔻酸	10.2
2. 山梨糖醇	22.9	7. 油酸	2.5
3. 氢氧化钠	5.1	8. 月桂酸二乙醇酰胺	5.6
4. 月桂酸	3.1	9. 香料、色素	适量
5. 棕榈酸	2.0	10. 去离子水	加100%

另一种形式的此类产品,即面膜(face membrane),它很早就作为化妆品使用。使用时先将它涂抹在脸部皮肤上形成覆盖膜,过一定时间后"剥离"去除。经这样处理,可使松弛的皮肤紧缩,并可通过黏附作用除去皮肤表面的污垢,产生光滑皮肤的效果。

面膜对皮肤的作用有3种基本作用:①由于吸附(或黏附)作用而使皮肤表面

清洁;②在皮肤上形成覆盖膜时能使皮肤张紧,从而使皮肤皱纹暂时舒展,同时由于皮肤温度升高,有促进血液循环的作用;③由于覆盖膜的封闭作用,暂时地阻碍皮下水分蒸发,促进角质层的水合,使皮肤变得柔软。

成膜组分是面膜中的主要功能组分,根据特性有二种:①黏土类矿物质,如膨润土、高岭土等;②水溶性高分子物质,如聚乙烯醇、聚乙烯吡咯烷酮等。由前者配制而成的面膜通常呈"糊状",而以水溶性高分子物质为成膜剂的面膜产品一般呈"液状"。配方中除成膜剂外,通常还需添加多元醇(保湿组分)、橄榄油,有时还需添加增塑剂(改善高聚物膜的柔软性),以提高使用时的舒适感。

配方实例 3(泥状洁肤面摸),wt%

1. 蒸馏水	67.2		9. 葡萄籽油	2.0
2. EDTA	0.1		10. 荷荷芭油	2.0
3. 黄原胶	1.0		11. 乳油木果脂	2.0
4. 山梨醇	1.0		12. 硬脂酸	2.0
5. 十二烷基硫酸盐	2.0		13. 油性表面活性剂	1.5
6. 高岭土	8.0		14. (可可巴油)蛋白质	2.0
7. 矿物氧化锌	5.0		15. 芦荟萃取液	3.0
8. 尼泊金酯防腐剂	1.0		16. 香料	适量

配方实例 4(剥离型面摸),wt%

1. 聚乙烯醇	15.0		5. 香精	0.2
2. 羧甲基纤维素	20.0		6. 防腐剂	适量
3. 丙二醇	19.0		7. 去离子水	66.8
4. 乙醇	2.0			

另外,为增加美容效果,在面膜配方中还可添加一些营养成分如鸡蛋、牛奶、蜂蜜等。

4.1.4 特殊功能护肤用品

这类化妆品在护肤基础上,添加入一些具有特殊的组分,更突出了其功能性。疗效性虽不如药物那么强烈,但从使用方法、目的性方面来看,它们仍属化妆用品。例如防晒用品、抑臭、止汗等。

1. 防晒化妆品

太阳光线对人体卫生保健是十分重要的,尤其是肉眼看不见的紫外线对生物体有很大的作用。但另一方面,皮肤长时间受紫外线的照射,不仅是皮肤老化的原因之一,更会引起炎症、雀斑、癫皮恶化等疾病。过去只注重 UV-B(280~320nm)的作用,目前发现长波的 UV-A(320~400nm)也会对皮肤产生严重影响,参见图 4-1。

UV-A 对皮肤穿透力强,能够穿透皮肤和真皮层,逐渐破坏弹力纤维,使肌肉失去弹性,引起皮肤松驰,出现皱纹、雀斑和老年斑。若照射过量,还容易引起皮肤癌。UV-B 能使皮肤表面细胞内的核酸或蛋白质变性,皮肤变红、产生红斑(晒斑),在皮肤上形成黑色素,发生急性皮炎,常称为"日光晒斑"。鉴于更好地保护皮肤,防止紫外线对皮肤的有害作用,世界发达国家,如美国、日本、德国、英国、澳大利亚等国积极进行了防晒剂的开发研究。美国50%以上的化妆品中都添加了防晒剂。广义地说,凡添加紫外吸收剂的化妆品都是防晒化妆品。

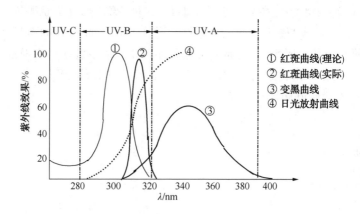

图 4-1　紫外线波长-皮肤红斑之关系

美国、日本、欧洲等地区和国家经过长期考察,对可以安全使用的防晒剂种类及浓度范围均有明确的规定,美国联邦食品药品管理局(简称FDA)目前批准使用的安全而有效的防晒剂为22种(见表4-2)。其中大多数为有机化合物,既有UV-A型吸收剂(如二苯甲酮系列衍生物、邻氨基苯甲酸锰醇酯等),亦有UV-B型吸收剂(如对氨基苯甲酸及其衍生物、水扬酸衍生物和肉桂酸衍生物等)。当然也规定了一些无机粉体的防晒剂,主要是TiO_2、ZnO、Fe_2O_3及一些复合粉体。

表 4-2　化妆品中使用的紫外吸收剂及用量　　　　　　　　wt%

名　称	用量	名　称	用量
对氨基苯甲酸及其衍生物	5 ~ 15	2-羟基-1,4-萘二醌	0.25
2-乙氧基乙基对甲氧基肉桂酸酯	1 ~ 3	十二羟基丙酮	3.0
二乙醇胺对甲氧基肉桂酸酯	8 ~ 10	邻氨基苯甲酸甲酯	3 ~ 3.5
三油基双没食子酸酯	2 ~ 5	2-羟基-4-甲氧基二苯甲酮	2 ~ 6
2,2'-二羟基-4-甲氧基二苯甲酮	3	对二甲基氨基苯甲酸异戊酯	1 ~ 5
4-双-(羟丙基)氨基苯甲酸乙酯	1 ~ 5	对二甲基氨基苯甲酸2-乙基己酯	7.4 ~ 8.0
2-腈基-3,3-二苯基丙烯酸2-乙基己酯	7 ~ 10	2-苯苯并咪唑-5-磺酸	1 ~ 4
对甲氧基肉桂酸2-乙基己酯	2 ~ 7.5	红凡士林	30 ~ 100
水杨酸2-乙基己酯	3 ~ 5	2-羟基-4-甲氧基二苯甲酮-5-磺酸	5 ~ 10
甘油对氨基苯甲酸酯	2 ~ 3	二氧化钛	2 ~ 25
水杨酸3,3,5-三甲基环己酯	4 ~ 15	水杨酸三乙醇胺盐	5 ~ 12

防止紫外线的产品有遮蔽 UV - A 和 UV - B 以防太阳晒灼的防晒化妆品;也有只遮蔽 UV - B 不使引起晒斑,而以健康为目的的晒黑用的晒黑化妆品。防晒化妆品因为遮蔽的紫外线的波长范围很宽,所以须使用波长范围宽的紫外线吸收剂,多数配方是将有效吸收 UV - B 的吸收剂和含对 UV - A 紫外线起散射作用的白色无机颜料并用。在配方中加的这些紫外线吸收剂必须相互无损于使用效果,亦既要求吸收剂有良好的协同性,并且在皮肤上容易涂抹均匀,不受汗液影响而脱落,有耐水性,而且还要求所加的颜料(屏蔽剂)在涂抹时没有不自然的感觉。目前,纳米 TiO_2 的许多优越性能,使它逐渐登上了世界防晒品的舞台。晒黑用化妆品为添加 UV - B 紫外线吸收剂的产品,防晒用品的基料的形态有油状、凝胶状、花露水状和乳液状等。为防止防晒品被汗水冲掉,乳液制品以 W/O 型为宜。

配方实例 1(防晒油),wt%

1. 聚二甲基硅氧烷	16.0	3. 轻质矿物油	68.0
2. 肉豆蔻酸异丙酯	13.0	4. 对二甲基氨基苯甲酸异辛酯	3.0

配方实例 2(晒黑油),wt%

1. 对甲氧基肉桂酸酯	4.0	4. 芝麻油	20.0
2. 肉豆蔻酸肉豆蔻酯	25.0	5. 香精、防腐剂	适量
3. 液体矿脂	51.0		

防晒油使用起来十分方便,且由于组分的相容性也良好、稳定,配方较为简单。但多数的液体油采用饱和烃类(价格优势),它与皮肤的相容性较差,涂敷于皮肤后会产生油腻感,使用后的清洗也不是十分方便。为此,现代开发生产的商品绝大多数为 O/W 型乳化体系,由于产品的外相为亲水性,使用时皮肤的感觉良好。

配方实例 3(防晒乳剂),wt%

1. 固体石蜡	5.0	6. Tween - 20	1.0
2. 蜂蜡	10.0	7. Span - 85	5.0
3. 紫外吸收剂	3.0	8. 香精、防腐剂	适量
4. 凡士林	10.0	9. 精制水	61.0
5. 微晶石蜡	5.0		

配方实例 4(防晒乳液,SPF - 25),wt%

1. 聚甘油硬脂酸双酯	3.0	8. 甘油	5.0
2. 棕榈酸异丙酯	3.0	9. 乙醇	3.0
3. 甲基硅油	3.0	10. 精制水	61.57
4. 氰双苯丙烯酸辛酯	10.0	11. 苯甲酸烷基酯($C_{12} \sim C_{15}$)	2.0
5. 紫外吸收剂 - 2	2.0	12. 黄原胶	0.2
6. TiO_2 或 SiO_2	1.0	13. 聚氨酯水分散液*	5.0
7. EDTA 二钠盐(10% aq.)	1.0	14. 防腐剂	1.3

配方实例 5(喷雾型防晒乳液,SPF - 20),wt%

1. 甲氧基肉桂酸异辛酯	7.0	3. 三嗪类紫外吸收剂	4.0
2. 丁基甲氧基二苯甲酰甲烷	4.5	4. 苯甲酸烷基酯($C_{12} \sim C_{15}$)	5.0

5. 石蜡烃	7.0	10. 精制水	55.15
6. 抗氧剂(V_E醋酸酯)	0.5	11. 丙烯酸酯水性聚合物	0.15
7. EDTA 二钠盐(10% aq.)	0.1	12. 聚氨酯水分散液*	7.5
8. NaOH	(至 pH=6.5)	13. 防腐剂	1.3
9. 甘油	4.0		

*是 Bayer 公司生产的一种聚氨酯水分散液,黏度低、乳化性好,广泛应作于化妆品原料。

防晒乳剂的生产,基本就是一个乳化过程。一般操作:先将水溶性组分于80℃下全部溶于水中得(Ⅰ);在另一容器中,将油性组分混合,并加热至80℃,得到均匀混合油相(Ⅱ)。随后将油相(Ⅱ)慢慢地加入水相(Ⅰ)中(过程中需搅拌),制得均一的乳化液;稍冷后加入增稠剂(有时不需要);冷至25℃在添加乙醇、Baycusan C-1000、防腐剂、香精,最后制得商品级的防晒乳液。(注意在整个乳化过程中,搅拌混合将一直持续至最后停止)。

2. 粉刺、雀斑化妆品

粉刺是一种皮肤病,尤其在青春期显得较为明显,若进一步恶化、感染会出现疹斑、痤疮甚至浓疱性痤疮。产生粉刺的原因有:①皮脂的分泌过剩;②毛孔的角质增生,即堵塞毛孔和皮脂腺的开口,从而降低皮脂的排泄能力。积聚的皮脂在皮肤上被某些细菌分解,产生游离的脂肪酸并刺激皮肤,而引起疾病。

为预防和缓减此症状,通常我们可以采取下述几种方法:①配加皮脂分泌抑制剂,如雌激素,但它对青春期身体影响较大,配加时须十分慎重。②配加角质剥离剂,如硫磺、水杨酸,这在国外已广泛使用。③配加抗菌剂,其目的在于抑制细菌,促进皮脂的水解。常用的组份有间苯二酚苄索氯铵等,这也是目前用得较多的添加剂。④用清洁剂将过剩的皮脂洗掉,经常保持皮肤的干净,如使用含杀菌剂的清洗剂等。

配方实例1(粉刺霜),wt%

1. 硬脂酸	12.0	5. 间苯二酚	2.0
2. 单硬脂酸甘油酯	2.0	6. 甘油	5.0
3. 硫磺粉末	5.0	7. 氢氧化钾(8% aq)	6.0
4. 樟脑	1.5	8. 水、香、防腐剂	加至100%

上述配方中,硫黄粉,间苯二酚为药效功能组分;樟脑为辅助渗透剂,但效果一般。

配方实例2(祛痘面霜),wt%

1. 甘油三酯	10.0	6. 阳离子调理剂	2.0
2. 膏霜乳化剂*	2.0	7. V_E醋酸酯	1.0
3. 乳化增稠剂**	2.0	8. 尼泊金酯防腐剂	1.0
4. 水杨酸(祛痘剂)	1.0	9. 香精	0.2
5. 甘油	4.0	10. 精制水	76.8

*硬脂酸甘油单酯与 PEG-100G 硬脂酸酯混合型乳化剂,其 HLB=11.2,皂化值:90~100;pH=5.5~7.0。

**这是一种由丙烯酸钠、丙烯酰胺牛磺酸钠共聚物、异十六醇与山梨醇酯组成的混合物,具有优异的乳化、增稠性能,使产品保持良好的均一性。

配方实例 3（祛臭喷雾剂），wt%

1. 羟乙基纤维素	0.1	4. 抗粉刺合剂*	10.0
2. 1,3-丁二醇	2.5	5. 尼泊金甲酯	0.1
3. 乙二胺四乙酸二钠	0.05	6. 去离子水	加至100%

* 抗粉刺合剂是由以下成分组成：二甲基苯酮硅烷、水解胶原蛋白、胶原、十二酰肌氨酸钠、黄瓜精、薰衣草油、啤酒粉精及芦荟精等。

雀斑多发于面部，女性比男性多见。研究表明，长时间的阳光照射往往会加深雀斑的颜色。迄今为止，去雀斑用的膏霜可使雀斑的颜色变淡，但不能根除。

雀斑是体内黑色素在皮肤的局部地区积累的结果。而黑色素来源于酪氨酸，在酪氨酸酶的催化作用下，酪氨酸首先转变成二羟基丙氨酸，进一步氧化，最后变成大分子的黑色素，如图 4-2 所示。维生素 C 能使黑色素直接还原而使颜色减弱，在 pH 值低和维生素 C 浓度高时，这种作用更大。由氢醌特别是它的取代衍生物或氢醌醚制成的去雀斑膏霜可以减少皮肤的黑色素。近些年，有报道证明曲酸是皮肤细胞合成黑色素关键酶——酪氨酸氧化酶的专特性抑制剂，它能有效地抑制黑色素的合成，肯定了曲酸的祛斑、阻滞色素沉着、使皮肤美白的独特功效。曲酸的应用，已使美白、祛斑化妆品更新换代，目前在国外，各种牌号的含曲酸高档化妆品已相继投入市场，而且随着生物技术的不断开发应用，其在化妆品中的应用还会得到进一步的深入。

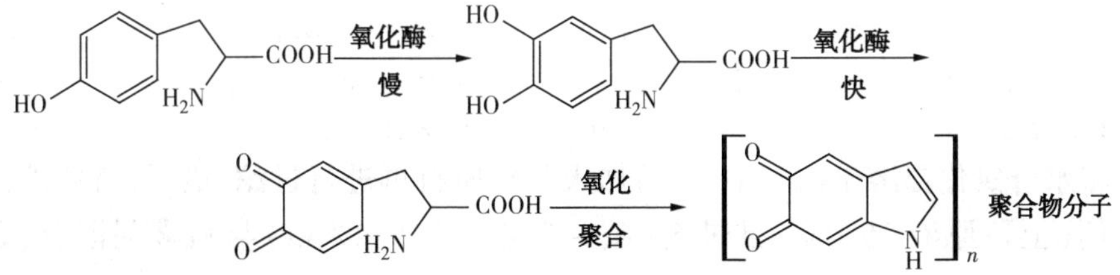

图 4-2 黑色素的形成示意图

配方实例 4（雀斑霜），wt%

1. 氢醌单苄基醚	3.0	5. 羊毛醇	2.0
2. 单硬脂酸甘油酯醚	1.0	6. 十八醇	10.0
3. 聚氧乙烯鲸蜡醇醚	2.5	7. 矿油	10.0
4. 单硬脂酸甘油酯	2.0	8. 精制水	69.5

3. 抑汗与祛臭用品

抑汗、祛臭品是去除或减轻汗分泌物的臭味、或防止此臭味产生而使用的一类化妆用品。由于每个人生理条件不同，汗臭程度也有所不同。一般防止汗臭有三种方法：①收敛防臭：利用强收敛作用抑制出汗，间接地防止汗臭。铝、铁等金属的盐类有收敛作用。近年来开发的是能溶于无水乙醇的一系列氯化铝氢氧化物的有机复合体，如它与丙二醇的复合体。②杀菌防臭：汗臭是细菌分解作用所引起的，故可引入杀菌剂抑制细菌繁殖，直接防止汗的分解、变臭。常用的祛臭剂有氯化烃基二甲基代苯甲胺、对氯间二甲苯酚等。此外,含锌化合物不仅能抑汗,也能抑菌防臭。如硬脂酸锌、氧化锌等。③香料防臭:一般的汗臭能用香水、花露水等"覆盖",可配合上述杀菌剂间接地增进防臭效果。从制剂上其产品可以是粉状、液状、膏霜状或其他形态。

抑汗化妆品的主要成分为收敛剂与具有良好乳化和祛臭作用的表面活性剂。它能使皮肤表面的蛋白质凝结,使汗腺口膨胀,阻塞汗液的流通,从而产生抑止或减少汗液分泌量的作用。抑汗霜是较受欢迎的一种抑汗制品,通常含收敛剂15%～20%。由于收敛剂具有酸性,选用的乳化剂需能耐酸,如单硬脂酸甘油醋等,制品中的脂肪物含量一般在15%～20%,另外还有缓冲剂、滋润剂等。

配方实例1(抑汗霜),wt%

1. 硫酸铝	18.0	6. 丙二醇	5.0
2. 单硬脂酸甘油酯	17.0	7. 钛白粉	0.5
3. 月桂醇硫酸钠	1.5	8. 香精	0.2
4. 鲸蜡	5.0	9. 精制水	47.8
5. 尿素	5.0		

祛臭化妆品主要有用于祛狐臭、防体臭、防脚臭和抑口臭等种类,其作用主要在于祛臭剂,常用的有氯化苯酚衍生物、苯酚脒酸盐等,它们能抑制或杀灭细菌。

配方实例2(祛臭喷雾剂),wt%

1. 羟基氯化铝～丙二醇复合体	10.0	4. 磷酸三油醇醋	3.0
2. 3 -二氟甲基 -4,4' -二氯碳酰替苯胺	0.1	5. 无水乙醇	04.9
3. 肉豆蔻酸异丙酯	2.0	6. 香料	适量

将水合氯化铝溶于乙醇中,然后加入其他原料再进行过滤,最后,将原液按下述比例(上述原液35.0%;推进剂(C₃～C₄烷烃)65.0% wt)与喷雾剂混合、装罐即可。

配方实例3(抑汗/祛臭棒),wt%

1. 脂肪酸甘油酯	22.0	5. 碱式氯化铝	15.0
2. 十六醇	16.0	6. 滑石粉	8.0
3. 牛油(脂)	2.0	7. 硅油(润肤剂)	35.0
4. 蓖麻油	2.0	8. 香精	微量

制法:将组分1～4#加热(60℃)至融化,再于搅拌下加入组分5、6#。移去热源,约在50℃下加入硅油与香精,搅拌至匀。在热的、可流动状态下,将其倒入特制的容器中,冷却后即可使用。该产品最终呈透明体。配方中增加组分1、7可使产品变软;增加十六醇的量则可提高产品的硬度。

配方实例4(滚搽式凝胶除臭剂),wt%

1. 去离子水	38.66	4. 无水乙醇	60.0
2. 丙烯酸－丙烯酸烷基酯共聚物	0.25	5. 月桂醇 EO\PO 共聚醚	0.5
3. 异二醇	0.5	6. 氨基－2丙醇－1	0.09

4.1.5 膏霜、乳液型化妆品的生产制造

这类化妆品都属乳化体系,因此,乳化操作就是它生产的关键步骤。双搅拌型真空乳化设备、高速均质器、外循环真空乳化设备等是目前较先进的乳化生产设备,可保证组分的乳化效果。工业规模化生产有间歇式和连续式二种乳化生产工艺。图4-3为典型间隙式乳化生产工艺示意图。真空乳化设备的一次投料量可由几公斤至几吨不同。首先,油溶性和水溶性原料分别在油相和水相原料熔解罐内熔化或溶解,温度一般保持在80℃左右(用水蒸气加热较为均匀),加热至一定温度的水相和油相原料通过过滤器被加至乳化罐内进行一定时间的搅拌乳化。在此过程中,可进行均质搅拌和真空脱气。然后向夹套通入冷水,冷却到一定温度后(如45℃以下),添加香精,继续冷却至一定温度后停止搅拌,恢复常压后即可出料。当进行真空乳化时,乳化罐内的原料没有蒸发损失,可生产无菌产品,此外,即使搅拌较快,产品也不会有气泡产生,使乳化迅速完成。另外由于产品内不含气泡,即使长期储存也不易被氧化,灌装时也不会影响计量。

连续式乳化生产工艺流程如图4-4所示。首先,原料分别在油相罐和水相罐内溶解或熔化,再将料液在预乳化槽中进行乳化。预乳化后的原料用加压计量泵定量地送入"迷宫式"静态混合器或管式静态混合器、高压均匀器、均质阀门等进行乳化。这类设备都有冷却夹套,可进行强迫冷却。这类设备的优点是可连续不断地将预乳化的液体进行乳化,它的效率较高。只要控制好计量泵和流量,均可获得符合要求的产品。

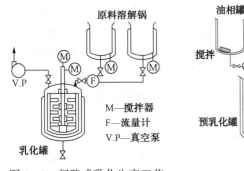

图4-3 间隙式乳化生产工艺

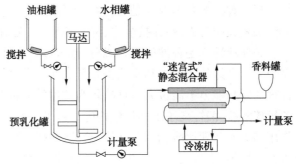

图4-4 连续式乳化生产工艺

4.2 护发用品(hair-care products)

根据定义毛发包括头发、汗毛、腋毛、胡须等,但汗毛、腋毛还很少有专门护理化妆品。因此,这里的毛发化妆用品主要就是指用于头发和胡须的产品,尤以前者为主。有时也将其归入个人清洁卫生用品(属洗涤剂范畴)之中。按其功能作用

有:以清洁为主的洗发剂;以保护、调理为目的的护发素;以修饰、美化头发的烫发、染发剂等等。就销量而言,发用化妆品在世界许多地区都占据首位,尤以欧洲最为明显。

4.2.1　香波(shampoo)

早期的洗发剂是以脂肪酸皂为主要成分的固体或粉体产品,由于"皂垢"会附在头发上有"黏涩"感觉,且肥皂显碱性,对头发和皮肤都有一定的刺激性,目前已淘汰。当今的洗发剂均采用耐硬水性好的合成表面活性剂为主体,再配以适当的辅助原料,完全克服上述的缺点,而且产品多制成液态形状,使用更加方便。

香波的形态一般可分为液状、乳膏状、粉末状、块状及气溶胶型;按外观可分为透明型和乳浊型;依据功效可分为普通香波、药用香波、调理香波、专用香波(如婴儿香波)等。随着科学与技术的不断进步,各种新原料的涌现,具有多种功效的产品已层出不穷,如二合一,三合一香波等,它不但具有去污功能,还具有护发、调理、去头屑等功能。

香波的基础配方*(%)

1. 表面活性剂	15～30	5. 保湿剂	1～5
2. 泡沫稳定剂	1～4	6. 防腐剂/抗氧剂	0.1～1
3. 增稠剂	0～5	7. pH缓冲剂	适量
4. 蒸馏水	足量	8. 螯合剂	0～0.02

* 其中组分1～4#为必要基体组分,5～8#则是经常使用的配方组分。其他的一些组分如珠光剂、色素、活性添加剂、调理剂等则完全根据配方的需求作选择。

现代香波的基本要求是:①柔和的清洁性与中等的脱脂性;②良好的发泡性;③使头发柔顺有光泽;④抗静电,易于梳理;⑤无刺激、刺痛性,且有愉快的气味。

表面活性剂是香波的主要成分,且多以亲水性大的阴离子表面活性剂为主,它赋予香波良好的去污力和丰富的泡沫。但为了保持头发的光泽,所选用的表面活性剂的脱脂能力不能过大,目前,较为常用的品种有:脂肪醇硫酸酯盐、脂肪醇聚氧乙烯硫酸盐、两性离子表面活性剂等。辅助表面活性剂具有增强去污力、稳定泡沫作用和头发调理功能,如烷基磺酸盐、脂肪酸烷醇酰胺、叔胺氧化物、咪唑啉型两性表面活性剂、水解蛋白质衍生物、季铵盐聚合物等。添加剂能赋予香波各种不同的功能,如增稠剂、调理剂、滋润剂等。另外,某些特殊香波还加入药剂或天然添加剂,使之具有特定功能,如去头屑的药剂3-三氟甲基-4,4′-二氯代碳酸替苯胺等。配方中一般还添加脂剂,如羊毛脂、鲸蜡和蛋白油等,以克服和防止脱脂过度而引起的弊端。

在研究香波配方时,应考虑头发的类型。一般油性头发用的产品中,表面活性剂比例应高些,干性头发则表面活性剂含量应少些,或通过调理剂来修复。通常香波的表面活性剂(指清洁功能的组分)含量约为15%～20%,婴儿产品中含量可低一些。

同时还要考虑制品的黏度、耐热、耐寒性和 pH 稳定性等因素。

1. 普通洗发香波

此类产品的主要功能作用就是清洁毛发,并赋予头发一定的光泽。其特点是使用方便、泡沫丰富、易于清洗,是最大众化的香波品种。

配方实例 1(透明液体香波),%

1. 烷基醚硫酸酯钠盐	12.0	5. 防腐剂	适量
2. 烷基醚硫酸酯三乙醇胺盐	5.0	6. 香料	适量
3. 椰子油脂肪酰二乙醇胺	4.0	7. 精制水	78.0
4. 丙二醇	1.0		

配方实例 2(膏状香波),%

1. 十二烷基醚硫酸酯钠盐	10.0	6. 蛋白质衍生物	3.0
2. 十二烷基硫酸钠	5.0	7. 精制水	76.0
3. 乙二醇单硬脂酸酯	3.0	8. 香料	适量
4. 椰子油脂肪酰二乙醇胺	2.0	9. 防腐剂	适量
5. 羊毛脂衍生物	1.0		

配方中加入了羊毛脂等滋润剂,可使洗后头发更为光亮、柔顺。

配方实例 3(珠光香波),%

1. 十二烷基醚硫酸酯钠盐	7.5	6. 苄醇	0.2
2. 十二烷基酰胺丙基甜菜碱	2.1	7. 香精	0.3
3. Tween – 20	1.4	8. 染料	适量
4. 椰子油酰基羟乙基硫酸钠	3.0	9. 防腐剂	适量
5. 聚乙二醇二硬脂酸酯	0.3	10. 精制水	加至100%

配方中的聚乙二醇(400)二硬脂酸酯作为润肤组分,且兼作珠光剂,可使产品外观更加亮丽,有吸引力。另外,甜菜碱两性离子表面活性剂的使用,也使产品的刺激性更低。

2. 调理与功能型香波

顾名思义就是除了清洁头发功能外,还具有使头发柔软、改善头发梳理性和光泽,即所谓的二合一(2in1)香波,目前市场上绝大多数是此类产品。调理香波的功能,主要取决于添加的调理剂。典型的有阳离子纤维素,聚硅氧烷季铵盐等,尤以后者效果更佳。防头皮屑剂也是一个用得较多的功能性添加组分,如吡啶硫酮锌,去头屑剂——NS 等。此外,为进一步赋予头发多种效果,还可以添加保湿剂或油性成分等,如芦荟萃取液、水解蛋白和各种中草药提取剂。

配方实例 1(卷发用调理香波),%

1. 烷基硫酸钠(30% aq.)	35.0	6. 聚阳离子纤维素衍生物	0.5
2. 月桂基甜菜碱	15.0	7. 环二甲基硅油	0.5
3. 咪唑啉季铵盐	3.0	8. 防腐剂*	1.0
4. PEG – 150 双硬脂酸酯	2.0	9. 香料	适量
5. PEG – 7 甘油单月桂酸酯	2.0	10. 精制水	40.5

注意:上述产品中使用的组分多为水/或异丙醇溶液半成品,故配方中水的添加量较低。另外,配方中使用阴离子与两性离子表面活性剂的组合,可明显降低产品对眼睛的刺激性;而咪唑啉季铵盐与聚阳离子纤维素衍生物则作为调理剂,增加头发的干、湿柔软性,而易于梳理。

配方实例2(液状调理香波),wt%

1. SlM-40T(聚硅氧烷)	28.2	6. 碳酸氢钠	0.2
2. A.O.S(40% aq)	9.4	7. Glydant2,4-Imidazolidinone	0.2
3. 椰子酰二乙醇胺	5.0	8. 对羟基苯甲酸酯	0.1
4. Glucam E-10	3.0	9. 香料	适量
5. 聚乙二醇双硬脂酸酯	2.0	10. 精制水	加至100%

配方实例3(2in1调理香波),wt%

1. 聚苯乙烯磺酸钠	1.0	8. 水解蛋白	0.25
2. EDTA二钠盐	0.2	9. 脱氢乙酸	0.6
3. 月桂基醚硫酸钠(25% aq)	40.0	10. 乙二醇双硬脂酸酯	1.5
4. 磺基丁二酸单酯盐(40% aq)	25.0	11. NaCl	适量
5. 月桂基甜菜碱	6.7	12. 柠檬酸	适量
6. 氨基硅油	2.0	13. 蒸馏水	至100%
7. 泛醇	0.25		

本配方采用聚苯乙烯磺酸钠将香波的清洗性与调理性有机地结合在一起,赋予头发干净、蓬松的感觉。三种阴离子/两性离子表面活性剂的组合,使产品的刺激性更低。

配方实例4(去屑调理洗发露),wt%

1. 月桂基硫酸盐(30% aq)	20.0	7. 乳化硅油	0.5
2. 磺基丁二酸单酯盐(32% aq)	12.0	8. 防腐剂	1.0
3. 月桂基甜菜碱(30% aq)	8.0	9. 香精	0.5
4. 乙二醇双硬脂酸酯	4.0	10. 水杨酸(活性组分)	3.0
5. 蓖麻油酰胺基季铵盐(40% aq)	4.0	11. 精制水	45.0%
6. PEG-150双硬脂酸酯	2.0		

目前,随着城市生活节奏的加快,以及人们对美容化妆品的偏爱,各化妆品公司均相继研制、开发出新型的、多功能的洗发香波,使其应用更加广泛。

配方实例5(洗发/护发/沐浴3in1香波),wt%

1. 十二烷基硫酸铵	20.0	7. $C_{10} \sim C_{14}$酰胺基季铵的硫酸氢盐	2.0
2. 十二烷基醚硫酸铵	15.0	8. 烷基季铵盐/二丙二醇	2.5
3. 月桂酰基甜菜碱	5.0	9. 混合防腐剂	0.7
4. 月桂酰基磺基甜菜碱	10.0	10. 多元醇提取物	0.7
5. 甘油	2.0	11. 烷基醚 EO/PO 己二酸酯	2.0
6. 水解蛋白物	2.0	12. 精制水	35.3

配方中的水解蛋白物、多元醇提取物及月桂酰基(磺基)甜菜碱的选用,使头发、皮肤的调理与水分得到了很好地维护,水解蛋白物能延长头发纤维的老化;而

$C_{10} \sim C_{14}$酰胺基季铵硫酸氢盐则能帮助恢复头发的脂质成分;烷基季铵盐/二丙二醇组分则具有爽肤、保湿效应;烷基醚 EO/PO 己二酸酯作为润肤剂,且能降低表面活性剂的刺激性。

4.2.2 护发剂(hair conditioner)

护发剂,人们习惯称"护发素",是洗发后使用的盥洗产品。它的功能就是增加头发的营养,保持头发光泽和良好的梳理性。早期由于大多采用肥皂系洗发剂,所以护发剂实际就是酸性水溶液,中和肥皂的碱性。随着合成表面活性剂的大量使用,护发素的功能也随之加强。现在的护发产品主要突出对头发的调理作用,即柔软、光泽和梳理性。

头发调理剂的功效主要是取决于阳离子表面活性剂,因为它与头发有良好的附着性,能赋予头发柔软性、抗静电性和一定的光泽,是头发易于梳理。研究表明,若阳离子表面活性剂分子中,烷基疏水链越长,其调理效果越好。硅酮衍生物是新近开发的品种,据资料报道,其调理效果是最佳的。另外,在实际配方时,还须适当添加油性组分(特别对干性发质)和保湿成分,使头发具有自然光泽,完善对头发的营养和保护作用。根据最近的资料显示,由于调理型洗发香波在配方上存在一定的"不兼容性",造成产品的成本提高,再加之调理的效果也不如单一型的护发调理剂,因此,市场上单一的护发剂销量又有回升,并涌现出一些新型的调理品种。

配方实例1(普通型护发素),wt%

1. 二烷基二甲基氯化铵	1.0		6. 季铵化羟乙基纤维素	0.4
2. 聚氧乙烯烷基醚	4.0		7. 防腐剂	0.2
3. 单硬脂酸甘油酯	2.0		8. pH 调节剂	适量
4. 十八(十六)醇	3.0		9. 香精、色素	适量
5. 甲基羟丙基纤维素	0.6		10. 精制水	加至100%

配方实例2(滋养护发素),wt%

1. 十六烷基三甲基氯化铵	1.0		6. Tween-80	1.3
2. 聚氧乙烯(2EO)油基醚	4.0		7. 吡咯烷酮酸钠	0.4
3. 单硬脂酸甘油酯	2.0		8. 透明质酸(HA)	0.05
4. 乙二醇单硬脂酸酯	2.0		9. 香精、防腐剂	适量
5. 角鲨烷	1.0		10. 精制水	加至100%

配方实例3(喷雾型护发素),wt%

1. 异硬脂基 EO,PO 共聚醚	0.1		4. 防腐剂	适量
2. 双十六烷基二甲基氯化铵	0.6		5. 香精	适量
3. 聚二甲硅氧烷	0.1		6. 精制水	加至100%

4.2.3 整发剂(hair styling preparations)

整发剂是以修饰头发的发式、发型和硬度为目的而使用的一类毛发化妆品。

根据效果一般分为二种,一是以修饰发式为主,而使用的暂时性产品,如发油、发乳和气溶性发胶(俗称"摩丝");另一种是以改变发型为目的,且有长时保持发型效果的整发剂,即"烫发剂"。

1. 暂时性整发剂

发蜡、发膏、发油都是较早期的品种,前二者对头发有较强的整发(改变发型)能力,对发质较硬者特别有效。但由于配方中使用较多的蜡和油脂,因此使用起来油腻性太强,且易黏灰,目前已基本淘汰。发乳是它们的"进化产品",它克服了上述的油腻性缺点,特别适合于长发和烫发者,使用时也有着较爽快的手感。发乳配方中,通常使用橄榄油、山茶油、角鲨烷、液体石蜡等油性液体,根据要求将其乳化成 O/W 型或 W/O 型态。

配方实例 1(O/W 型发乳),wt%

1. 白油	42.0	5. 防腐剂	适量
2. 甘油单硬脂酸酯	3.0	6. 香料	适量
3. Tween – 60	2.0	7. 精制水	51.0
4. Span – 60	2.0		

配方实例 2(W/O 型发乳),wt%

1. 羊毛酸异丙酯	3.0	5. 地蜡	2.0
2. 蜂蜡	5.0	6. 硼砂	0.6
3. 白油	53.4	7. 精制水	34.0
4. 肉豆蔻酸异丙酯	2.0	8. 防腐剂、香精、色素	适量

透明状发胶,由于具有黏度小,整发力柔和,外观透明亮丽的特点,而很受消费者的喜爱。它是利用表面活性剂的增溶、凝胶作用,将油性组分与水均匀混合制成。气溶胶型整发剂是当今最流行的品种,由于使用时喷射出的泡沫物质,很像奶油泡(mousse)而得名"摩丝"。它对头发的定型是通过形成高分子薄膜而体现的。使用的水溶性高分子树脂有天然黏性液、PVP、改性的丙烯酸酯聚合物等,另外,为使膜有较好的柔韧性和光泽,配方中还添加油性组分。

配方实例 3(透明整发胶),wt%

1. $C_{10} \sim C_{13}$ 烷基丙烯酸酯共聚物	1.0	5. 香精	0.6
2. VP/EA 共聚物	25.0	6. 丙二醇 – 1,2	5.0
3. $C_8 \sim C_{10}$ 烷基乙二醇单糖醚	2.5	7. 2 – 甲基丙二醇 – 1,3	4.0
4. 香精	0.3	8. 精制水	62.2

配方实例 4(透明整发胶),wt%

1. 羟乙基纤维素醚	1.5	4. PPG – 20 甲基葡糖醚	0.2
2. 聚阳离子纤维素	0.05	5. 防腐剂	0.4
3. PEG – 20 甲基葡糖醚	0.1	6. 精制水	足量

此配方中,聚阳离子纤维素作为调理剂,且与羟乙基纤维素醚共同增稠形成胶状物;PEG – 20 甲基葡糖醚赋予头发保湿与柔软性,而 PPG – 20 甲基葡糖醚则增

加头发的光泽。

配方实例 5(气溶胶型整发剂),wt%

1. 聚乙烯吡咯烷酮	2.5	5. 香精	0.25
2. 鲸蜡醇	0.2	6. 无水乙醇	31.9
3. 聚乙二醇脂肪酸酯	0.1	7. 推进剂	65.0
4. 羊毛脂或其衍生物	0.1		

配方实例 6(芦荟护发营养摩丝),wt%

1. 聚乙烯吡咯烷酮	3.0	7. 泛醇	0.5
2. 聚季铵盐	0.5	8. 芦荟原汁	20.0
3. 乳化硅油	0.5	9. 香精	适量
4. 表面活性剂	0.6	10. 丙/丁烷	10.0
5. 水溶性硅油	0.4	11. 精制水	加至100%
6. 甘油	1.0		

2. 长效性整发剂

近代烫发剂是 1872 年法国人 Marcel Grateau 在巴黎发明热烫卷发开始的。以后又相继开发出硫代硫酸钠(40℃)和巯基乙酸的冷烫卷发,从而奠定了现代烫发剂的基础。Speakman 对头发构造的剖析和研究,对冷烫卷发的理论基础作出了十分重要的贡献。

根据 Speakman 的研究结果:头发是由多种氨基酸构成的多肽链及交联键结构(参见图 3-5)。其烫发时的化学机理实际是相当复杂的,至今仍无完全阐明。目前已清楚的是头发中的氢键、盐键和多硫交联键(—S—S—)在化学药剂的作用下,发生软化、重排和固定而完成卷发整过程。用化学反应式表示:

$$K—S—S—K + HS—CH_2—COOH \rightleftharpoons 2KSH + (HOOC—H_2C—S)_2 \quad (还原)$$

$$2KSH \xrightarrow{按一定形状卷曲头发} 2K'SH \quad (重排)$$

$$2KSH' + [O] \longrightarrow K'—S—S—K' \quad (氧化) \quad (其中:K——角蛋白的多肽链)$$

因此,烫发过程实际是一个氧化、还原过程,其中巯基乙酸的作用就是将多肽链中的多硫键进行还原,使头发变软,便于造型。虽然巯基在空气中也能被氧化,但为缩短时间,通常都采用加热或化学试剂以加快反应速度。所以,普通的烫发剂一般是由双组分所构成。

目前,烫发剂配方中的还原剂多为巯基乙酸,其纯度非常重要,通常须在80%以上。纯的巯基乙酸呈弱酸性,在空气中易被氧化,某些金属离子(如铁、铜等)的存在会加速这种作用。碱是配方中的另一关键组分,其作用是中和巯基乙酸成盐,同时使头发"膨化",便于化学药剂的渗透,加速多硫键的还原。但碱的用量须控制,体系的 pH 应不超过 9.5,否则会对头发造成损伤。氨水是较理想的选择,唯气味难闻。如前所叙,为了保证巯基乙酸的有效性,配方中必须添加络合剂,以抑制金属离子的副作用。

中和剂的主要作用是从头发上除去还原剂,并中和残留的碱,使头发复原。因此,中和剂主要是由氧化剂和酸性物质所组成。过氧化氢、过硼酸钠和溴酸钠是用得较多的氧化剂。

配方实例1(冷烫型卷发剂),wt%　A 组

1. 巯基乙酸铵(50% aq)	10.0	5. 丙二醇	5.0
2. 氨水(28% aq)	1.5	6. EDTA	适量
3. 液体石蜡	1.0	7. 精制水	80.5
4. 聚氧乙烯油基醚	2.0		

(液状中和剂),wt%　B 组(Ⅰ)		**(粉状中和剂),wt%　B′组(Ⅱ)**	
1. 溴酸钠	6.0	1. 过硼酸钠	56.0
2. 防腐剂	适量	2. 碳酸钠	1.2
3. 精制水	94.0	3. 磷酸二氢钠	42.8

　　＊ 使用使,配制成2% ~3% 的水溶液。

配方实例2(热烫型卷发剂)wt%

1. 亚硫酸钠	3.0 ~ 10.0	6. 甘油	0.25 ~ 1.0
2. 二氨基乙烷	0.0 ~ 1.0	7. 羊毛脂	1.0 ~ 6.0
3. 三乙醇胺	0.0 ~ 2.0	8. 乳化剂	5.0 ~ 10.0
4. 蓖麻油	0.0 ~ 1.0	9. 偏磷酸钠	1.0 ~ 4.0
5. 精制矿物油	1.0 ~ 5.0	10. 精制水	加至100%

配方实例3(无嗅卷发剂)wt%

1. 巯基乙酸铵	0.2	5. 单乙醇胺	0.03
2. 亚硫酸氢钾	0.8	6. 碘化钾	0.6
3. 酒石酸	0.03	7. 精制水	加至100%
4. 乙醇	1.0		

4.2.4　染发剂(hair coloring preparations)

染发剂是将白发染黑或将头发染成其他颜色,借以修饰容貌、美发为目的而使用的一种毛发化妆品。根据染发机理,可分为①在头发表面呈黏附态的暂时性染发剂;②渗入头发内部的长效染发剂。

使用植物染料进行染发已有相当的历史。如指甲花叶和焦陪粉等。其优点是对皮肤、毛发无刺激性,也不会引起皮肤的过敏,但染后的头发略显粗糙,无光泽,缺乏自然感。

金属染料是典型的表面黏附型染发剂。常用的染发剂基料多为铅、银、铜、铋等金属盐,如乙酸铅,柠檬酸铋,硝酸银等。染发时用其水溶液,在光和空气的作用下成为不溶性硫化物或氧化物沉淀在头发上。摩擦、梳刷和洗涤均会产生脱色,所以需要重染。

目前市场销售的染发剂中,合成染发剂占有较大的比重。因使用的染料经氧化后而染色,所以又称为氧化染发剂。这种染料不仅能遮盖头发表面,而且作为染料中间体的氧化染料还能渗透至头发内层,氧化成为不溶性的大分子色素而达到"永久"染发的目的。由于它使用方便,染发后有良好的光泽,牢固度也特别好,因此,氧化染发剂是十分流行的染发剂。

氧化染发剂的染色机理是首先低分子量的氧化染料中间体和其他成分渗透到头发中间,继而在头发内进行氧化聚合,生成色素,如图4-5所示。

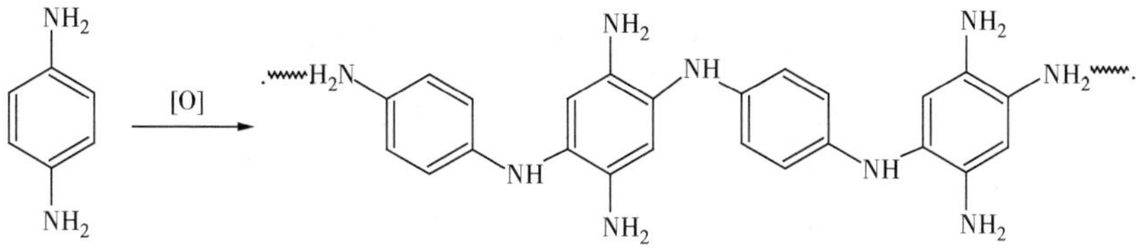

图4-5 对苯乙胺氧化生成聚合物结构色素

染发剂所用的氧化染发剂几乎都是由①染料中间体;②成色剂或调节剂;③氧化剂三种反应性化合物组成。染料中间体主要是邻、对苯二胺,邻、对氨基酚及其衍生物,这些中间体经氧化而生成色素。表4-3为一些常用染料中间体及其颜色。

表4-3 常用染料中间体及其颜色

	染料(中间体)	色 泽		染料(中间体)	色 泽
对苯二胺	对苯二胺	黑色棕色	对氨基酚	对氨基酚	淡茶褐色
	氯代对苯二胺	红棕色		4-氨基2-甲酚	金色带棕
	α-甲氧基对苯二胺	灰黄色		4-氨基3-甲酚	淡灰棕色
	4-氯邻苯二胺	黄色-金黄色		2,4-二氨基酚	淡红棕色
	邻苯二胺	棕色带金黄色		对甲胺酚	灰黄色
邻苯二胺	对甲苯二胺	红棕色	邻氨基酚	邻氨基酚	金黄色
	3,4二甲基对苯二胺	亚麻色		2,5-二氨基茴香醚	棕色
	邻甲苯二胺	金色带棕		4-氯-2-氨基酚	灰黄色
				2,5-二氨酚	红棕色

成色剂则为间苯二酚、间苯二胺、间氨基酚、焦性没食子酸、氢醌等,这些成色剂在单独进行氧化时几乎是不发色的,但与染料中间体混合进行氧化时,则能形成同颜色。另外,硝基染料也可作为调色剂,但它不参与氧化色素反应,而是直接通过混色方法进行调色的。氧化剂一般使用双氧水,但也使用过硼酸钠和过氧化脲等。由于氧化染料在生产和储存过程时易在空气中氧化,因此,配方时常常需添加一些抗氧剂,如亚硫酸氢钠、抗坏血酸等,1-苯基3-甲基-5-吡唑啉是一种被称之为"缓氧剂"的添加剂,其作用是控制染料中间体过早形成大分子色素而造成染发失效。与烫发剂相似,由于金属离子对过氧化物有催化促进分解的作用,故需添加EDTA类等螯合剂。

碱对染发具有两种作用,其一能促进染料的氧化反应;其次能使头发的角蛋白变得柔软并使其膨胀,从而有利于小分子的渗透。配方中体系的 pH 一般调至 9 ~ 10.5,用得最多的是氨水和有机的乙醇胺,后者对皮肤的刺激性相对小些。最后,氧化染发剂通常是制成半膏状的黏稠液,其载体的主要成分为皂、表面活性剂和增稠剂,溶剂如异丙醇的加入是增加组分的溶解度。详细配方参见表 4-4。

表 4-4　各种颜色氧化染发剂的配方组成①

配方组成/%	1#(黑色)	2#(棕黑色)	3#(淡棕色)	4#(琥珀色)	5#(金色)
对苯二胺	2.7	0.8	0.58	0.08	0.15
间苯二胺	0.5	1.6	0.8	0.1	1.0
对氨基酚	—	0.2	0.2	—	0.2
邻氨基酚	0.2	1.0	0.28	0.04	0.2
2,4-二氨基茴香醚	0.4	—	—	—	0.01
硝基对苯二胺	—	—	0.04	0.4	0.04
2-硝基4-氨基酚	—	—	—	0.4	—
油酸	20.0	20.0	20.0	20.0	20.0
油醇	15.0	15.0	15.0	15.0	15.0
聚氧乙烯羊毛醇醚	3.0	3.0	3.0	3.0	3.0
丙二醇	12.0	12.0	12.0	12.0	12.0
异丙醇	10.0	10.0	10.0	10.0	10.0
EDTA	0.5	0.5	0.5	0.5	0.5
氨水(28%)	适量	适量	适量	适量	适量
亚硫酸氢钠	0.5	0.5	0.5	0.5	0.5
精制水	19.0	19.0	19.0	19.0	19.0

① 氧化剂的组成十分简单,典型配方:a. 双氧水(3%)18%;b. 精制水82%;c. EDTA 适量。

近些年来,染发剂朝着使用方便,染发高效快速,产品安全无毒和染发、护发多功能的方向又有了较快的发展。如法国和美国已相继开发出速效染发剂,其染发时间仅为普通型的三分之一;又如鉴于当今人们都崇尚自然,回归自然,天然染发剂的研制开发相当活跃,法国、日本、印度等都已推出以苏木精、辣椒红、虫胶酸等为原料的天然产品。另外,在产品的剂型和包装方面也有所突破,如九十年代推出的气溶胶型染发剂,由于它使用方便且不会污染手和皮肤,深受消费者的欢迎。

4.2.5　剃须用品(shaving products)

此类化妆品多为男用产品,是剃须前用于软化须毛,使胡须易于剃除,同时能减轻皮肤受剃刀口的机械摩擦,使表皮少受损失;或是为促使毛孔收缩,增加皮肤舒适感,消除因剃须而引起的皮炎所使用的须后产品,国外称之为"after shaving"。

150

当今的剃须产品一般制成膏状、乳液状、气溶胶状和凝胶状,其中尤以气溶胶(俗称"摩丝")最为流行,它使用方便,而须后品则多以乳液状和香水形式为主。

剃须剂中的主要成分为发泡型表面活性剂,肥皂是较合适的品种,其发泡性和泡沫的质量,乳化性和润滑性都较好,唯碱性对皮肤有一定的刺激作用。因此,配方中常含有适量的未皂化脂肪酸,以防止碱的刺激作用。皂体通常由脂肪酸－碱构成,脂肪酸多以 C_{16}、C_{18} 酸为主,(据报道 C_{12} 酸有刺激性);碱类物质,多以氢氧化钾、有机胺为主,辅助于氢氧化钠调节稠度。其他用作发泡剂的合成表面活性剂有脂肪醇硫酸酯盐等。

在剃须剂配制中,为减轻对皮肤的损伤和保护皮肤,常常还须加入一些油脂类成分如羊毛脂、脂肪醇等增加滋润性。甘油类保湿剂在膏体中能防止硬化,使膏体不结块。无泡型剃须产品的配方中含有较多的润肤性物质,使用后可不必冲洗,留在皮肤上起滋润作用。

剃须剂的基础配方*(wt%)

1. 表面活性剂	5~20	5. 蒸馏水	足量
2. 辅助表面活性剂	3~8	6. 防腐剂	0.2~1.0
3. 中和剂	适量	7. 润肤剂	2.0~5.0
4. 保湿剂	2~10	8. 成膜剂	0~2.0

*其中组分 1~5# 为必要基体组分,6~8# 则是经常使用的配方组分。其他的一些组分如活性添加剂、香料等则完全根据配方的需求作选择。

配方实例 1(泡沫型剃须膏),wt%

1. 十八酸	8.2	5. 甘油	2.0
2. 吐温－60	6.0	6. 防腐剂(混合型)	0.7
3. 羊毛脂	5.0	7. 香料	0.2
4. 三乙醇胺	3.7	8. 精制水	足量

配方实例 2(无泡沫型剃须膏),wt%

1. 硬脂酸	17.0	5. 丙二醇	3.0
2. 羊毛脂	4.0	6. 三乙醇胺	1.0
3. 单硬脂酸甘油酯	5.0	7. 精制水	66.8
4. 肉豆蔻酸异丙酯	3.0	8. 防腐剂、香精	适量

在配制气溶胶型剃须产品时,基体的流动性必须较好,所以使用有机胺代替无机碱,而蜡类组分也相应减少。目前,推进剂均采用对环境无影响的 $C_3~C_4$ 烃,推进剂的用量通常为 10/90(推进剂/基体原料)。

配方实例 3(气溶胶型剃须泡),wt%

1. C_{16},C_{18} 酸	5.73	4. 聚乙二醇	6.00
2. C_{14} 酸	1.60	5. 香料、防腐剂	适量
3. 氨甲基丙二醇	2.95	6. 精制水	83.70

将上述原料均匀混合后,装罐,然后用压力机压入喷雾剂 $C_3~C_4$ 烃,其比例为浓缩物/推进剂 = 92:8(wt%)。

配方实例 4（凝胶状剃须泡—啫喱胶），wt%

1. 棕榈酸/硬脂酸	8.00	5. 油醇基聚氧乙烯醚 – 20	2.00
2. 羟乙基纤维素	1.25	6. 山梨醇聚氧乙烯醚 – 30	1.00
3. 聚乙二醇 – 14	0.50	7. 异戊烷	6.00
4. 三乙醇胺	4.30	8. 精制水	足量

制法：先将羟乙基纤维素室温下溶于 33 克水中，溶解后即升温至 80℃（Ⅰ）；在另一容器中将聚乙二醇 – 14 与 33 克水混合，并加热至沸（Ⅱ）。均匀混合（Ⅰ）与（Ⅱ），随后在搅拌下，加入熔融态（约 98℃）的油醇 PEG – 20 得到（Ⅴ）。取一烧杯，加入三乙醇胺与余量的水溶解、加热（约 80℃）得（Ⅲ）；另一烧杯中加入棕榈酸与硬脂酸，并加热全熔融态（Ⅳ）。在搅拌下，将（Ⅲ）与（Ⅳ）混合且直至均匀，再将上述得到的热相（Ⅴ）倒入此均相中，在搅拌下冷却至室温。将此基体相与异戊烷同时冷却至 15℃，并温和搅拌进行混合，以避免空气的溶入和泡沫的产生。

配方实例 5（剃后乳液），wt%

1. 硅油/聚乙二醇单异硬脂酸酯混合物	2.0	6. 尿囊素	0.1
		7. 甘油	3.0
2. 葵烯 – 1	4.0	8. 氨甲基丙醇	0.18
3. 油酸葵脂	0.5	9. 香精	0.5
4. $C_{10} \sim C_{30}$ 烷基丙烯酸酯共聚物	0.25	10. 去离子水	余量
5. 双咪唑烷基脲（防腐剂）	0.8		

配方中尿囊素具有消炎作用；硅油、葵烯 – 1 与油酸葵脂均为润肤组分，对皮肤有良好的调理与修复作用，使用后皮肤有很好的感官性，特别适用于皮肤敏感者使用。

配方实例 6（剃后香水），wt%

1. 乙醇	22.0	4. 硫酸羟基喹啉	0.4
2. 山梨醇（70%）	3.0	5. 香精、色素	0.6
3. 薄荷脑	0.1	6. 精制水	73.9

4.3 口腔与洗浴用品（oral & body products）

4.3.1 牙齿的构造

牙齿是整个消化系统的一个重要组成部分，其主要功能就是咀嚼食物。当牙齿咀嚼食物时，产生压力和触觉，触觉反射传达至胃和肠，引起消化腺的分泌，帮助促进胃肠蠕动，以完成消化。牙齿的疾病，除了影响消化系统外，牙病的细菌及其产生的毒素，还可通过血液到达身体的其他部分，引起其他器官的疾病。另外，牙齿还有帮助发音和端正面形等功能。如果牙齿全部缺失，会使面部凹陷，皱纹增加,显得苍老。

牙齿是钙化了的坚硬性物质,所有牙齿都牢牢地固定在上下牙槽骨中。露在口腔里的那部分称之为牙冠;嵌入牙槽中看不见的部分称为牙根;中间部分称为牙颈,大致结构图如4-6所示。牙齿的本身叫牙体,从组织结构分析,由外至里,分别是牙釉质、牙本质、牙骨质和牙髓。

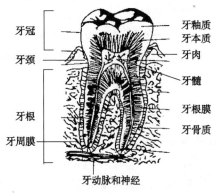

图4-6 牙齿及周边构造图

1. 牙釉质 也称"珐琅质",呈一定透明度的乳白色,覆盖在牙冠的表面,是人体中最硬的组织。成熟牙釉质的莫氏硬度为6~7,差不多与水晶、石英同样硬。釉质的平均密度为3.0g/mL,抗压强度为75.9MPa。牙釉质的高强硬度,使它可以承受数十年的咀嚼压力和磨擦,将食物磨碎研细,而不致被压碎。

牙釉质是高度钙化的组织,无机物占总质量的96%~97%,主要成分是羟基磷灰石[$Ca_3(PO_4)_2 \cdot Ca(OH)_2$]约占90%,其他的如碳酸钙、磷酸镁和氟化钙等无机盐,另有少量的钠、钾等元素。牙釉质内没有血管和神经,能保护牙齿不受外界的冷、热、酸、甜及各种机械性刺激。

2. 牙本质 是一种高度矿化的特殊组织,是构成牙齿的主体,呈淡黄色。冠部牙本质外,盖有牙釉质,根部盖有牙骨质。牙本质的硬度不如牙釉,莫氏硬度为5~6,由大约70%的无机物与30%左右的有机物和水组成。无机物中主要为羟基磷灰石。有机物中约19%~21%为胶原蛋白,另有少量不溶性蛋白和脂类等。牙本质内有很多小管,是牙齿营养的通道,其中有不少极微细的神经末梢。所以牙本质是有感觉的,一旦釉质被破坏,牙本质暴露时,外界的各种刺激就会引起牙齿疼痛,这就是牙本质过敏症。

3. 牙骨质 覆盖在牙根表面的一种很薄的钙化组织,呈浅黄色。硬度不如牙本质,而和骨相似,含无机物约45%~50%,有机物和水份占50%~55%。无机物中主要是羟基磷灰石,有机物主要为胶原蛋白。由于其硬度不高且较薄,当牙骨质暴露时,容易受到机械性的损伤,引起过敏性疼痛。

4. 牙髓 是位于髓腔内的一种特殊的疏松结缔组织。牙髓可以不断地形成

153

牙本质,提供抗感染防御机制,并维持牙体的营养代谢。如果牙髓坏死,则釉质和牙本质因失去主要营养来源而变得脆弱,釉质失去光泽且容易折裂。同样,因牙髓中有神经、血管和淋巴管,若外层釉质遭破坏,受到外界的刺激作用就会使牙齿产生疼痛的感觉。

保持口腔清洁,可减少龋齿的发病率。刷牙是保持口腔清洁的有效手段,刷牙不但可以清除食物碎屑和附着的污垢,还可以使口腔内的细菌大量减少,这样就减少了牙齿被龋蚀的机会。而牙膏和漱口水则是最好的清洁用品。

口腔类卫生用品一般包括牙膏、牙粉和漱口水,其作用是清洁口腔和牙齿,防止牙齿龋蚀,祛除口臭,并使口腔留有清爽舒适的感觉。

4.3.2 牙膏(tooth paste)

牙膏是此类产品中最为主要的品种,它有三个功能作用:①摩擦作用;②清洁作用;③疗效作用。就牙膏的组成来看,一般由基料、增味剂和药效剂三部分所构成。其中基料中又包括摩擦剂、发泡剂、黏合剂和保湿剂等,是牙膏最基本的组成部分。

牙膏的基础配方* (wt%)

1. 摩擦剂	15~35	6. 防腐剂	0.2~1.5
2. 表面活性剂(发泡剂)	0.5~2.0	7. 抗菌剂	0.2~1.5
3. 增稠剂(黏结剂)	0~12	8. 防龋剂	0.2~1.5
4. 保湿剂	40~60	9. 牙质增强剂	0.5~10
5. 蒸馏水	足量	10. 增味剂	适量

*注意:上述配方中1~5为牙膏的必须组分;而组分6~10则是普遍采用的配方组分。

摩擦剂是牙膏配方中的主体,其目的在于刷牙时,通过对牙齿的摩擦作用来清洁牙齿,并防止新的污秽物形成。摩擦剂颗粒的大小、硬度都必须作适当的选择,否则会损伤牙齿。常用的摩擦剂有碳酸钙(镁)、磷酸钙盐、氢氧化铝和硅酸铝钠等。但往往用其混合物,以产生协同作用。碳酸盐的摩擦力中等,价格便宜,但不能与氟化物复配,因为易产生不溶性的氟化钙,而降低药效作用,故只能用于普通型牙膏。磷酸盐系摩擦剂包括磷酸氢钙、焦磷酸钙和水不溶性偏磷酸钠,这类摩擦剂颗粒细致,制成的牙膏光洁美观,价格高于碳酸盐。氢氧化铝和二氧化硅为都是较理想的摩擦剂,其颗粒极细,摩擦力适中,并能增加氟化物的水溶性,对毒素有很高的吸附力,是安全性高的清洁摩擦剂。硅酸铝钠是国外新近开发的摩擦剂,以它为摩擦剂的配方能添加氟化物(特别是单氟磷酸钠)和药物。

起泡剂实质就是一类发泡性好的表面活性剂,且需泡沫持久。利用泡沫可降低摩擦阻力,以改进不舒适的感觉;通过表面活性剂的清洁作用,去除油污性残留物。以前多使用肥皂,但由于它的碱性较大,并带有不愉快的口味之缘故,现已很少使用。目前,均改用发泡性良好的月桂基硫酸钠(俗称 K_{12}),N-月桂酰肌氨酸钠, N – 月桂酰谷氨酸钠, 蔗糖脂肪酸酯等高活性表面活性剂。

黏结剂在牙膏中的作用是将粉质原料和其他组分紧密地、均匀地连接在一起, 并达到一定的稠度。常用的有天然和合成两大类, 天然产品包括海藻酸钠, 黄蓍树胶粉。海藻酸钠水溶液具有适宜的黏度, 口腔感觉较好, 但其多价金属离子盐在水中不溶解; 黄蓍树胶粉在水中溶胀成凝胶, 有滑爽而不黏腻的感觉, 是良好的黏结兼增稠剂。合成类黏结剂多用 C. M. C (羧甲基纤维素) 且综合效果优于上述天然产品, 根据不同的分子量, 可调制成中、高、低黏度系列产品, 控制牙膏黏度, 且它对人体无害。

保湿剂可使管中牙膏不易硬化, 易于挤出, 并可赋予膏体光泽, 故也称赋形剂。普通牙膏中保湿剂的用量为 20% ~ 30%, 透明牙膏中高达 75%。常用的有甘油、山梨醇、丙二醇、聚乙二醇。山梨糖醇具有适当的甜度, 并能赋予牙膏清凉感, 与甘油配合使用效果很好。丙二醇的吸湿性很大, 但略带苦味。此外, 木糖醇既有蔗糖甜味, 又具有保湿性和防龋效果。

增味剂包括香料和甜味剂, 香料多选用有清爽、凉快的香精, 薄荷脑的用量占很高比例。最易得的甜味剂是"糖精钠", 其分子式为 $C_7H_4NSO_3Na \cdot 2H_2O$, 水溶液的甜度为庶糖的 500 倍。其他的还有甘草酸钠等。

药效剂是当今牙膏中普遍采用的添加剂。资料表明美国药物牙膏约占 70%, 我国是 60%。龋齿和牙周病是药物牙膏主要防止的口腔疾病。目前采用的牙质强化剂, 如氟化纳、单氟磷酸钠即为此类药效组分, 它能促进牙釉质表面的矿化, 使病损体再矿化, 对抑制蛀牙有良好的效果。氯化锶($SrCl_2 \cdot 6H_2O$)、羟基磷酸锶 [$Ca_3(PO_4)_2 \cdot Sr(OH)_2$]、尿囊素等具有脱敏镇痛作用; 洗必泰、甲硝唑、季铵盐阳离子表面活性剂、叶绿素及一些中草药浸剂等具有消炎止血功能, 而柠檬酸锌、植酸钠则是良好的抗结石除渍剂。另外, 许多动植物营养保健组分也已被应用到牙膏配方种, 如灵芝、人参、西洋参、维生素、氨基酸、动物水解蛋白等。

配方实例 1 (普通牙膏), wt%

1. 二氧化硅 (摩擦剂)	20.0	7. 氟化钠 (防龋剂)	0.22
2. 二氧化钛 (增白剂)	0.5	8. 苯甲酸钠 (防腐剂)	0.3
3. 甘油 (保湿剂)	25.0	9. 焦磷酸钠 (补强剂)	1.0
4. 山梨醇 (保湿剂)	适量	10. 糖精 (1% aq.)	5.0
5. 黄原胶 (增稠剂)	0.8	11. 薄荷 (增味剂)	0.8
6. 月桂基 EO 醚硫酸盐 (发泡剂)	4.7	12. 去离子水	17.0

配方实例 2 (防龋牙膏), wt%

1. 单氟磷酸钠	0.76	6. 二氧化钛	0.40
2. 不溶性偏磷酸钠	42.00	7. 爱尔兰苔浸膏	1.00
3. 磷酸氢钙二水化合物	5.00	8. N – 月桂酰肌氨酸钠	2.00
4. 氢氧化铝	1.00	9. 香料、防腐剂	适量
5. 保湿剂	20.00	10. 去离子水	加至 100%

配方实例 3(消炎止血牙膏),wt%

1. 草珊瑚浸膏	0.05	6. 甘油	15.00
2. 止血环酸	0.05	7. 叶绿素铜钠盐	1.00
3. 碳酸钙	50.00	8. 其他添加剂	1.00
4. 羧甲基纤维素钠	1.40	9. 香料、防腐剂	1.20
5. 月桂醇硫酸钠	2.50	10. 去离子水	加至100%

配方实例 4(彩色牙膏),wt%

1. 山梨醇	54.3	6. 苯甲酸钠	0.30
2. 甘油	10.0	7. 糖精	0.20
3. 羧甲基纤维素钠	0.5	8. 香料	0.20
4. 聚乙二醇	3.0	9. 蓝色素(0.5% aq.)	0.10
5. 无定型二氧化硅	20.0	10. 云母粉	0.15

4.3.3 漱口剂(collutory)

在一些发达国家,漱口水的产销量仅次于牙膏,排在口腔卫生用品中的第二位。其中含氟化物漱口水约占60%以上。在我国,此类产品的开发和生产尚处于初期阶段。

漱口水与牙膏、牙粉在本质上是相同的,都是清除口腔内污物的日用化学品。由于漱口水是液体,在漱口时无需牙刷,因此,使用漱口水时,既无摩擦剂对牙周的伤害,也无牙刷对牙周的伤害,尤其是处在发育时期的少年儿童,应尽量使用漱口水为好。一般除能控制牙渍、牙斑和口臭的专用制剂外,几乎所有的漱口水都含有以下几种基本组分:醇、润湿剂、表面活性剂、增味剂。

醇,特别是乙醇,几乎是现代所有含漱剂的主要组成成分,在含漱剂里的作用是多方面。乙醇特别重要的一个作用是能遮掩某些"活性"组分的味感,也是一种优良的增溶剂,可以增溶香精,降低一些活性组分的凝固点;为了得到澄清的溶液,有时还需加增溶剂,如吐温-20、80等。它与湿润剂混合后还具防腐作用。在配方时,乙醇的一般使用量为7.0%~25%,大多数产品含10%~20%,儿童用品略低,含量为7.0%。

漱口剂一般含湿润剂5%~20%。首先,湿润剂可增加产品黏度,当用它漱口时会有一种舒适的口感;其次,湿润剂会使含漱剂增加甜味感;另外,湿润剂还有一定的抑菌作用。最常用的湿润剂是甘油和山梨糖醇或山梨糖醇取代物。甘油和山梨糖醇可与典型的含漱剂组分复配,产生良好的口腔感觉,使含漱剂发甜。

表面活性剂在含漱剂内有多种作用:①增溶作用;②清洗作用;③具有杀菌性;④稳泡作用。大多数含漱剂至少含有一种非离子表面活性剂,如 PO/EO 嵌段共聚物、Tween-型等,也可一起使用。目前使用最普遍的表面活性剂是 Poloxamer-407,它可以使含漱剂黏度更高,给人以增浓感。阴离子表面活性剂,如十二烷基磺酸钠,它除增溶香精外,还可发泡,而且有助于清除口腔内的食物残屑。含漱剂中的阳离子表面活性剂的作用是利用其杀菌性。常用的一种阳离子表面活性剂是鲸蜡基吡啶氯化胺,它具有优良的杀菌活性。但因其会使漱口剂有苦味,故用量受到限制,仅用 0.05% 。

漱口水对香味剂的要求是:口感舒适,香味鲜美,清凉爽口。柠檬、薄荷、苹果及留兰香型香精是较好的香味剂。由于香精的成分多有苦味,而加甜味剂是一种矫正异味的简便方法。常用的甜味剂有糖精、甘油、山梨醇等。

漱口水根据它的效用可分为:治疗型和化妆型两大类。前者可减少牙斑和龋齿,抑制细菌,减轻牙龈盐。如含 0.12% 的洗必泰漱口水试验表明它对防止牙龈炎十分有效;而化妆品型漱口水的最基本功能就是减少口臭,它是通过杀菌和香精的二者兼用来达到此目的。

配方实例 1(漱口水),wt%

1. 甘油	15.0	5. 安息香酸钠	0.1
2. poloxamer – 338	1.0	6. 色料	适量
3. 香精	0.25	7. 去离子水	加至 100%
4. 乙醇	5.0		

配方实例 2(杀菌漱口水),wt%

1. 乙醇	15.0	6. 薄荷油	0.1
2. 山梨醇	10.0	7. 叶绿素铜钠盐	0.1
3. 甘油	15.0	8. 糖精	0.1
4. 安息香酸	1.0	9. 香精	0.5
5. 硼酸	2.0	10. 去离子水	42.2

配方实例 3(含氟漱口水),wt%

1. 乙醇	31.0	6. 氟化钠	0.5
2. 尿素	30.0	7. 甘氨酸	适量
3. 氯化钙	10.0	8. 糖精	0.1
4. 磷酸二氢钠	1.0	9. 香精	0.3
5. 单氟磷酸钠	2.0	10. 去离子水	加至 100%

口腔卫生用品除了上述产品外,还有牙粉、假牙清洗剂和假牙黏结剂等。牙粉是早期的洁齿产品,目前,已趋于淘汰。假牙清洗剂则是利用氧化反应来完成清洗目的。使用时,只需溶入水中并将假牙浸入水中即可。为方便使用,通常将其制成片剂(配方实例略)。

4.3.4 牙膏的生产(制造)工艺

从组成看,牙膏是一种将粉质摩擦剂分散于黏性凝胶中的悬浮体。因此,分散操作是制造牙膏的关键步骤,而为达到此目的,高效的拌和研磨是必要的操作工序。另外,牙膏应具有良好的触变性,即在受到外力作用时,其黏度变小呈流动状态;当外力消失时,悬浮体黏度立即增大,恢复呈一定硬度的凝胶态,换句话说,牙膏应具有相当的弹性。质量好的牙膏表面应细致光洁,放置一段时间,表面也不应很快干燥,并能保持一定的形状和尺寸。

真空制膏是当今国内、外牙膏制造工业普遍采用的先进工艺,它也是一种间歇式生产方式。其主要特点是:工艺卫生达标;香料逸耗减少(比老工艺可减少10%左右的香料逸损),因为香料是牙膏膏料中最贵重的原料之一,故这样可大大降低制造成本,同时便于程控操作。

真空制膏工艺目前在国内也有两种方法:一种是分步法制膏,它保留了老工艺中的发胶工序,然后再将胶液与粉料、香料在真空制膏机中完成制膏。它的特点是产量高,真空制膏机的利用率高。另一种是一步法制膏,它从投料到出料一步完成制膏。其特点是工艺简单,卫生标准高,制造面积小,便于现代化管理,是中小牙膏企业技术改造的必经之路。图4-7是真空制膏的工艺流程。

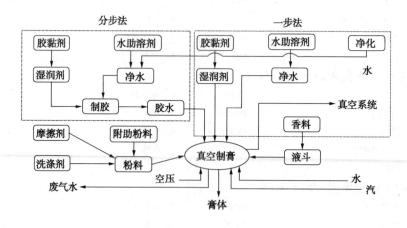

图4-7 真空制膏工艺流程示意图

具体操作时,先将配方中的各组分预混分为油相(湿润剂、胶黏剂等),水相(水、水助溶剂、多元醇等)和固相(摩擦剂及其他粉料)。开启真空泵,待真空度达到规定后,先进水相液料,开动刮刀;再慢慢地进油相胶料,开始搅拌,进料完毕待真空度到位后,进行胶体磨数分钟,停机片刻,再次启动胶体磨数分钟。二次匀质后,加入香料,再一次进行真空胶体磨,最后经脱气完成制膏。

4.3.5 洗浴用品(cleaner for body)

洗澡,是人们生活中清洁体肤的常用措施,就像人们经常洗脸、手一样重要。近些年来,由于人们的生活水平的日益提高,对洗澡的要求也日趋完美,要求在洗澡的清水中添加某些添加剂,配制成具有一定功能的浴剂,这样既可提高洗澡洁肤的效果,又能达到舒适、爽快和治疗某些疾病的种效能。另外,传统的固态肥皂由于使用上不如液态沐浴剂方便,且有不耐硬水之缺点,因此,目前市场上此类浴用清洗剂的销量呈明显的增加,而产品的功能性也在不断地完善。

1. 沐浴剂

因为此类产品多制成流动性良好的乳状体系,使用类似洗发香波,故人们习惯称之为"沐浴露"(shower gel,also body wash)。它的主要清洗成分是"液体肥皂",但非真正皂的化学组成,取而代之的是由合成表面活性剂所构成,如脂肪醇醚硫酸盐等。配方设计时,特别强调体系的pH,几乎所有的此类产品均为pH平衡型(与皮肤的pH相一致)。相比较,产品的去脂力要较洗发香波小,选用的表面活性剂(清洗成分)也应对皮肤有很小的刺激性。部分产品中还常添加一些植物精油,以增加对皮肤的保护功能。此外,绝大多数的产品有着令人愉快的香味。

配方实例1(通用淋浴剂),wt%

1. (合成)层状黏土	0.15	7. 可可巴油	0.05
2. 丙烯酸酯/淀粉交联共聚物	4.8	8. 氢氧化钠(10%)	3.0
3. 月桂基醚硫酸钠	7.1	9. 防腐剂	适量
4. 磺基琥珀酸乙二醇酯二钠盐	10.6	10. 香精(料)	适量
5. BS-12(月桂基甜菜碱)	11.7	11. 去离子水	至100
6. 丙二醇	2.0		

制备:先将黏土均匀分散于水中,再添加淀粉共聚物;在温和搅拌下,加入月桂基醚硫酸钠(尽可能不要产生泡沫)直至均匀,再分别添加配方中的组分4、5、6和防腐剂,用10% NaOH水溶液调节pH至7.0,最后冷却后加入适量的香料,装罐。这样制得的产品外观呈均一的液体,体系pH在6.9~7-1;黏度为5000cPs;25℃下可存储6个月以上。

配方实例2(通用淋浴剂),wt%

1. Crothix*	1.5	6. 丙二醇	1.0
2. 月桂基醚硫酸混合盐	35.0	7. 防腐剂	适量
3. BS-12(月桂基甜菜碱)	8.0	8. 柠檬酸	0.5
4. 椰子油二乙醇酰胺	4.0	9. 去离子水	47.8
5. PEG-12/硅氧烷共聚物	2.0		

* Crothix为多元醇EO加成物的脂肪酸酯。

制备:于75℃的水加入Crothix,并充分搅拌均匀,随后加入丙二醇溶解制得水相(Ⅰ)。将组分2、3、4、5均匀混合后,在搅拌下加入上述水相(Ⅰ)中。调匀后再加入柠檬酸、防腐剂,关闭热源并在温和搅拌下,逐渐冷却至室温,储存、罐装。

配方实例3(香珠沐浴露),wt%

1. 月桂基硫酸钠	33.5	6. EDTA二钠盐	适量
2. 氢氧化钠	1.40	7. 防腐剂	适量
3. 月桂酰基丙基甜菜碱	6.90	8. 色素紫2#(1% aq.)	适量
4. 氯化钠	0.20	9. (香)微珠*	15.0
5. 水溶性共聚物	6.50	10. 去离子水	35.6

注:由香料、油脂、蜡等构成,在水性介质中呈不溶性。

制备:先将聚合物溶解于去离子水中,随后在温和搅拌下,加入月桂基硫酸钠(应避免产生泡沫)直至均匀,再用NaOH调节体系pH至6.5。然后再依次加入组分3、6、7和8。混匀后,用NaCl调节体系的黏度;经冷却后,最后加入微珠,制得香珠沐浴露。

配方实例4(水果系保湿沐浴剂),wt%

1. C_{12}醇醚硫酸盐	9.0~13.0	6. 甘油	1.0~3.0
2. 704	7.0~2.0	7. 有机染料	0.005~0.5
3. 植物浸取液	0.5~3.0	8. 香精	1.0~2.0
4. 氯化钠	0.1~3.0	9. 去离子水	余量
5. 甲醛	0~0.2		

2. 功能浴剂

这是一种放入洗澡水中的沐浴产品,我们一般称之为(浸泡)"浴剂"。该浴剂的作用和效果根据所添加成分的不同,主要有下面几种作用:

1)保湿作用—保持人体血液循环良好,促进末梢血管的血液流动,提高新陈代谢;促进发汗作用,排泄人体中老化和废弃物;浴后有盐类附着在皮肤的表面,可以较长时间地对人体保湿。

2)清洁皮肤—碱性浴时,由于碱盐类对皮肤角质层的软化作用,溶解去除皮肤表面的皮屑,使皮肤光润、细软;泡沫浴时,则因为表面活性剂的洗净作用,使皮脂和附着在皮肤上的污垢洗掉。

3)治疗作用—根据配入的成分可达到不同效果。如配入硫黄或硫化物可作为有效的杀菌成分,使皮肤角质层软化,对治疗慢性湿疹效果良好;加入碳酸氢钠等碱盐,主要使皮肤角质层软化,对治疗角质异常症和赶癣十分有效。

4)润肤作用—浴剂中配入油性组分,可使皮肤滋润、柔软和富有弹性。

(1)人造温泉浴剂

温泉含有多种无机盐等天然物质,利用温泉治疗疾病和清洁皮肤,亦称"天然疗法",并具有悠久的历史。人工仿制温泉浴剂是按照天然温泉的性质和所含主要无机盐类为主要成分,再配以有效的助剂以及中草药等,以增加其疗效。目前的人工温泉浴剂主要是以芒硝和碳酸氢纳为主要的添加剂。

为了提高温泉的疗效性,还常常添加中草药作为疗效剂。如陈皮、酒花、富蒲、艾叶、车前、荷叶、当归叶、牛膝、防己、桂枝、灵仙、木瓜等。另外,在浴剂中添加天然香料,可以起到镇静、舒筋提神、消除疲劳的功效,常用的有蜂花、薄荷、柠檬、丁香等。

配方实例1(粉状人造温泉添加剂),wt%

1. 无水芒硝	48.0	4. 硼砂	3.0
2. 碳酸氢钠	27.0	5. 中草药	2.0
3. 无水碳酸钠	20.0	6. 香料、色素	适量

配方实例2(液状人造温泉添加剂),wt%

1. 无水芒硝	8.0	5. 中草药浸出液	0.6
2. 碳酸氢钠	4.2	6. 香料、色素	适量
3. 无水碳酸钠	3.3	7. 去离子水	加至100%
4. 硼砂	0.5		

（2）疗效型浴剂

将植物或药用植物的提取液添加进洗澡水中沐浴,在我国的古代就曾经采用过。它不仅增添沐浴时的舒适和愉快的感觉,而且还可以发挥药用植物的特有药性治疗疾病。沐浴用的药用植物提取液大体上有4类。

1）以精油为主体的芳香性植物,例如柑桔、柠檬、佛手柑、麝香草、薄荷、蜂花、薰衣草等。它具有局部刺激作用,可促进末梢血管的扩张,增进血液循环,此外还兼有消炎和杀菌防腐作用。

2）含有丹宁类的植物,例如宝盖草、西洋菩提树等。丹宁具有收敛作用,有消炎的作用和防菌、防酶的效果,可达到防治湿疹、汗掺和接触性皮炎的功效。

3）具有缓和、保护和保湿作用的植物,例如含有淀粉、蛋白质、黏液质、糖类和油脂类的植物。这类植物的成分容易吸附在皮肤表面,形成保护膜和提高皮肤的接触感。

4）具有特殊成分和作用的植物,例如有消炎作用的西洋菊、有缓解作用的甘草、有刺激作用的皂角苷、有消炎和杀菌作用的生物碱等。

以中草药配制的疗效型浴剂添加剂,在我国传统医学的许多药典中都有论述,下面两则是古代宫廷的沐浴剂配方。

配方实例3(纯中草药型沐浴添加剂),wt%

1. 精草	12.1	5. 白菊花	12.1
2. 茵陈	12.2	6. 木瓜	13.1
3. 决明石	12.1	7. 桑叶	13.2
4. 桑枝	12.1	8. 青皮	13.1

制法:加3～4倍的清水,煮沸后浸泡20min左右,过滤,将滤液兑入洗澡水中沐浴。本配方浴剂以清风热、清头目、利湿热为主,其中精草对绿脓杆菌有抗菌作用,对皮肤真菌有抑制作用,此方沐浴可防治皮肤病,保护皮肤健康。

配方实例4(纯中草药型沐浴添加剂),wt%

1. 宣木瓜	12.5	6. 甘菊花	12.5
2. 薏米(薏苡仁)	12.5	7. 青皮	12.5
3. 桑枝	12.5	8. 净蝉衣	12.5
4. 桑叶	12.5	9. 黄连	6.1
5. 茵陈	6.4		

制法:同上,特点也仿,所加蝉衣散风热、透斑彦之力强;庾连则清热燥湿较好,对绿脓杆菌及金黄色葡萄球菌均有抗菌作用。

（3）泡沫型浴剂

泡沫型浴剂主要使用高泡的表面活性剂作为主要成分,洗澡时水面产生大量的泡沫,人体的皮肤表面和大量的泡沫接触后,有轻松、愉快的感觉;同时添加剂中的香料散发叫芳香气让人心神舒适。泡沫型浴剂在欧美国家十分流行。配方中使用的表面活性剂主要是高碳醇的硫酸酯盐、聚氧乙烯烷基醚、脂肪酸的烷醇酰胺、干油脂肪酸酯等阴离子表面活性剂和非离子表面活性剂以及咪唑啉系两性离子表面活性剂,另外,再配加如羊毛脂及其衍生物、高碳醇脂肪酸酯等油性组分。

配方实例5（泡沫浴添加剂）,wt%

1. 油基醚磺基琥珀酸二钠	35.0	6. 氯化钠	1.25
2. 椰子油酰胺基丙基氧化胺	3.5	7. 水解牛奶蛋白	1.0
3. 月桂酸二乙醇酰胺	2.0	8. 防腐剂	1.0
4. 聚乙二醇棕榈仁油基甘油酯	5.0	9. 去离子水	48.25
5. 月桂醚硫酸钠	3.0		

配方实例6（透明凝胶状泡沫浴剂）,wt%

1. 月桂酯磺基琥珀酸二钠	35.0	4. 香料、色素	适量
2. 月桂基醚硫酸钠(25% aq)	15.0	5. 去离子水	加至100%
3. 月桂酸二乙醇酰胺	3.5		

配方实例7（泡沫浴剂）,wt%

1. 椰子油酰胺基乙基甜菜碱/ 月桂基硫酸钠	32.0	3. 月桂酰肌氨酸钠	10.0
		4. 香、防腐剂	适量
2. 椰子油/油酰胺基丙基甜菜碱	15.0	5. 水	加至100%

另外,还有一种称之为"发泡型浴剂"。它与泡沫型浴剂有所不同。泡沫型浴剂是在洗澡水的表面上形成大量泡沫,并长时间漂浮在水面上。而发泡型浴剂是将浴剂投入洗澡水中后不断地产生二氧化碳气泡,气泡上升的同时又不断地摩擦皮肤表面,使皮肤有舒适的感觉,并且可以扩张毛细血管,起到促进新陈代谢的作用。

配方实例8（发泡固体浴剂）,wt%

1. 氯化钠	15.0	4. 苹果酸	30.0
2. 碳酸钠	28.0	5. 茉莉油	适量
3. 碳酸氢钠	27.0	6. 色料	适量

制法:将上述成分混合均匀,制成粉剂。其中的碳酸盐和有机酸反应产生二氧化碳,能长时间保持水的温度,增进沐浴效果。

（4）营养型浴剂

就是在浴剂中添加一些对皮肤有保护作用的油性组分,如植物性油脂,高碳醇、和营养萃取组分等,它的功效是浴后,在皮肤的表面残留一层极薄的油膜,可防止皮肤水分蒸发,防止皮肤干燥,从而使皮肤柔软、光滑,增加皮肤的美感。

配方实例9(霍霍巴油浴剂),wt%

1. 油酰胺基乙酯磺基　　20.0
   琥珀酸二钠
2. 月桂酯磺基琥珀酸二钠　15.0
3. 月桂基硫酸钠　　　　10.0
4. 椰子油二乙醇酰胺　　4.0
5. 乙二醇二硬脂酸二酯　　3.0
6. 霍霍巴油　　　　　　0.5
7. 香料、色素、防腐剂　　适量
8. 去离子水　　　　加至100%

配方实例10(含蜂蜜浴剂),wt%

1. 十二烷基硫酸钠　　　35.0
2. 十二烷基氧化胺　　　5.0
3. 椰子油酰胺基丙基甜菜碱　5.5
4. 聚乙烯醇　　　　　1.5
5. 蜂蜜　　　　　　　10.0
6. 香料、色素、防腐剂　　适量
7. 去离子水　　　　加至100%

4.4 香水与美容产品(perfume & beauty products)

这是一类以色彩鲜艳、芳香气味为特征,以修饰肤色、遮盖皮肤缺陷、美化容貌为目的,主要涂抹于面颊、眼部、嘴唇、指甲等部位的化妆品。依粉剂原料与其他组分的组合,可分为以下几类:

表4-5　美容化妆品的基本组成和形态

基本组分	产品形态	典型产品
粉	粉状	香粉
粉 + 黏合剂	块状	胭脂、底粉
粉 + 油性组分	棒状	口红、眼影
	铅笔状	眼线、美黛
	软膏状	眼线膏、底粉
粉 + 油份 + 水份 + 分散剂	乳液状	美黛、眼影
	膏状	
粉 + 水份 + 分散剂 + 成膜剂	水性液状	眼线膏、睫毛油
粉 + 溶剂 + 成膜剂	油性液状	指甲油
香精油(或合成香料)	透明溶液	香水

4.4.1 香水

香水是由各种芳香组分(或香精油)、固香剂与溶剂(多数为乙醇)组成的一种混合液,它能散发出令人愉快的芳香气味,是化妆品中的一个大类产品。由于芳香物质的种类繁多,且各种香气的差异也很大,故香水的分类也非常之多,但基于发香组分在溶剂中的浓度,目前可将香水基本划分为以下几类:

1) 香精油(IFRA规定:芳香组分的浓度为15% ~40%,v/v,典型的为20%)

2）化妆香水(芳香组分的浓度为 10% ~20% ,v/v,典型的为 15%),也称浓香水,国外一般称"eau de parfum"(EDP)或"parfum de toilette"。

3）淡香水(芳香组分的浓度为 5% ~15% ,v/v,典型的为 10%)。这也是目前市场上最为普及的一种香水形式。国外称为"eau de toilette"(EDT)。

4）古龙香水(芳香组分的浓度为 3% ~8% ,v/v,典型的为 5% ~8%)。是具有素心兰香韵一类香水的总称。国外称"eau de cologne"。最早"eau de cologne"是一个注册商标。

5）喷香剂(浓度 3% ~8% ,v/v,通常为非醇类溶剂)。

6）花露水(浓度 1% ~3% ,v/v,通常为水－醇混合溶剂)。

但需强调的是,有时香水的名称与浓度并非相一致。如淡香水(EDT)的浓度有时会大于化妆香水(EDP),其芳香组分的实际浓度取决于香水制造商。另外,香水的浓度随性别也会有相应的变化。通常,很少有男用香水的浓度属第 1)、2)类的;而女士用香水也很少配制成古龙香水型的浓度。

目前为止,香水中选用的溶剂绝大多数是乙醇或乙醇－水混合溶剂。但也可以使用一些天然的植物油,如椰子油、荷荷巴油、液态蜡由等将其溶解,以制得特殊用途的香油产品。

1. 香气与香型

香料(精)的香气是指香料的挥发程度和留香的时间,若将香气的挥发比作音乐,则可分为三个不同的阶段:即顶香(top notes)、中段香(middle notes)和基香(basic notes)。

顶香的香气在使用时能直接嗅觉出,通常是由一些分子量较小、易挥发的发香组分所构成,它赋予了香水的"最初"香韵,故也称"头香"。

中(段)香,在头香香气消失后散发出的香气(味),通常时间越长,香气越悦人,它是香水的主要香气特征,所以也称为"体香"。

基香是香水的基础,它与中香(体香)一起构成香水的"主旋律"。同时它赋予体香香韵的"深度",延长香气的保留时间。一般低香的香气在 30 分钟后才能被识别出,所以它也被称之为"尾香"。

描述香气(味)的另一种方法就是依据香气特点对香(精)料进修分类。传统的是将香料划分为:单一花香、酒香、琥珀(或东方神)香、木香、皮(革)香、素心兰香、薰衣草香七种。以后随着合成香料与调香技术的不断发展,现在对香精(料)的香气作了重新的概括与分类,具体划分为:

① 花香型—结合传统单一花香、酒香的香韵。

② 青草香型—带有明显的新鲜青草、黄瓜样的香味,比传统薰衣草香更清淡些、更具现代感。

③ 海(水)洋香型——这是"香型家属"中的新品种,1991年由 Christian Dior 开发。散发出清淡的、现代的中性的香气,集花香、东方香和木香的韵味。

④ 柠檬香——是香型"家属"中最为经典、传统的香型,现代的产品则更清淡、持久。

⑤ 水果香——除柠檬外,如桃子、栗子、芒果、木果等香味。

⑥ 奶香型——典型的品种,如香草奶油、香草冰淇淋的香味。

1983年法国人 Michael Edwards 用"香气圈"对各香气之间的联系作了描述(见图4-8)。它先将香气分为花香(floral)、东方神香(oriental)、木香(woody)和清新香(fresh)四大类;相邻两类之间的香气转化,再细分为三个亚类,如花香→柔和花香→花韵东方香→柔和东方香→东方香。

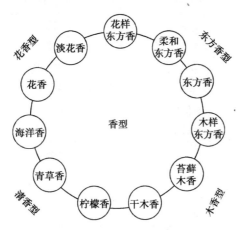

图4-8 香气圈示意图

- 花香(floral)新鲜花香的香气,如玫瑰花香。
- 清淡花香(soft floral):呈现出醛花香味。
- 花样东方香(floral oriental)橙花香气,甜的辛香气。
- 淡东方香(soft oriental):东方香与花香的结合,呈熏香和琥珀香气。
- 东方香(oriental):具香树脂、香兰素之香气味。
- 木洋东方香(woody oriental):东方香 + 木香混合,呈现出檀香与广霍香之气味。
- 木香(woods):散发出芳香型木香(如松香)与印度香的混合气味。
- 苔藓木香(mossy woods):木香与东方香的混合香气,如橡苔 + 琥珀的混合香气。
- 干木香(dry woods):主要呈现出干木材与皮革的气味。
- 植物芳香(aromatic):属清香类,主要呈现出皮革与各种植物香的香气。这一族包括多种香型,如柠檬清香,薰衣草花香,甜味的东方花香,东方琥珀香,苔藓样檀木和橡木香。
- 柑橘香(citrus)木香 + 清香的混合,柑橘类如柠檬水果清香。
- 海水香(water)清香 + 花香的混合,呈现出海水样的香味。
- 青草香(green)清香 + 花香的混合,具松木与绿叶的清香。
- 水果香(fruit)清香 + 花香的混合,具有非柑橘类的水果香。

事实上,香料研究者与制造商对香气的探索一直在不断的变化与修饰,表4-6列出了最近30年来香气、香型的发展与调整。

表4-6 香气类别与香型的发展与调整

香气类别	香型(业类)		
	1983 年	2008 年	2010 年
花香	花香	花香	花香
	清淡花香	清淡花香	清淡花香
	东方花香	东方花香	东方花香
东方香	淡东方香	淡东方香	淡东方香
	东方香	东方香	东方香
	东方木香	东方木香	东方木香
木香		木香	木香
	苔藓木香	苔藓木香	苔藓木香
	干木香	干木香	干木香
			植物芳香
清香	柠檬清香	柠檬清香	柠檬清香
		水果清香	水果清香
	新鲜草香	新鲜草香	新鲜草香
	海水清香	海水清香	海水清香

2. 香水(精)的配制

香水的调配,主要是香精的复配与调和。直至现在香精的复配与调和仍取决于调香师的"鼻子"嗅觉,调香师的嗅觉与经验对香精最终的香气(味)有着举足轻重的作用。尽管如此,香精的混合调制也有其基本的框架与原则。

调制一种香精往往需要用到几十甚至上百种香料组分,调香师根据其在香精中的作用,一般粗略地将其分为四类,①主香剂;②修饰剂;③调香剂;④定香剂。有关此进一步的内容请参见第二章香料。

为方便香水(产品)的制造,当今的香料制造商,一般先制备香型较为单纯的"香精",国外称之为"fragrance base",使用时十分方便。表4-7列出了部分香型的基础配方组成。

表 4 - 7 几种常用香精的组成   %

1# 玫瑰香型

香叶油	35.0	苯乙醇	10
玫瑰木油	15	姜草油	7
超派力油	2	秘鲁香膏	6
丁香油	10	甲基紫罗兰酮	3
乙酸香叶酯	3	灵猫香酊	3
檀香油	6		

2# 茉莉香型

乙酸苄酯	35.0	依兰油	3
甲酸苄酯	3	甲基戊基桂醇	5
芳樟醇	15	橙花油	1
苄醇	10	癸醛(10%)	1
邻氨基苯甲酸酯	5	茉莉净油	7
羟基香草醛	15		

3# 馥奇香型

薰衣草油	15.0	椰酸戊酯	3
香兰素	5	洋茉莉醛	2
香柠檬油	15	吐鲁香膏	2
橡苔净油	4	乙酸苄醇	5
派超力油	1	月下香净油	1
玫瑰油	15	依兰油	3
茉莉净油	7	甲基紫罗兰酮	6
麝香酮	3	茵陈蒿油	0.5
岩兰酮	1	香荚兰豆酊	10
香叶醇	8	十一烯醛	0.5
麝香酊(10%)	3		

4# 薰衣草型

薰衣草油	30.0	鸢尾根油	0.5
留兰香油	15	香豆素	5
派超力油	5	薄荷油	1
檀香油	6	香荚兰豆酊	5
香柠檬油	10	橙叶油	3
橡苔净油	1	迷迭香油	10
百里香油	2	灵猫香酊(3%)	5
赖百兰香膏	1	葵子麝香	0.5

5#檀香香型				
檀香油	30.0	派超力油	0.5
柏木油	15	松油醇	5
丁香油	5	香豆素	1
桂皮油	6	葵子麝香(10%)	5
香叶油	10	玫瑰木油	3
香柠檬油	1	橡苔净油	10
6#薄荷香型				
薄荷油	85.0	桂皮油	1
薄荷脑	7.7	乙酸香叶酯	0.2
茴香油	6.1		
7#留兰香香型				
留兰香油	52.00	茴香油	7
薄荷油	20	乙基香兰	0.1
薄荷脑	20	麝香草酚	0.5
8#水果香型				
柠檬油	30.00	薄荷脑	38
甜橙油	30	麝香草酚	1
柠檬醛	1		

香水的制造过程,通常包括:精油、预处理、混和、陈化、冷冻、过滤、调色、成品检验、装瓶。图4-9为香水制造的大致工艺流程图。

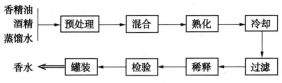

图4-9 香水的制造工艺流程

1)精华油通常通过直接购买得到,或者采用萃取等方法直接提取动、植物以获取芳香成分(混合物)。

2)预处理包括酒精、香精、水的纯化处理。酒精中加碱回流法和高锰酸钾氧化法,目的是去杂质,使酒精得到纯化。在纯化后的酒精中放入少量香料,在15℃下密封放置数月,以使酒精得到"陈化";在香精中加入少量预处理后的酒精,放置陈化1个月后待用;水通过蒸馏、沉淀以达到杀菌和去除金属离子的目的。

3)混合,是将预处理的酒精、香精、水按一定的比例放入不锈钢或搪瓷、搪银、搪锡的容器中,搅拌混和放置一段时间。作用是让香精中的杂质充分沉淀,这样对

168

成品的澄清度及在寒冷条件下的抗混浊都有改善。

4）陈化，即将混合好的香水放入装有安全阀的密闭容器中进行处理。香水的陈化有物理方法和化学方法两种。物理法有机械搅拌、空气鼓泡、红外、紫外线光照射、超声波处理、机械振动。化学方法有空气、氧气或臭氧鼓泡氧化、锡或氢气还原等。在陈化期中，香水的气味渐渐由粗糙转为细腻柔和。陈化时间通常需 3 个月，也可以根据生产条件等因素加以调整。陈化后的香精浓缩物，

5）冷却、过滤。香水在较低温度时，会变成半透明或雾状物，此后如再加温也不再会澄清，始终浑浊。因此香水须冷冻后再进行过滤。陈化及冷冻后的香水会有一些不溶性物质沉淀出来，经过滤处理后保证其透明清晰。过滤采用压滤机，并借加入硅藻土等助滤剂以吸附沉淀微粒，否则沉淀物阻塞滤布孔道。当将陈化和冷却产生的沉淀物滤除后，可恢复至室温再经过一次细孔布过滤，即可保证产品在储藏及使用过程中始终清晰透明。

6）稀释，经上述工艺处理后的浓缩液，则再按要求将其作稀释处理，以制得不同浓度的香水产品，大致组分比例：①化妆香水：10% ～20% 的香精油或合成香料溶于乙醇及少量的水；②古龙香水：3% ～5%的香精油或合成香料 +80% ～90% 酒精 + 至100% 水；③喷雾香水（盥洗室用）：约2% 香油或香料 +60% ～80% 酒精 +20% 水。

7）调色与检验，加色一般在过滤工序之后，否则颜色易被助滤剂吸附，但须与标准样品比色后加色。使用仪器对比色泽、测定比重及折光指数，并测定酒精含量等。

8）装瓶，所用瓶子要用蒸馏水进行水洗。而装瓶时须在瓶颈处留出一些空隙，防止储藏期间瓶内溶液受热膨胀而使瓶子破裂。

除常见的无色透明外，香水制造商为提高消费者对产品的兴趣，有时会添加一些色素，以增加产品的视觉感和"诱惑力"，如蓝色香水。另外，为增加香水的稳定性，有时还会配入抗氧剂，以延长它的使用寿命。

4.4.2 底粉（foundation）

胭脂、粉底霜是典型的产品。它通常是为修饰皮肤色调，掩盖缺陷，使皮肤外表光滑而使用的一类美容品。产品所需的遮盖力由二氧化钛与氧化锌或颜料的比例来调节，底粉根据其对皮肤的遮盖能力，一般可将其分为：

1）透明型（sheer）—此类底粉对表皮上的色素（斑点）无遮盖作用，只能降低肤色与色素沉积之间的色差。配方中有遮盖力的颜料含量仅为8% ～13%。

2）轻度型（light）—对表皮上的粗糙不平和轻度的小红斑点具有一定的遮盖，但无法遮盖"雀斑"，颜料的含量在 13% ～18%。

3）中等型（medium）—对皮肤上的雀斑、色素、斑点和红色暗疮痕迹均有掩饰作用，其颜料的含量在 18% ～23%。

4）全效型（full）—对皮肤的遮盖性良好，呈不透明性。对胎记、白斑、色素沉积、疤痕等均能遮盖，有时其至有矫正和伪装功效。通常此类底粉中颜料的含量达35%，而对于某些职业（戏剧演员等）要求，有时含量高达50%以上。

底粉的外型可以是块状、油性膏和乳液型，可根据皮肤状态和使用季节灵活选择。块状产品是由各功能性粉剂与油性组分或表面活性剂经混合压制而成，一般将其置于各种形状的小盒子中，也称为"粉饼"。粉底霜是在 W/O 型或 O/W 型的乳化膏体中加入粉剂而构成；而乳液状底粉的组成基本与粉底霜相似，但外观呈流动态，通常需采用胶体保护剂，以防止颜料色素的沉降。使用时，需充分摇动均匀。

底粉的基础配方（wt%）：

1. 表面活性剂（乳化剂）	1~6	8. 防腐剂	0.1~1
2. 润肤剂	8~20	9. 抗氧剂	0.01~0.05
3. 增稠剂	0.1~2	10. 黏合剂	0.5~20
4. 颜料色素	2~10	11. 络合剂	0~0.02
5. 保湿剂	4~7	12. 香料	0.5~1.0
6. 粉剂（白色）	4~10	13. 功能添加剂（如 UV 剂）	0.1~1.0
7. 蒸馏水	至100		

注：组分8~13为可选择性添加的组分。

配方实例1（块状胭脂），wt%

1. 二氧化钛	10.0	6. 巴西棕榈蜡	3.0
2. 高岭土	20.0	7. 角鲨烷	25.0
3. 小烛树蜡	6.0	8. 肉豆蔻酸异丙酯	15.0
4. 纯地蜡	5.0	9. 异硬脂醇	15.0
5. 红色颜料	1.0	10. 香料	适量

配方实例2（液状底粉），wt%

1. 棕色合成颜料	3.5	7. PPG-4 肉桂酸醚	0.5
2. 二氧化硅	2.0	8. 硅油共聚物	5.5
3. 水性硅油	14.0	9. 氯化钠	1.0
4. 角鲨烷	2.0	10. 复配专用粉（Dow Corning）	4.0
5. 甘油葵酸酯	2.0	11. 颜料、香料、防腐剂	适量
6. 油性硅油	2.0	12. 精制水	56.0

制作方法：先将合成颜料、二氧化硅均匀混合后研磨。组分3~8#混合、加热至38℃，并充分搅拌至均相油溶液，再倒入研磨好的颜料粉搅拌至均匀得到（I）。将 NaCl 先溶于水中，随后在搅拌下慢慢加入（I）中，送入均质器中作均匀化处理，最后再慢慢加入组分10#，继续均质化处理即可。

配方实例3（液状底粉），wt%

1. 二氧化钛	10.0	8. 肉豆蔻酸异丙酯	3.0
2. 滑石粉	20.0	9. 精制水	64.3
3. 硬脂酸	12.0	10. 羧甲基纤维素	0.2
4. 丙二醇单硬脂酸酯	5.0	11. 水性膨润土	0.5
5. 鲸蜡醇	1.0	12. 丙二醇	4.0
6. 液体石蜡	3.0	13. 三乙醇胺	1.0
7. 液体羊毛脂	2.0	14. 颜料、香料、防腐剂	适量

配方实例 4(乳状胭脂膏)，wt%

1. 凡士林	30.0	5. 色料	3.5
2. 液体石蜡	15.0	6. 甘油	3.0
3. 甘油单硬脂酸酯	4.0	7. 去离子水	34.0
4. 羊毛脂	2.0	8. 香料、防腐剂	适量

相比块状产品，液状产品使用更方便，且无油腻感觉。配方 4# 中的水性膨润土就是一种胶体保护剂，能使颜料和粉剂较好地分散于乳化体系中。

4.4.3 唇膏类(lip - stick)

唇膏是点敷于嘴唇并赋予其美丽色彩和光泽的一类美容化妆品，因为色调多以红色为主，故又称之为"口红"。也有少数品种不添加色素，主要起滋润作用，防止开裂，男女老少皆可使用。

配制口红的基本原料是蜡、油脂和混合型色素(颜料和染料的结合)。就使用性而言，产品外观须表面细洁、光亮，硬度适中，涂敷时应颜色清晰，轮廓线不模糊，且不宜褪色。

蜡是口红的主要功能成分，它赋予口红以一定的形状。巴西棕榈蜡能提高产品的熔点和硬度；是口红的主要成型剂。地蜡对矿物油的吸收量较大，但用量多时，会影响产品表面的光泽；羊毛脂及衍生物能使油和蜡易于混合，并有助于颜料的分散，并对皮肤有滋润作用。

色素是口红配方中不可少的功能组分，一般要求所选颜料应是水、油均不溶解。从它的功能作用区分，一类是起遮盖作用的白色颜料如 TiO_2、云母粉及衍生物；另一类则是显色剂，通常由各种合成颜料组合而成。另外，有时还添加珠光剂，它虽无生色作用，但能赋予唇膏异常的光泽，可提高化妆效果，而深受消费者的欢迎。

橄榄油是唯一高黏度的天然油，它赋予唇膏一定的黏度，唯容易酸败。目前多选用与蓖麻油结构相似、具氧化稳定的合成油，如氢化棕榈油。为了便于描画，口红需有良好的触变性，所以配方时还需加入一定量的低黏度油，以调节油的黏度，保证产品有良好的铺展性。较为常用的品种有：肉豆蔻酸异丙酯、硬脂酸异丙酯、甘油三异硬脂酸酯等，在皮肤上能形成透气性薄膜，以保持皮肤正常的生理功能。

口红的基础配方(wt%)

1. (均匀)混合蜡	20 ~ 55	6. 颜料(遮盖等)	5 ~ 25
2. 润肤剂(液状)	25 ~ 70	7. 抗氧剂	0.1 ~ 1
3. 颜料(调色)	0.5 ~ 10	8. 紫外吸收剂	0 ~ 2
4. 增稠(稳定)剂	0 ~ 1	9. 香料	0 ~ 1
5. 防腐剂	0 ~ 1	10. 功能添加剂	0 ~ 1

注：1 ~ 3# 组分为必要成分；而 8 ~ 10# 组分则可以不用。

配方实例 1（棒状口红），wt%

1. 二氧化钛	5.0	6. 巴西棕榈蜡	5.0
2. 色素	1.8	7. 羊毛脂	5.0
3. 小烛树蜡	9.0	8. 肉豆蔻酸异丙酯	10.0
4. 蜂蜡	5.0	9. 蓖麻油	44.8
5. 固体石蜡	8.0	10. 香料、抗氧剂	适量

配方实例 2（珠光口红），wt%

1. 蜂蜡	6.0	7. 颜料（红色）	4.0
2. 巴西棕榈蜡	3.0	8. 涂覆钛白/云母粉	6.0
3. 小烛树蜡	7.0	9. 维生素 E 醋酸酯	0.05
4. 地蜡	4.0	10. 防腐剂	0.03
5. 聚异丁烯	30.0	11. 薄荷（香料）	0.3
6. 蓖麻油	适量		

制作方法：将上述组分 1～8# 混合并加热至 70℃，搅拌下加入余下组分，继续搅拌直至均匀，再将此液体灌入一定的模具即可。

还有一种"口红"，配方中无色素存在。它的主要功能作用是润唇，并赋予嘴唇一定的光泽。

配方实例 3（润唇膏），wt%

1. 蓖麻油	11	6. 卵磷脂	0.5
2. 霍霍巴油	35	7. 维生素原 B$_5$	6.0
3. 甘油三酯	23	8. 维生素 E	0.2
4. 牛油果	12	9. 尿素囊（消炎作用）	0.2
5. 蜂蜡	17	10. 香料	0.3

4.4.4　眼部美容品类（eye make–up）

此类产品的品种最多，主要用于眉毛、眼皮、睫毛等部位，赋予眼睛以美丽动人的神采，并通过一定的轮廓描绘，体现出一定的立体感觉。较为典型的品种有：眼黛、眉黛、眼影和睫毛油等。

1. 眉黛/笔（eyebrow）

主要功能就是用来化妆眉毛，描画出美丽的眉型。就产品外观看，一般有铅笔式、推管式、乳液型等多种形式。其中尤铅笔式居多，故俗称"眉笔"。构成眉黛的主要成分与口红相似，但颜色是以黑、灰、深棕为主，且用量较多。

配方实例 1（铅笔型眉黛），wt%

1. 黑色氧化铁	10.0	7. 硬脂酸	10.0
2. 滑石粉	10.0	8. 凡士林	4.0
3. 高岭土	15.0	9. 硬化蓖麻油	5.0
4. 珠光颜料	15.0	10. 羊毛脂	3.0
5. 蜂蜡	5.0	11. 角鲨烷	3.0
6. 树蜡	20.0	12. 防腐剂	适量

172

配方实例2（推管型眉黛），wt%

1. 石蜡	33.0	5. 羊毛脂	10.0
2. 蜂蜡	10.0	6. 液体石蜡	7.0
3. 矿脂	16.0	7. 色素	12.0
4. 虫蜡	12.0		

配方实例3（凝胶眉线），wt%

1. 甘油三脂	7.0	5. 凝胶乳化剂	3.0
2. 小烛树蜡	5.0	6. 黑色氧化铁	11.0
3. 多聚葡萄糖	1.0	7. 乙二醇单苯醚（防腐）	1.0
4. 微晶蜡	2.0	8. 蒸馏水	70.0

制法：将水加热至75℃。在另一容器中，将组分1~6#混合并加热至相同温度，待其完全融化后，在搅拌下将热水加入，继续搅拌直至均相。移去热源，冷却至一定温度后，加入防腐剂并保持搅拌，最后装罐。

制成铅笔型的因外层有木材保护，笔芯的硬度要求可较低些。但若长期储存，因木材会吸收油分，造成笔芯渐渐变硬发脆，因此，选用的木材须事先用树脂进行处理。

2. 眼影（eye shadow）

眼影是涂于眼皮使之形成阴影，而赋予眼睛有深奥立体感的一种美容品。产品的形态有块状型、棒型、油性软膏型和乳化型多种。它的基本色调是以黑色为主的冷色调，选用的色素一般为无机矿物型，如兰色（群青＋二氧化钛）；深绿色（铬绿＋二氧化钛）；深棕色（氧化铁＋二氧化钛）。但时下由于金属离子的毒性问题，对颜料使用有严格的控制。

粉质块状眼影是当今较为流行产品形式，用金属材料制成的底盘，将多种颜色的配方组分，压制成各色小块放置于一起，以方便选用。其配方与粉状胭脂类似，主要为各种功能性粉剂、色料、珠光剂及将其捏合在一起的"黏合剂"。棒状或铅笔状配方与唇膏相近，但遮盖力和着色力要求不是很高。

配方实例1（块状眼影），wt%

1. 甘油三脂	4.0	6. 滑石粉、云母粉（各50%）	40.0
2. 硅油	5.0	7. 灰褐色颜料	5.0
3. 聚甘油油酸酯	0.75	8. 硬脂酸镁	5.0
4. 维生素E醋酸酯	1.0	9. 氧氯化铋	5.0
5. 珍珠白云母粉	31.0	10. 二氧化钛	5.0

制法：先将TiO_2与珍珠白云母粉一起研磨、均匀化，随后再逐个加入粉状组分，并研磨、匀化。将组分1~4#加入上述混合均匀的粉体中，捏合至匀（颜色均一）。最后压制成型。该配方产品，色泽柔和且带有明亮的光泽。

配方实例2（防水眼影胶），wt%

1. 蒸馏水	76.6	7. 聚异丁烯（C_{20}）	1.0
2. 尼泊金甲/丙酯	0.4	8. 云母粉（调色）	10.0
3. 丙烯酸酯共聚物	2.0	9. 丙烯酸酯－乙烯酯交联共聚物	8.0
4. 三乙醇胺	0.44	10. PEG－聚氨酯共聚物	1.5
5. 甘油	2.0	11. 丙烯酸C_{12}~C_{22}醇酯的共聚物	2.0
6. 异硬脂酸丙酯	1.0		

配方实例 3（珠光眼影），wt%

1. 滑石粉	44.31	5. 硅油	6.67
2. 氮化硼	15.0	6. C_8，C_{10}丙二醇酯	3.33
3. 云母粉（有色）	3.5	7. TiO_2	15.0
4. 尼泊金甲/丙酯	0.2	8. 云母粉（白色）	12.0

3. 睫毛油（mascara）

这是近十年来，研制开发出的美容产品。它是利用人造短纤维，对睫毛加以修整、弯曲，美化眼睛神态的一种眼部化妆品。通常还需借助于小刷子等附件配合使用。睫毛油的配方中，除短纤维外，一般还添加高分子树脂作为成膜剂，提高纤维的黏附力。而光泽主要来自于油性组分。

＊睫毛油的基础配方（wt%）

1. 蜡基组分	7~20	7. 防腐剂	0~1
2. 润肤剂（液状）	25~70	8. 成膜促进剂	2~8
3. 颜料（调色）	0.5~10	9. 防水助剂	0~1
4. 乳化剂	3~10	10. 香料	0~1
5. 水	足量	11. 颜料（特殊作用）	0~1
6. 增稠/稳定剂	0~1	12. 活性添加剂	0~1

注：1~5# 为必要成分；而 9~12# 组分则可以不用。

配方实例 1（睫毛油），wt%

1. 氧化铁（黑色）	10.0	6. 液体聚异丁烯	30.0
2. 聚丙烯酸酯乳液	30.0	7. Span-85	4.0
3. 固体石蜡	8.0	8. 精制水	10.0
4. 羊毛脂	8.0	9. 香料、防腐剂	适量
5. 炭黑粉	1.5	10. 防腐剂	适量

好的睫毛油在使用时应分布均匀，不会使睫毛黏结和发硬；有弯曲睫毛的效果，有适度的光泽；干燥速度快，对汗水、泪水和雨水有一定的耐牢度，并且对眼睛应无刺激。

配方实例 2（防水睫毛膏），wt%

1. 氧化铁（CI 77499）	10.0	8. 二甲硅油（防水）	0.5
2. 硬脂酸（乳化剂）	5.0	9. 羟乙基纤维素（增稠）	0.5
3. 甘脂硬脂酸酯	2.5	10. 三乙醇胺（pH 中和）	2.0
4. 巴西棕榈蜡	4.0	11. 丁二醇-1，4	8.0
5. 蜂蜡	5.0	12. 防腐剂	0.7
6. 小烛树蜡	1.0	13. 水	加至100%
7. 丙烯酸酯共聚物（成膜）	5.0		

配方实例 3（睫毛膏），wt%

1. 蒸馏水	68.4	8. 脂肪醇聚氧乙烯醚-20	1.7
2. 黄原胶	0.2	9. 蜂蜡	4.5
3. 维生素原 B_5	0.5	10. 巴西棕榈蜡	2.7
4. 甘油/三梨醇	2.0	11. 黑色氧化铁	10.0
5. 阿拉伯胶	2.0	12. 防腐剂	1.0
6. 硬脂酸	5.0	13. 硅油	0.5
7. 小烛树蜡	1.5		

基本制法：将水相组分（1～5#）均一混合、溶解。在另一容器中将油性组分（6～10#）加热、混合均匀（Ⅰ）。事先将颜料研磨细粉化，再将其倒入熔融的油性混合液中，搅拌至匀（Ⅱ）。将水相混合液（Ⅰ）也加热至油相同样的温度（约75°C），随后在搅拌并保持70°C下，慢慢地倒入上述（Ⅱ）中，至所有组分混合均一。当温度降至60°C后，加入防腐剂与硅油。最后将此热的（混合物）流体倒入特制的睫毛液容器中。

配方实例 4（volumizing mascara 稠密睫毛膏），wt%

1. 蜂蜡	8.0	9. 去离子水	37.6
2. 地蜡	5.0	10. 聚丙烯酸铵水溶液	15.0
3. 巴西棕榈蜡	3.0	11. 三乙醇胺	1.0
4. 硬脂酸	3.0	12. 羟乙基纤维素	0.3
5. 微晶蜡	3.0	13. 甲基硅油	5.0
6. 环戊二烯均聚物	2.0	14. 防腐剂	0.8
7. 山梨醇油酸酯	1.0	15. 丙烯酸/酯共聚物	15.0
8. 尼泊金丙酯	0.1	16. 尼泊金甲酯	0.2

4. 卸妆用品（remover for make-up）

卸妆品可分为眼部用与脸部用两大类。眼部产品由于眼睛的敏感性，所以所选原料应为无刺激（或低刺激）性的成分。从成品的形式上有乳液型和水溶液两种，产品应具有低刺激性，无油腻感、无黏性感。配方中主要的要点是：①适度的 pH 值，其值应与泪水（pH≈7.4）相等；②适宜的张度，即产品所含盐的浓度应与泪水相似。

此类产品的核心成分就是去污力适中的表面活性剂。其基础配方：

1. 低刺激性表面活性剂	1～5	5. pH 缓冲剂	适量
2. 水	足量	6. 防腐剂	0～0.02
3. 保湿剂	3～30	7. 香精	微量
4. 润肤剂	1～5	8. 活性组分	适量

配方实例 1（眼影卸妆水），wt%

1. 聚阳离子调理剂	0.02	5. 椰子油基甜菜碱	3.5
2. PEG 甲基葡萄糖油酸酯	1.7	6. 防腐剂混合物	0.7
3. PEG 甲基葡萄糖硬脂酸倍半酯	1.5	7. 三乙醇胺（pH 调节）	足量
4. PEG 甲基葡萄糖醚	1.3	8. 蒸馏水	至100%

配方实例 2（卸妆乳剂），wt%

1. 蒸馏水	67.6	6. 吐温-60/鲸蜡醇	4.0
2. 黄原胶	0.5	7. 杏仁油	15.0
3. 甘油	5.0	8. 十六醇	1.5
4. 尿囊素（消炎）	0.2	9. 尼泊金酯	1.0
5. 磺基丁二酸酯	5.0	10. 香精	0.2

此配方产品为乳剂，使用时配以小棉球棒。产品配方中所用的清洗剂是性能温和的磺基丁二酸酯，且配有润肤油、油性乳化剂，它能很好地去除化妆组分和污垢。

4.4.5 指甲油

指甲油是唯一不用于面部的美容类化妆品，涂在指甲上，给以指甲鲜艳、美丽的光泽，而达到保护美化修饰指甲的作用。好的指甲油要求其涂膜干燥迅速，形成的薄膜有光泽，在指甲上粘附牢固，不易开裂，耐摩性好；且产品长时间放置时后仍能稳定分散，黏度适中，容易施涂。

指甲油的主要功能成分是成膜剂，通常是一些溶剂性聚合物，如乙酸纤维素、乙烯类聚合物、丙烯酸酯类聚合物等，但它们综合性能都不如硝化纤维素，后者在硬度、附着力、耐摩擦性等多方面性能都十分优良，是理想的成膜剂。但单独使用硝化纤维树脂时，膜容易发脆，光泽也不是最好，因而，目前实际使用的成膜剂，都配有其他的树脂，常用的有醇酸树脂、聚醋酸乙烯酯和对甲苯磺酰胺甲醛树脂，这些对改善膜的光亮度、附着力、流动性都有着明显的效果。另外，增塑剂的加入可提高膜的韧性与强度。

溶剂是指甲油配方中另一关键组分，一般占组成中的70%，起到溶解、调节黏度等作用，与膜干燥固化速度及膜的性质均有直接的影响。若溶剂的挥发得过快，易产生气泡，可能留下笔迹，有损膜的外观；而溶剂挥发太慢则会产生模糊感。因此，为了达到上述要求，指甲油配方中所用的溶剂一般均为混合溶剂，按其作用可分为真溶剂和稀释剂。

真溶剂是指单独也能溶解成膜树脂的有机溶剂，如酯类，酮类及部分乙二醇缩醚等衍生物，较典型的有乙酸乙酯、乙酸丁酯、丁酮、甲基异丁基酮、乳酸乙酯、一缩乙二醇、丁基溶纤剂等，后面的几个品种沸点较高（>140℃），能很好地抑制模糊感。助溶剂本身对硝化纤维素无溶解性可言，但有一定的亲和性，与真溶剂混用时，溶解度会大大增加，并能调整使用的感觉，常用的有乙醇、异丙醇、丁醇等醇类溶剂。稀释剂本身也不能溶解硝化纤维树脂，但与真溶剂配合，能增大对树脂的溶解度，且能有效地改进溶剂的黏度和流动性。此类溶剂多为芳香烃类，如甲苯、二甲苯等。但由于其毒性问题，现在一般不使用。

透明指甲油所选用的色素须为可溶性的染料，而较多的指甲油产品则是采用不溶性的色淀颜料，加入钛白粉以进一步提高其遮盖力。近代的指甲油一般都还添加珠光剂，用以改善膜的光泽。由于颜料的分散稳定性较差，通常配入指甲油中的颜料需做预处理，使其易于分散。另外，也可加入一种有机膨润土，通过它的触变性，使沉淀的颜料略经晃动后，又能重新分散于介质中，且不会引起黏度的变化，保证产品的长期有效性。

指甲油的基础配方(wt%)

1. 主成膜剂	10~20	7. 流体触变剂	0~1
2. 辅助树脂	2~10	8. 颜料(特殊作用)	1~5
3. 颜料	1~5	9. 紫外吸收剂	0~0.1
4. 增塑剂	3~10	10. 防腐剂	0.1~1
5. 溶剂	30~50	11. 抗氧剂	0.1~1
6. 助溶剂/稀释剂	5~15		

其中组分 1～7#是配方中的必要成分，而 8～11#则是常用的配方原料，但可以不添加。

配方实例 1（凝胶型指甲油），wt%

1.	硝化纤维素	10.0	9.	乙酸乙酯	8.0
2.	醇酸树脂	13.0	10.	乙酸丁酯	25.0
3.	丙烯酸树脂	7.0	11.	丁醇	3.0
4.	柠檬酸醋酸三丁酯	3.0	12.	甲苯	8.0
5.	樟脑	0.5	13.	钛白粉	1.0
6.	有机膨润土	1.5	14.	云母钛珠光粉	3.0
7.	异丙醇	5.0	15.	有机染料	3.0
8.	二氧化硅	0.1			

配方实例 2（金属光泽指甲油），wt%

1.	阳离子改性膨润土	0.9	6.	聚酯树脂	9.0
2.	乙酸丁酯	40.0	7.	邻苯二甲酸二丁酯	5.0
3.	异丙醇	8.4	8.	樟脑	1.7
4.	乙酸乙酯	18.0	9.	金属铝粉/乙酸乙酯	2.0
5.	硝化纤维素	15.0			

与指甲油配套使用的还有指甲油去除剂，它能溶解并除去指甲油的涂膜。其主要的成分为溶剂，要求对膜的溶解度大，挥发快，且对皮肤的刺激性要小。丙酮是较理想的选择，但因丙酮对指甲中的部分油性成分也有一定的溶解度，为保持原有的光泽，故在配方中常常添加一些脂类物质和保湿组分，以弥补相应的损失。其他的还有指甲白、指甲抛光剂、指甲皮膜去除剂等。

配方实例 3（指甲油去除剂），wt%

1.	丙酮	66.0	4.	羊毛脂衍生物	1.0
2.	乙酸乙酯	20.0	5.	精制水	8.0
3.	乙酸丁酯	5.0	6.	香料	适量

4.4.6 美容化妆品的生产制造工艺

如上所述，美容品因种类繁多，且产品的形态又各异，因此，其相应的生产工艺也特别至多。这里仅对较为典型的产品、形态作一简介。

1. 压缩粉状美容品

此类配方型的产品中，固体粉状含量较高，粉碎、均匀混合和压制成型是关键的三个工艺步骤。成型用的黏合剂视配方组成而定，可以是蜡类、也可以是水溶性黏合剂。图 4-10 是粉饼生产的工艺流程示意简图，其大致步骤：黏合剂与适量的粉剂相混合，经粗筛后加入其余的粉剂（注：香料应先用碳酸盐吸收后，再与其他粉剂相混），搅拌混合，放置一段时间，进行压制。压制时，压力要适中，太大产品发硬，使用时不易涂开；压力太小，产品成型不好易碎。通常压力控制在 2～7MPa 范围之内。若胶合剂采用的是蜡，则需先加热将其溶解，再按上述步骤进行操作。

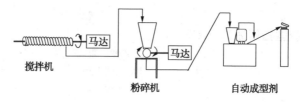

图 4 - 10　粉饼生产工艺流程图

2. 唇膏

由于配方中蜡、油性成分较多，黏度较大，故在混合和成型前须加热使其熔化以便于操作。通常的操作步骤是：先将原料（油性组分）与颜料混合，再将溶有曙红类染料的溶液（通常是部分蓖麻油和其他低黏度的油）加入，通过三辊机或胶体磨至颜料细腻、均匀。转入真空脱气锅以除去空气。将脱气处理后的混合物慢慢加入熔融的蜡类组分中，搅拌均匀。然后在高于熔点 10℃ 时进行浇膜，并将膜子放在冷却器内进行快速冷却。这样可避免发生颜料沉淀，使制得的唇膏硬结、表面光滑，易于脱膜。图 4 - 11 为唇膏生产工艺流程图。

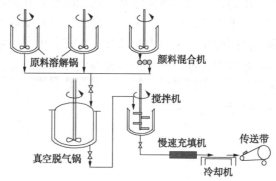

图 4 - 11　唇膏生产工艺流程图

3. 指甲油

首先，必须一提的是指甲油本身是一种易燃产品，而硝化纤维又极易自燃，加之配方中选用的溶剂均为易燃、易爆的危险品，因此，生产指甲油过程须严格采取各种防爆、防燃措施，以免发生危险。硝化纤维储存时，一般需用乙醇湿润（含乙醇 25% ~30%）并置于阴凉处，以防止其自燃。图 4 - 12 是简单的生产工艺示意图。

生产无色指甲油的方法是：先将部分稀释剂投入混合锅内，在不断搅拌状态下加入硝化纤维，使其完全湿润，然后按序加入溶剂、增塑剂和树脂，搅拌均匀后，经压滤或离心分离除去杂质和不溶物，储存以备用。有色指油的生产关键是颜料的均匀分散。一般先将颜料、硝酸纤维素、增塑剂和足够（部分）的溶剂混

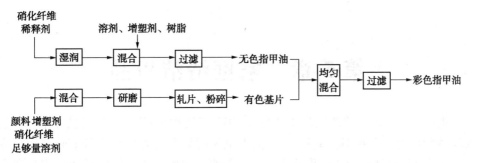

图 4 – 12　指甲油生产工艺示意图

合成浆状物，送入胶体膜进行研磨处理，待达到一定细度后，使溶剂和部分增塑剂挥发除去，将其轧成薄片，冷却后粉碎成小片。这样处理后的颜料碎片其分散性极好。生产时先制得透明的无色指甲油，然后在搅拌下按比例加入制备好的色浆成包基片(即上述颜料碎片)，经充分搅拌均匀后，以离心法去除杂质(树脂颗粒和聚块)，储备待用。

第5章　家庭清洁用品

据统计，我国洗涤用品的总产量在 2010 年已达 8267.5t，位居世界第一。但人均消费量则只有 6.4kg/a(1995 年世界洗涤用品人均消费量 7.8kg/a)，距世界发达国家 12~15kg/a 的水平仍有一定的差距。因此，我国的洗涤用品市场还存在着巨大的发展潜力与空间。按计划，我国的洗涤用品总产量到 2015 年预计达 1100t。

无论是人们的日常生活，还是工业化的生产，洗涤用品都是不可缺少的日用产品之一。洗涤用品包括家用、个人清洁用和工业与公共设施清洗用三大部分。家用产品依其洗涤对象不同又可分为衣用、居室用、厨房用和盥洗室用等，其中衣用洗涤剂市场最大。另外，随着生活水平的不断提高，一些改善居住卫生环境的化学用品，如驱虫与杀虫剂、空气清香剂等也开始进入家庭。

5.1　洗涤基础知识

"洗涤"其原意是指通过一定的方法(手段)，将底物(表面)上的污染物除去，同时防止它再污染而进行的一个过程。在日常生活中，有时我们用水或溶剂来清洗某种不干净的物品(表面)就是典型的一例。从这意义上说，水或溶剂本身就是一种清洗剂。然而，在绝大多数情况下，仅仅用溶剂(包括水)来进行清洗是远远不足的，甚至是无效的。所以，我们所指的洗涤剂(或用品)通常是指那些含有洗涤功能组份的复配型产品。在外观上，它们可以是液状、粉状、膏状和气溶胶型等多种形式。

5.1.1　洗涤的要素

通常意义上的洗涤，指通过物理、化学作用将污垢从载体表面去除的一个完整过程。它包括二个方面：①污垢在洗涤剂的作用下，与载体发生分离，即"去污"；②被分离的污垢须悬浮于洗涤介质中，而不再粘附于载体表面，即"防污"。可用如下示意图来简单表示。

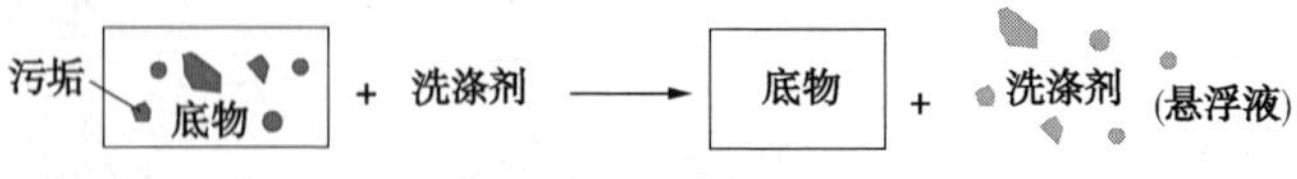

污垢常常是以各种性质、形态出现，其构成组分也是多种多样的，加之被清洗物表面性质的各不相同，以及要求目的的不一样，且(洗涤)过程中包含着众

多的物理、化学等因素并互相影响着，因此，洗涤是一个十分复杂的综合过程。然而，归纳起来底物(清洗对象)、污垢(迹)和洗涤液(介质 + 功能组分)则是构成洗涤的三个基本要素。

另一方面，绝大多数情况下，水是最为常用的洗涤介质，加之洗涤时通常都伴随有机械作用，所以水的性质和洗涤工艺也将影响到洗涤的最终效果。(有时也称"洗涤五要素")。

1. 底物(substrate)

清洗对象的性质可以是结构松散、质地柔软的纺织物品；也可以是表面质地坚硬、结构紧密的金属及玻璃等。而即便都是织物也因采用的纤维性质、染料及处理工艺不同，而使洗涤的要求也不同。对织物来说，重垢污迹、白色织物等适宜在高温(>50℃)下洗涤；而污垢轻的、羊毛、丝绸等只宜在低温(<38℃)下洗涤；硬表面的底物，因结构紧凑，加之本身具有较好的化学稳定性，污垢(迹)仅粘附在表面，故清洗时，还可用化学方法来完善清洗效果。因此，对于性质不同的底物、表面，需采取不同的清洗方式。

2. 污垢(soil)

洗涤所遇到的污垢是各式各样都有。有极性的或非极性的，有液态的或固态的；有细颗粒的或粗颗粒的。根据其物理化学性质可分为以下几类：

1) 水溶性和水分散性的污垢

糖、果汁、果实酸之类的有机酸及其盐、石灰等无机物都属这一类。此外，淀粉、小麦粉以及蛋白质类的血液、黏液等，虽然不是完全水溶性的，但可以分散在大量的水中，借助表面活性剂等可以完全洗净。有时单独以大量的水和适当的机械力处理，大体也能洗净。

2) 非水溶性的无机物污垢

属于这一类的有水泥、熟石灰、煤烟尘、油烟、土壤等，不仅不溶于水，而且大多数也不溶于有机溶剂。对于这类无机物，以适当的表面活性剂和机械力处理，就可以使它们脱离被洗物，从而分散、悬浮在洗液介质中。但当颗粒的粒径 $\phi < 0.1\mu m$ 时，则很难除去。

3) 非水溶性有机物污垢

属于这一类的有润滑油(脂)、燃料油、沥青、煤焦泊、油漆、颜料、动植物油等。它们多数能溶于某些有机溶剂，故可以利用溶剂作为介质，通过溶解作用除掉它们。干洗剂就是利用这一性能。若以水为介质的洗涤方法，则需添加适当的表面活性剂、助洗剂，再辅以适当的机械力，使油性污垢乳化、分散或增溶，从而也可以使污垢脱离被洗物。

有些极性有机物(如脂肪酸之类)，往往是少量存在于油脂和汗液之中。虽其本身是非水溶性的，但由于洗涤剂中一般含有碱性助剂，它与碱结合后成为水溶性"皂"，具表面活性剂的性质，反而有助于洗涤效果的提高；另一方面，它同时又会与硬水中的钙、镁离子结合，形成难以处理的"皂垢"，这对洗涤来说就十分不利，往往须采取特殊的清洗方法。

事实上，单一成分的污垢几乎不存在，一般均为多种污垢的混合。另一方面，通常的洗涤是借助洗涤液的物理作用而实现去污的；但是有些污垢的去除，则与化学反应有关，如漂白剂的氧化－还原反应，酶对蛋白质或脂肪的降解作用等。因此，了解并掌握污垢的种类、性质和特点，对洗涤剂的配方具有重要的指导意义。

3. 洗涤剂（detergent）

这是洗涤过程中的功能元素。各种洗涤剂，它们的化学结构、效能及相互间的协同作用是各不相同，但通常的洗涤剂主要是由表面活性剂、助洗剂、辅助原料和洗涤介质所组成。其中表面活性剂是洗涤剂中的主要活性成分；助洗剂的作用是协助表面活性剂并使其达到最大功效，有时是必不可少的。辅助原料按其功能性可以是多种多样的，如在生产制备过程中发挥作用的增溶剂、填充料；通过光学作用的荧光增白剂等，当然（介质）水的硬度对洗涤的最终结果也会有相当大的影响。

5.1.2 去污机理

在一定温度的水（或介质）中，利用洗涤剂所产生的各种物理化学作用（如搅拌、氧化反应等），消除或削弱污垢－底物间的作用力，最终使污垢脱离被洗底物，而达到去污目的。鉴于底物、污垢的多样性和复杂性，污垢的去除机理也是不尽相同，下面仅对洗涤过程中的物理作用作一些阐明。

1. 液体污垢的去除机理

液体污垢多为油性物质，它在纤维材料的表面上，将扩散成一层油膜。洗涤的第一步就是洗涤液润湿底物的表面，液体在固体表面的润湿程度可用接触角 θ 来度量，如图 5－1。

根据定义：$\cos\theta = \dfrac{\gamma_{AS} - \gamma_{BS}}{\gamma_{AB}}$（此时接触角为平衡接触角）。

图 5－1　洗涤液－底物－污垢接触点 θ 角的示意图

一般说来，当 $\theta < 90°$ 时，称为润湿，且 θ 越小，润湿性越好。当 $\theta = 0°$ 时，

为"完全润湿"；相反 $\theta = 180°$ 时，称为"完全不湿润"。

众所周知，溶解有表面活性剂的洗涤溶液（B），其界面张力值（γ_{AB}、γ_{BS}）往往有较大的下降，故可使 θ 变小，即易于湿润。

洗涤作用的第二步是油污的"铲除"，它是通过卷缩（rolling–up）作用方式来实现的（见图 5–2）。（油性）液体污垢原先以油膜形式铺开而附着于底物表面上。在洗涤液对底物表面的优先润湿作用下，它逐渐卷缩成为"油珠"，逐渐被洗涤液替代，最后在一定外力作用下离开底物的表面。

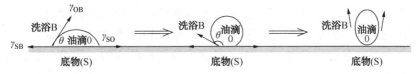

图 5–2　油滴在洗涤液作用下卷曲成"油珠"的示意图

由湿润原理可知，去污（形成油珠）所需的（去污）功值可表示为：

$$W_{O/S} = \gamma_{SB} + \gamma_{OB} - \gamma_{OS} = \gamma_{OB} \cdot (1 + \cos\theta) \left(\because \cos\theta = \frac{\gamma_{SB} - \gamma_{SO}}{\gamma_{OB}} \right)$$

由上式知道，降低 γ_{OB} 值和增加 θ 角，均能提高洗涤液的去污能力。

由于洗浴中含有表面活性剂，故 γ_{OB} 值下降，即所需功值（$W_{O/S}$）降低，从而有利于去污。另一方面，对于多数的洗涤体系来说，（$\gamma_{SB} - \gamma_{SO}$）值为负值，即 $\theta > 90°$，这使得污迹容易"卷缩"，结果使污垢容易脱离。若 $\theta = 180°$（$\cos\theta = -1$）时，则 $W_{O/S} = 0$，表示去污为自发过程；若 $90° > \theta > 180°$，虽不是自发过程，但借助于机械作用，仍可以完全去污；但若 $\theta < 90°$，既是有机械作用，也不能彻底地去除污垢。此时要完全去污，还得借助于如增溶、乳化等方法的作用。

2. 固体污垢的去除机理

与液体污垢的去除原理不同，对固体污垢的去除，主要是通过洗涤液对污垢质点及其载体表面的吸附。由于表面活性剂在固体污垢及其载体表面上的吸附，能增加固体污垢及其载体表面的表面电势，继而削弱污垢–载体表面间的相互作用力，降低污垢在表面的粘附强度，从而使污垢容易从载体表面上除去。

在水介质中，固体或一般纤维表面通常带负电。当污垢质点或固体表面上吸附了阴离子表面活性剂后，能形成扩散双电层，且由于同性电荷相斥，使相互间的排斥力增强，固体质点的粘附强度降低，使污垢更易于除去。非离子表面活性剂在一般带电的固体表面上都能产生吸附，尽管不能明显改变界面电势，但吸附的非离子表面活性剂往往在表面上形成一定厚度的吸附层，有助于防止污垢的再沉积。而阳离子表面活性剂，由于它们的吸附方式（疏水基朝水相方向），往往会使固体表面变成疏水性，而不利于洗涤液的润湿、洗涤，因此，阳离子表面活性剂一般不作洗涤剂之用。

3. 特殊污垢的去除

蛋白质、淀粉、人体分泌物、果汁、茶汁等污垢，用一般的表面活性剂难以除去，像奶油、鸡蛋、血液、牛奶、皮肤排泄物等蛋白质污垢容易在纤维上凝结变性，黏附较为牢固。需采用特殊的处理方法。对于蛋白质污垢，可以利用蛋白酶的分解作用将其除去；淀粉酶对淀粉类污垢的水解有催化作用，使淀粉分解成糖类，易溶于水中；脂肪酶则能催化分解一些用通常方法难以除去的三脂肪酸甘油酯类污垢，使三脂肪酸甘油酯分解成易乳化或溶解的甘油和脂肪酸。一些来自果汁、茶汁、墨水、唇膏等有颜色的污渍，即使反复洗涤也常常难以彻底洗干净。此类污渍可以采用一些像漂白粉之类的物质，通过氧化或还原反应，破坏有色分子的结构，使之降解成分子量较小的、无色的、水溶性成分来加以除去。

5.1.3　影响洗涤之因素

1. 表面活性剂的浓度

溶液中表面活性剂的胶束在洗涤过程中起到重要的作用。研究表明，当表面活性剂的浓度在 c. m. c 以上，洗涤液的去污效果急剧增加；若再继续增加，其洗涤能力则无明显提高，因此，洗涤介质中的表面活性剂浓度只需略高于 c. m. c；过高的表面活性剂浓度是没有必要的。具体表面活性剂的 c. m. c 值可通过手册或相关文献获得。

2. 水的硬度

水是洗涤中最重要的介质，它起着溶解、溶胀、分散、及能量转换等作用，是多数洗涤过中必不可少的组分。然而水中的钙、镁离子及重金属离子对使用肥皂的常规洗涤会产生干扰作用。这是因为发生了如下的化学反应：

$$2R - COONa(K) + Ca^{2+}(Mg^{2+}) \longrightarrow (R - COO)_2Ca(Mg) \downarrow + 2Na^+(K^+)$$

形成的"钙皂"不仅降低了肥皂的浓度，使去污力下降，而且它很容易沉积在被洗底物的表面，使织物表面的光泽、色调和手感变差，严重影响洗涤的效果。另外，天然水中所含的铁离子对洗涤效果也会产生不良的影响。因为水溶性的二价铁盐，往往伴随着水残留在衣物的表面，在空气中会慢慢氧化成棕红色的三氧化铁，从而影响洗涤效果。

目前，世界各国都用一定的标准来表示水质的硬度（即 Ca^{2+}、Mg^{2+} 的含量）见表 5 - 1。按美国标准定义：$CaCO_3$ 浓度在 0 ~ 90ppm 为软水；90 ~ 270ppm 为中等硬度；大于 270ppm 则为硬水。另一方面，当洗涤时水的硬度超过 150ppm 时，肥皂的泡沫就急剧减少，洗涤效果明显降低，肥皂的用量也增加。因此，正确估价当地的水质对有效的洗涤及洗涤剂的配方都有着积极的指导意义。

184

表5-1 部分国家对水硬度(1°)的规定

国家	美国	德国	法国	英国
测量物质	CaCO₃	CaO	CaCO₃	CaCO₃
含量	1mg/L	1mg/100mL	1mg/100mL	1mg/100mL (1gr/UK gal)

3. 洗涤工艺

它主要包括洗涤过程中的温度、机械力大小、时间等因素。一般说来，升高温度有利于去污。因为提高温度有利于污垢的扩散，固体油垢在温度高于其熔点时易被乳化，纤维也因温度升高而增加膨化程度，这些因素都有利于污垢的去除。但有时则不同，对于紧密织物，升温纤维膨化后使得纤维间的微隙减小了，这对污垢的去除是不利的。

温度变化还影响到表面活性剂的溶解度、c.m.c 值、胶束的大小等，从而影响洗涤效果。对于离子型 SAA 而言，温度升高一般能使 c.m.c 值增大，即意味着 SAA 的胶束数量的减小，洗涤效果下降；而对于非离子型 SAA，温度升高，导致其 c.m.c 值变小，使胶束量显著增加。可见提高温度，有助于非离子 SAA 发挥其表面活性的作用，但温度不宜超过非离子 SAA 的浊点。

5.2 肥皂

5.2.1 肥皂的概述

肥皂生产历史悠久，我国大约从 19 世纪末开始生产肥皂。长期以来，肥皂一直是人们生活中不可缺少的洗涤用品。按其用途划分，主要是洗衣用普通皂和人体用的香皂两类，两者构成了肥皂工业的主体。

肥皂的主要成分是长链脂肪酸的盐(钠、钾或铵盐)，呈现出良好的水溶性。它的来源按其制造方法有油脂皂化法和甲酯交换法二条途径。

1. 油脂皂化法

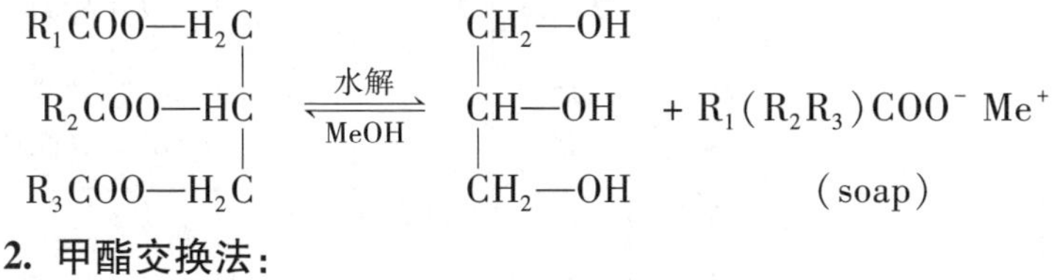

$$R_1COO—H_2C \qquad CH_2—OH$$
$$R_2COO—HC \underset{MeOH}{\overset{水解}{\rightleftharpoons}} CH—OH \quad + R_1(R_2R_3)COO^- Me^+$$
$$R_3COO—H_2C \qquad CH_2—OH \qquad (soap)$$

2. 甲酯交换法：

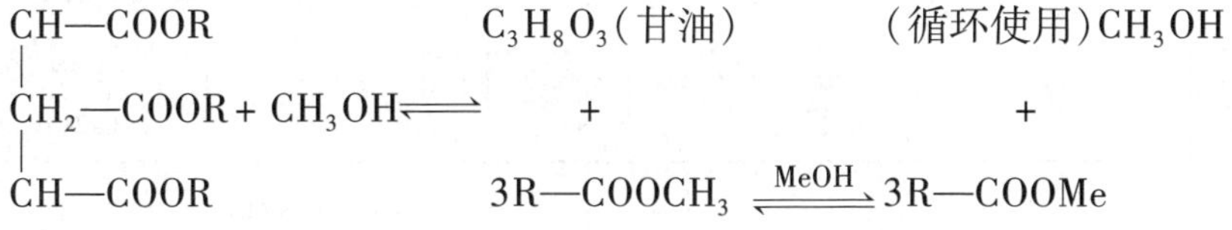

$$CH—COOR \qquad C_3H_8O_3(甘油) \qquad (循环使用)CH_3OH$$
$$CH_2—COOR + CH_3OH \rightleftharpoons \qquad + \qquad +$$
$$CH—COOR \qquad 3R—COOCH_3 \overset{MeOH}{\rightleftharpoons} 3R—COOMe$$

肥皂的性质取决于所使用的脂肪酸和碱的品种，相对来说，碱的选择较少；而脂肪酸则主要由所选油脂的品种所决定。表5-2、表5-3分别列出了常用油脂的脂肪酸组成及物性参数。

表5-2　常用油脂的脂肪酸组成　　　　　　　　%

名称	饱和脂肪酸				不饱和脂肪酸[①]			其他酸
	C_{12}	C_{14}	C_{16}	C_{18}	$C_{18}-(1)$	$C_{18}-(2)$	$C_{18}-(3)$	
牛油		2~7	26~30	17~24	43~45	1~4		7(C_{14}~C_{16}烯)
羊油		2~5	24~25	30	36~39	2~4		
猪油		1.3~3	24~28	12~18	42~48	6~9		3(C_{16}烯)
骨油			20~21	19~21	50~55	5~10		
木油	1.3	2	35	2~3.3	22~23	12.2	21.2	2.3(C_{16}二烯)
漆蜡		1.9	68~79	5~12	12~14			
棕榈油		0.6~1	44~48	3~4	38~43	9~9.5		0.1(C_{24})
棕榈仁油	48~55	12~19	8~9	2~7	4~14	0~2		10(C_6~C_{10})
椰子油	45~51	17~22	4~9	1~5	2~20	1~2.5		23(C_6~C_{10})
巴巴苏油	44.2	15.8	8.6	2.9	15.1	1.7		11.6(C_6~C_{10})
花生油			6~7.3	5	56~61	22~23		6~16(C_{20}~C_{74})
菜子油			4	2	19	14	8	43(C_{20}~C_{24}烯)
棉籽油		0.4~1	20~29	2~4	24~35	40~44		2(C_{16}烯)
米糠油		0.5	12~20	2	40~50	29~42		2(C_{16}烯)，0.9(C_{20})
豆油			6.5~11	4	25~32	49~51	2~9	0.8(C_{20}~C_{24})
茶油			7.5	0.8	74~84	7~14		
玉米油			7~13	3~4	29~43	39~54		0.6(C_{20}~C_{24})
向日葵油			11	6	29	52	2	
蓖麻油			2	1~2	7~8.6	3~3.5		87(蓖麻酸)
蚕蛹油			20	4	35	12	25	2(C_{16}烯)
鲸油			8	12	25	20		17(C_{16}烯)，18(C_{22}五烯)
亚麻仁油			2.7	5.4	5	48.5	34.1	
大麻油			2	2.5	14	65	16	
芝麻油			7.3	4.4	46	35.2		4.4(C_{20}~C_{24})
橄榄油			9.2	2	83.1	3.9		0.2(C_{20})

①$C_{18}-(1)$，$C_{18}-(2)$，$C_{18}-(3)$，　　分别表示十八单烯酸、十八双烯酸和十八三烯酸。

186

表 5-3　常用油脂的一些物性常数　　　　　　%

油脂名称	相对密度	凝固点/℃	皂化值/KOH	碘值/I₂g
玉米油	0.922~0.926	14~20	187~193	103~133
向日葵油	0.922~0.926	16~20	188~194	113~143
棕榈油	0.921~0.925	40~47	196~207	44~54
棕榈仁油	0.925~0.935	20~28	244~248	10~17
柏油	0.918~0.922	45~53	203~208	27~35
木油	0.920~0.935	40~44	202~208	80~100
60°硬化油		58.0	190~195	15~30
椰子油	0.925~0.927	22~25	250~260	7.5~10.5
漆蜡	0.975~1.000	57	205~238	5~18
棉籽油	0.915~0.930	33~37	191~196	105~110
米糠油	0.913~0.930	20~25	183~194	91~109
菜子油	0.913~0.918	15	170~177	97~105
茶油	0.915~0.925	13~18	190~195	84~93
花生油	0.916~0.918	27~32	186~196	88~105
蓖麻油	0.958~0.968	3	176~186	83~87
豆油	0.924~0.926	20~25	189~195	103~120
牛油	0.943~0.952	40~47	192~200	35~59
羊油	0.937~0.952	38~43	192~195	33~46
猪油	0.934~0.938	33~43	195~202	45~70
骨油	0.914~0.916	38	190~195	46~56

相对密度是指在一定温度下,油脂与同体积水的质量之比,不仅与分子量有关,而且随脂肪酸不饱和度的增加而增大,这在计算反应器的投料量及罐中储存量是十分有用的。脂肪酸的凝固点则反映了皂的硬度。凝固点高,所制成皂的硬度越大,反之亦然。

皂化值的定义是 1.0g 油脂被完全皂化(水解)所需 KOH 的毫克数。根据皂化值可方便地计算出某种油脂所需碱的用量和该油脂的平均分子量。一般来说,皂化值越大,油脂的分子量就越小。

碘值是反映油脂不饱和度的一个参数,它的定义是 100g 油脂所能吸收碘的克数。很显然,油脂的碘值越大,说明其不饱和度越高,酸败越容易发生。通常将碘值 >130,称为干性油;碘值 <100 的叫作不干性油;介于二者间的为半干性油。对油漆业来说,需碘值高的油脂,而制皂则需低碘值的油脂品种。例如,制造香皂的混合油脂的碘值要求低于65。

5.2.2 肥皂的配方设计

作为洗涤产品，肥皂除含有脂肪酸钠（钾）外，它还添加有其他的无机和有机组分。但在肥皂行业，所谓的配方设计习惯上均指制造脂肪酸盐所用原料的配方而言。

各种油脂因所含脂肪酸组成不同，制成的肥皂的性能有很大差异。单一油脂制成的肥皂在硬度、泡沫、去污力及溶解性等指标方面不能全面达到满意的结果，只有将多种油脂混合在一起，才能制成高质量的成品。选择什么样的油脂，又各以多少比例和数量混合才能制成高质量的肥皂，这是配方技术的首要目标。其次，在保证质量前提下，如何选用低价油脂以设法降低成本，是配方技术中经常考虑的问题。最后由于购进的油脂品种及质量时有波动，配方技术的作用就是要随时调整配方比例，保证生产的顺利进行。

1. 传统配方设计技术

目前大多数肥皂厂仍使用传统的配方技术。用这种技术配方时，主要根据凝固点、皂化值和碘值三个油脂常数（参见表5－3）来计算出油脂配方。

凝固点不是油脂的凝固点，而是指油脂所含混合脂肪酸的凝固点，因为油脂的凝固点不能用来预测肥皂质量。简单地说，有两种油脂的凝固点不同，这意味着它们脂肪酸甘油酯的凝固点不同；但当这两种油脂被碱皂化后，生成的脂肪酸（盐）组成却是近似的（即脂肪酸的凝固点相近）。所以应以混合脂肪酸的凝固点用来作为计算油脂配方的依据。

油脂配方中常使用混合脂肪酸的凝固点来预测肥皂的硬度和溶解性。如前所述，凝固点高，则硬度大，溶解性差。这个规律对单一油脂或已经熟悉的油脂是可以应用的。但需注意的是凝固点是一个加合性指标，以 1:1 的比例将 C_8 和 C_{18} 脂肪酸混合后，其凝固点与 C_{12} 脂肪酸相似，而两者制成的肥皂性能则完全不同。在配方中往往会出现脂肪酸凝固点－硬度关系反常现象。例如，椰子油脂肪酸的凝固点为 23℃，因含饱和脂肪酸 90% 以上，制成的肥皂比牛油制成的皂还硬。而从脂肪酸凝固点看，牛油为 43℃，远比椰子油要高，只是因为牛油中含有40% 以上的油酸，故皂质软韧；相反椰子油中的油酸含量还不到 10%，故皂质坚硬。所以，仅采用脂肪酸凝固点来拟定油脂配方，具有较大的局限性。另外，传统配方技术中还用两个参数来拟定配方。一是 INS 值（Iodine number saponification），其定义值是：INS 值 = 油脂皂化值（S）－油脂碘值（I）；二是 SR 值（solubility ratio），其计算公式为：

$$SR = \frac{混合油酯的\ INS}{混合油酯中\ INS\ 在\ 130\ 以上各单体油脂的\ INS\ 值之总和}$$

这两个参数都是经验数值，没有理论根据和意义，但用 INS 值可预示所制成皂的硬度，INS 值增大，油脂由液体转成固体，成皂的硬度随之增大，但椰子油和棕榈油除外。用 SR 值预示成皂的溶解度和泡沫性，SR 值越大，所成皂的水溶性和发泡力均增加。在配方技术中，凝固点、INS 值和 SR 值的计算都采用加权平均法。例如以香皂典型配方（牛油 80%，椰子油 20%）为例，那么混合后：

凝固点 $= 43℃ \times 80\% + 23℃ \times 20\% = 39℃$；INS 值 $= 150 \times 80\% + 250 \times 20\% = 170$；

$*$ SR 值 $= 170/(80\% \times 150) = 1.42$（$*$ SR 值计算时，椰子油和棕榈油一般不包括在内）。

表 5 - 4 是根据经验，列出了洗衣皂、香皂配方生产时的一些参数范围，在具体的配方生产时，只需根据油脂的来源、价格作适当的调整，就可生产出质量较为满意的肥皂。

表 5 - 4　香皂和洗衣皂油脂配方参数的参考范围

参　数	洗衣皂	香　皂
皂化值/mgKOH/g	200 ~ 210	210 ~ 220
碘值/gI$_2$/100g	35 ~ 50	30 ~ 40
脂肪酸凝固点/℃	38 ~ 40	40 ~ 42
INS 值	130 ~ 160	160 ~ 180
SR 值	1.1 ~ 1.3	1.2 ~ 1.5
C$_{12}$酸为主的短链脂肪酸/%（wt）	0 ~ 10	10 ~ 20

2. 改进的配方设计技术

传统的配方技术的基础是实践经验和一些经验数据。近几十年来，油脂化学研究工作使脂肪酸盐的物理化学性能取得了许多规律性的结果，这对深化肥皂的油脂配方技术很有帮助，可以在深层次上设计配方。

肥皂（脂肪酸钠）的各种特性取决于其憎水基的链长，即脂肪酸的类别。采用脂肪酸组成来设计油脂配方，比用凝固点、INS 值和 SR 值更科学、可靠。国内外一般公认典型的制皂油脂配方为牛油 80%、椰子油 20%，这个配方可以生产优质的高级香皂。由这两种油脂所含脂肪酸的组成加权平均计算后可知，其脂肪酸的组成：辛酸 1.6%、癸酸 1.4%、月桂酸 9.6%、肉豆蔻酸 6.8%、棕榈酸 25.8%、硬脂酸 16.4%、油酸 37.4%、亚油酸 1.2%。以此为依据，在设计油脂配方时，大体可以把脂肪酸组成定为：月桂酸 10%、肉豆蔻酸 10%、棕榈酸 25%、硬脂酸 15%；油酸 40% 的配方较为理想。

以脂肪酸组成作为设计油脂配方的主要参数时，若需要调换个别油脂类型就显得较为方便。例如需用某种油脂来取代椰子油，由 3 - 2 可知棕榈仁油和巴巴苏仁油的脂肪酸组成与椰子油近似。另外，当找不到某种油脂的相似产品时，则可以通过采用两种或两种以上的油脂混合来取代。比如，牛油与花生油以 9∶1 相配比时，脂肪酸组成可近似于棕榈油；椰子油与花生油 2∶1 相配比时，其脂肪酸组成可近似于牛油等等。因此，采用脂肪酸组成作为肥皂配方核心，就显得更为合理，更有科学性。

肥皂的基础配方(wt%)：

1. 椰子油	19.9	4. 碱(NaOH)	8.9
2. 橄榄油	31.9	5. 水	24.1
3. 棕榈油	12.0	6. 香精油	3.2

为了降低肥皂的碱性，配方中添加的碱量并非为化学计量值。通常是油脂适当过量 5% ~ 8%(相对于完全皂化量)。因为若油脂含量太高，则又会使制得的肥皂变软。

除了油脂，肥皂的配方中常常还包括：碱性助剂它主要用于洗衣皂，(香皂一般不加)如硅酸钠、碳酸钠。碳酸钠主要是增加碱性，而硅酸钠的除能增加碱性外，还有耐硬水性。但不能添加过多，否则皂成型后，会在其表面上析出白色结晶粉末。EDTA(乙二胺四乙酸钠)的作用就是螯合金属离子。为了防止肥皂氧化变质，通常要添加抗氧化剂，如硫代硫酸钠、保险粉等。另外，洗衣皂中还常混有荧光增白剂、氧化漂白剂；而香皂中除需加入香料、色素外，还常常添加羊毛脂、高碳醇等对皮肤有滋润、营养效果的组分；有的还添加杀菌剂和具有除臭功能的药剂。

配方实例 1(剃须香皂)[①]，wt%

1. 橄榄油	29.1	6. 膨润土	1.4
2. 椰子油	12.9	7. 燕麦糊	0.7
3. 蓖麻油	12.9	8. 碱/NaOH	8.8
4. 棕榈油	5.2	9. 去离子水	24.3
5. 甜杏仁油	4.5		

①该香皂配方中油脂过量 5%，添加了膨润土使肥皂涂抹在皮肤上产生滑爽的感觉；另一方面，蓖麻油的比例提高，使肥皂泡沫十分稳定而便于剃须。燕麦糊的加入可使制得的肥皂更加宜人。

配方实例 2(儿童香皂)[①]，wt%

1. 橄榄油	61.3	4. 碱/NaOH	8.2
2. 蓖麻油	5.3	5. 去离子水	25.1
3. 甘菊草提取液	适量	6. 香精油	适量

①由于儿童的皮肤较为稚嫩，容易过敏，故该香皂配方中油脂过量 8%。另外，甘菊草经蓖麻油提取后，使制得的肥皂具有令人愉快的香气。蓖麻油比例的提高，能使肥皂产生细腻、稳定的泡沫。

透明皂按制法不同有两大类：一类是通过添加多元醇的"加入物法"透明皂；另一类是全靠研磨、压条达到透明的"压延法"透明皂。前者外表透明、晶莹似蜡，惹人喜爱，但要消耗较多的醇类物质，使产品的成本提高，而且使用的持久性也不佳。"压延法"制得的皂其透明性不如"加入物法"，通常呈半透明状，由于无需添加醇，皂的质量也与一般香皂相似，只是脂肪物的含量较香皂低些，一般只有 70% ~ 72%。它的透明性是源之于产生极小的结晶颗粒，因此，制造时需经过 5 ~ 6 次的研磨，并控制温度在 40 ~ 42℃。

配方实例 3（透明皂/加入物法），wt%

1. 牛羊油	14.8	5. 乙醇	7.4
2. 椰子油	14.8	6. 甘油	3.7
3. 蓖麻油	11.8	7. 糖	11.8
4. NaOH（20% aq）	23.8	8.（溶解糖）水量	11.9

配方实例 4（透明香皂），wt%

1. 牛脂 - 椰子油（80:20）皂	48.0	4. 乙醇	26.0
2. 氢化妥尔油酰 - L - 谷氨酸钠	6.0	5. 去离子水	14.0
3. 一缩丙二醇	6.0		

液体皂，早在本世纪 20 年代就开始出现。当时是以牛脂钾皂为基础，脂肪酸含量一般在 35% ~ 40%，易溶于水，用于理发店及医院等，也特别适用于洗涤汽车或其他油漆表面，干燥后表面清洁光亮。以后随着表面活性剂的发展，液体皂已发展成表面活性剂与肥皂的混合物。常用的配方组成是：肥皂（脂肪酸盐或胺盐）占 20%；表面活性剂占 10% ~ 15%。另外再配入 1% ~ 5% 的防腐剂、色料、香料、整合剂和润肤剂等添加剂。

配方实例 5（液体皂/肥皂~表面活性剂混合类），wt%

1. 月桂酸	8.0 ~ 10.0	6. NaOH（20% aq）	2.0 ~ 3.0
2. 油酸	6.0 ~ 8.0	7. 甘油	2.0 ~ 5.0
3. 硬脂酸	1.0 ~ 2.0	8. 氯化钠	0.1 ~ 0.25
4. 乙二醇硬脂酸酯	1.0 ~ 3.0	9. EDTA	0.075
5. 月桂酰二乙醇胺	3.0 ~ 5.0	10. 色、香、防腐剂及水	适量

配方实例 6（液体皂/表面活性剂类），wt%

1. 单油酰胺基磺化琥珀酸盐	20.0 ~ 35.0	5. 柠檬酸	0.1 ~ 0.2
2. 十二烷基肌氨酸钠	10.0 ~ 20.0	6. EDTA	0.075
3. 椰子酰胺基丙基甜菜碱	5.0 ~ 10.0	7. 色、香、防腐剂	适量
4. 乙二醇单硬脂酸酯	0.5 ~ 1.0	8. 去离子水	适量

5.2.3　洗手液

这是在液体皂的基础上，用合成表面活性剂来替代"皂"而开发出的一种用于皮肤清洁的液体清洗剂，俗称"洗手液"。由于它使用方便，并克服了肥皂易形成"皂垢"的缺点，而深受市场青睐。目前此类液体清洗剂已完全脱离"皂"的原来含义，选择的表面活性剂其脱脂能力要温和（需保持皮肤适当的油脂），常用的表面活性剂有肌氨酸盐，十二烷基硫酸盐，α - 烯基磺酸盐，十二烷基乙氧基硫酸盐和两性离子表面活性剂等，配方中还经常辅以色、香、杀菌剂、润肤成分等。

配方实例 1（多泡沫洗手液），wt%

1. 月桂基硫酸铵（28%）	20.0	5. 乳状液聚合物（40%）	0.3
2. 月桂酰肌氨酸铵（30%）	10.0	6. EDTA 二钠	0.2
3. 椰子油酰 - 单乙醇胺混合物	3.0	7. 香料、染料	适量
4. 氯化铵	2.0	8. 去离子水	加至 100%

配方实例 2（润肤洗手剂），wt%

1. 月桂基硫酸钠	30.0	6. 氯化钠	1.5
2. $C_{14} \sim C_{18}$ 烯基磺酸钠	6.3	7. EDTA 四钠	0.1
3. 月桂酸异丙醇酰胺混合物	10.9	8. 香料、防腐剂	适量
4. 三乙醇胺	0.9	9. 去离子水	加至 100%
5. 油酸	1.6		

配方实例 3（液体净手皂），wt%

1. 烷基咪唑啉两性 SAA	1.0	5. 烷基酚聚乙二醇醚	5.0
2. 月桂酸乙醇酰胺混合物	3.5	6. 氯化钠	0.1
3. 季铵盐聚合物（烯丙基氯化铵）	0.25	7. 香料、防腐剂	适量
4. $C_{14} \sim C_{18}$ 烯基磺酸钠	23.3	8. 去离子水	加至 100%

配方实例 4（无水洗手剂），wt%

1. 白油	40.5	5. 三乙醇胺	2.6
2. 油酸	10.5	6. 吗啉	1.0
3. 脂肪醇聚乙二醇醚	6.0	7. 去离子水	34.4
4. 丙二醇	5.0		

此配方产品特别适用于汽车驾驶员在中途的修理使用，可用它来清洗手上的油污。也可用于其他无水或缺水的状况。

配方实例 5（无水洗手凝胶），wt%

1. 异丙醇	12.0 ~ 35.0	4. 甘油、香料	适量
2. 月桂醇醚硫酸盐（40% aq）	1.0 ~ 4.0	5. C. M. C（调节稠度）	适量
3. 聚乙烯醇（水解度30% ~70%）	6.0 ~ 25.0	6. 去离子水	45.0 ~ 72.0

此配方使用时，无需用水。清洗时只需将该洗手膏涂抹于手上，经搓洗，片刻后即成小颗粒而脱落，尤其适合于野外作业人员的使用。

5.2.4 肥皂的制造工艺

油脂是制造肥皂的主要原料，一般的油脂在生产制造肥皂前须进行预处理，以去除一些不必要的杂质，如泥沙、胚料、纤维素、色素、特殊气味的不皂化物等。根据不同的情况可采用脱胶（去除胶性黏液质）、脱色（消除有色物，尤其是香皂）、脱臭（挥发性物质）、加氢（提高凝固点）等各种处理手段，来保证用于制皂的油脂质量。

肥皂的生产大致分为二大工序：一是油脂或脂肪酸被碱皂化制备皂基；二是

皂基中混入各种添加剂制得成品皂。皂基是各种成品皂的原料，是肥皂生产的关键步骤。下面就皂基的生产工艺作一基本的介绍。

1. 间歇式皂化盐析法

这是最基本的制皂方法，我国目前绝大多数的厂家采用此生产方式。图5-3是Lever(利华)公司采用的一种间歇式肥皂生产工艺流程。其过程基本包括：①油(脂)的制备：先在真空条件下进行干燥，再用漂白土进行脱色，弃除废土后的油储存待皂化之用。②皂化：这是肥皂生产中的核心步骤。在皂化反应锅中，将漂白过的油与来自洗涤分离步骤的废碱液(见图5-3)和新鲜的NaOH溶液混合，加热进行皂化反应，反应后的混合物静止分成两相。分离出下层的水相(富含甘油)后，残留的油脂相(肥皂+未反应的油脂)留在锅内，添加碱液后再继续进行皂化反应，以消耗更多的油脂。③洗涤：粗皂送入单元锅中且与洗液(由皂脚废液+新鲜盐水组成，见图5-3)作逆流进行洗涤，洗后的皂送入整理锅。同时，逆流的洗液(含NaOH)被送回到皂化反应器作循环利用。④整理：在锅内将洗涤过的皂与水，再加少量碱和盐一起加热至沸腾。由于水中电解质浓度的缘故，经此处理的皂与水溶液分成二相，上层为纯净的湿皂，即送至下一个(干燥)工序。下层为色泽较深的废液(含肥皂、甘油与盐)，留在锅内添加盐后，再加热至沸腾作盐析处理，形成的皂脚废液(主要含盐与甘油)用泵送回至洗涤单元作循环使用。⑤干燥：经整理调整后的纯净湿皂，需脱除其中大部分的水分(通常水含量在12%以下)。先在加压下升温至125°C(避免水沸腾)，随后喷射法送入真空干燥器中(5.3kPa)。随着水的的气化(吸热)挥发，肥皂的温度降至45°C，并固化附在器壁上。刮下后的皂片(soap chip)再经挤压机处理即可得到制皂用的原料—俗称"皂基"(base soap)。皂基再经配方调整后就能制得各种皂类产品。

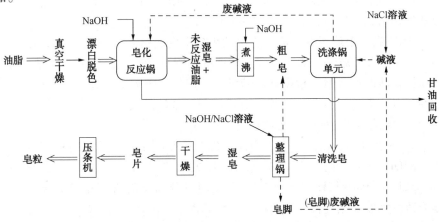

图5-3 Lever Rexona间歇式肥皂生产工艺流程图

193

2. 连续式皂化工艺

由于间歇式生产肥皂的质量与操作工的技术水平和经验有很大的关系，而且生产的周期也较长。因此到了 20 世纪中叶，肥皂的生产已开发了不少新的工艺，这里介绍一种较为典型的 Colgate（高露洁）连续式肥皂生产工艺（参见图 5－4）。该生产工艺主要包括：

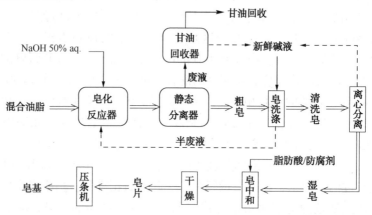

图 5－4　Colgate Palmolive 连续式肥皂生产工艺流程图

① 油脂皂化：以一定的速率将混合油脂、碱液采用连续进料方式送入皂化反应器中，反应在 120℃ 高压下进行。由于采用浓度较高的 NaOH 溶液，反应后的混合皂中，甘油含量高，而水量较少，不便于泵的传送（通常含水量需 30% 以上），故需补加碱液。工艺中采用"半废液"（来自皂洗涤液，见流程图）作为添加的碱液。

② 静止分离：在静态分离器中，混合皂液完全利用重力作用分成二相。上层是以皂为主的油相（粗皂），流入下个工序处理；下层为甘油的水溶液，送至回收器处理后，可回收得到副产物——甘油。

③ 皂洗涤：由静态分离器传送出的粗皂由塔底引入，相应的新鲜碱液（见流程图 5－5）自塔顶流入，塔中装有一系列旋转圆盘，使逆流的两相液作充分的交换。新鲜碱液的加入量需根据计算结果进行控制，通常使洗涤废液中甘油的含量控制在 25% ~35%。大于此浓度后，洗液脱除甘油的效果已显著下降。塔底流出液作为"半废液"再返回至皂化器中。

④ 皂－液分离：由洗涤塔顶溢流出的"洗涤皂"约含有 20% 的（新鲜）碱液，即水、NaOH 的含量仍较高。通过离心器的分离操作，离心出的湿皂中仅含 0.5%NaCl，0.3%NaOH 与 30% 的水分。同时分离出的母液中含较多的 NaOH，可作为新鲜碱液以循环使用。

⑤ 皂中和：湿皂中游离碱的含量虽已很低，但仍需进一步的脱除。一般通过加入一定量的酸（如椰子油酸、柠檬酸等）与碱反应来去除它。此时也常常添

194

加防腐剂。

⑥ 皂干燥：按规定最终皂基中的水分含量须控制在12%以下。具体的干燥操作过程与上述间歇式生产工艺完全相同。这样制得的皂片(soap chips)再经挤压成粒、配方调整即可生产出各种皂类(或皂基)洗涤产品。

3. 其他

1) 脂肪酸中和法　它是将油脂先水解成脂肪酸，然后用碱将脂肪酸中和成皂。这个方法有很多优点：首先使配方技术更加科学化，可以使配方中的脂肪酸组成和不饱和度得到较精确的控制；其次是甘油的回收率高，且费用低；第三是可以使用低档油脂；第四简化了制皂工艺。但其缺点是需要设计一套脂肪酸水解和蒸馏的装置(图5-5)。

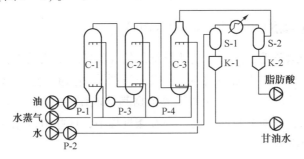

图5-5　连续高压水解法生产脂肪酸工艺流程

2) 甲酯皂化法　这是日本的狮子油脂公司开发成功的一条新型的制皂生产工艺。先将油脂与甲醇进行反应，通过酯交换生成脂肪酸甲酯和甘油，分离回收甘油后，用碱使脂肪酸甲酯皂化，生成肥皂和甲醇，回收甲醇作循环使用(参见图5-6)。此法的特点是甘油回收率高，脂肪酸甲酯可蒸馏精制，皂化速度快且完全，适合大规模生产。

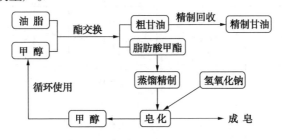

图5-6　甲酯皂化制皂工艺流程

浓碱液皂化的工艺过程由中和、干燥和冷却三部分组成。中和是在皂化反应塔内完成的，塔内压力0.28~0.35MPa，温度110℃。塔外用泵进行皂液的循环，循环比为20:1。脂肪酸从塔底进入，碱液和少量的电解质溶液随循环皂进入塔内，必要的添加物在皂基离开反应塔之前在塔顶加入。利用塔内压力，皂基喷人常压或减压干燥器，使部分水分汽化，并使皂基冷却至适当温度，经冷却辊筒凝固成型，即得含脂肪酸钠78%～80%的皂片。此法可节省较多干燥所需的热量。

成品肥皂的生产就是将皂化制得的皂基进行干燥、添加辅料、搅拌混合、研磨、打印成型、冷却和包装等工序，即可完成肥皂的生产制造。

5.3 织物洗涤剂（detergents for textile）

这是民用清洗剂中用量最大的一类洗涤产品。除了肥皂外，它包括日常的衣用洗涤剂、特殊纤维专用洗涤剂、干洗剂以及非衣物类的织物清洗剂如地毯等。

5.3.1 洗衣剂（laundry detergents）

这是适用于除羊毛、丝绸等精致纤维外的各类纤维织物的洗涤用品，为与早期的肥皂相区别，习惯上常称之为"合成洗涤剂"。它通常是由众多不同类型物质经复配而组成的洗涤产品。这些组分根据其功能作用一般分为：表面活性剂、助洗剂、漂白剂和辅助材料四大类，在洗涤过程中，这些组分相互补充，产生协调作用，完善清洗效果。

1. 表面活性剂（surfactants）

这是洗涤剂中的主要去污沽性组分，考虑到去污力和价格因素，一般选用阴离子和非离子型表面活性剂，而且常常是复配使用。表5-5为目前洗涤剂中常用的表面活性剂。

表5-5 洗涤剂制品中一些常用阴离子和非离子型的表面活性剂

表面活性剂品种	粉状洗涤剂	液状洗涤剂	专用洗涤剂	洗衣助剂
烷基苯磺酸盐	+	+	+	+
α-烯烃磺酸盐	（+）	（+）	（+）	-
磺基脂肪酸酯	（+）	-	-	-
烷基硫酸盐	+	（+）	+	+
烷基醚硫酸盐	+	+	+	+
肥皂	+	+	+	+
烷基醇聚乙二醇醚	+	+	+	+
烷基酚聚乙二醇醚	（+）	（+）	（+）	（+）
脂肪酸烷醇酰胺	-	（+）	+	+

注："+"—正规使用；"-"—仅限于部分地区和产品中使用；"（+）"—不使用。

烷基苯磺酸盐（ABS）是性能较完全的阴离子型SAA，且现在所用的产品均为

196

易生物降解的直链型品种，国外称之为 LAS，是洗涤剂中使用最为普及的品种。α‑烯烃磺酸盐，简称 AOS。与 LAS 相比，其泡沫性更好些，其中链长范围在 $C_{14} \sim C_{18}$ 的 AOS 最为有效，对水的硬度几乎不敏感，且毒性、生物降解性也好于 LAS，它与非离子型 SAA 及酶均有良好的配伍性，是一个发前景极为良好的表面活性剂。烷基硫酸盐（AS）和烷基醚硫酸盐（AES）一般与 LAS 配制重垢洗涤剂，同时也可以用作羊毛洗涤剂、泡沫浴剂、香波等洗涤用品，相比而言，后者（AES）的水溶性、稳定性及与皮肤相容性都较前者为佳。

表中最后三个为非离子型 SAA，与阴离子型相比，聚乙二醇醚型非离子 SAA 的临界胶束浓度（c. m. c）要低 10 倍，且有着良好的分散和抗再沉积性。另一方面，在目前强调低磷和无磷的洗涤剂趋势下，这也使得非离子 SAA 在洗涤剂中的重要性日显增加。另一方面，烷基酚聚乙二醇醚类（APEO）由于生物降解性的原因，其重要性已日益下降。烷基醇聚乙二醇醚型（AEO）则仍然是洗涤剂的重要组分之一；脂肪酸烷醇酰胺（FAA）一般多用作泡沫稳定剂，尤其是在高泡型洗涤剂的配方中。与它相似的品种还有氧化烷基叔胺。

阳离子表面活性剂因容易、迅速地吸附在纤维上（疏水基朝外），使纤维的手感柔软，并有抗静电作用。所以，常常作为织物柔软剂使用，最典型的品种为双十八烷基二甲基氯化铵。另一类结构的阳离子型 SAA 如烷基二甲基苄基氯化胺，因它对某些菌种具有良好的杀菌性，而多用于杀菌、消毒型洗涤产品中。两性离子型 SAA，因价格因素，仅限于某些专门的洗涤剂产品中。

目前，随着环境和安全性的因素，一些新型的表面活性剂品种开发、应用有了很大的进展，如脂肪酸甲酯磺酸盐（简称 MES）、窄分布的脂肪醇乙氧基化物（NRE）、烷基葡萄糖多苷（APG）、N‑甲基葡糖酰胺（MEGA）等，"环境友好"是这些产品的最大特点。据资料表明，MES 的硬耐水性和去污力均要好于 LAS；NRE 在水溶液中的凝胶范围也较窄，这使得 NRE 在较高浓度下易于操作，非常适用于配制浓缩液体洗涤剂；APG 比烷基硫酸钠及其铵盐具有更高的发泡力，且有着更好的皮肤相容性。它与阴离子表面活性剂混合，可降低对皮肤的刺激性；MEGA 同其他表面活性剂也具有较强的协同效应，在与 AES 的组合中，显示出比烷醇酰胺（FAA）更强的泡沫增效性。

2. 助洗剂（builder）

顾名思义，它是能提高表面活性剂去污能力的一种功能组分，可以说是洗衣剂的骨架，能增强表面活性剂和其他组分的效率。助洗剂的作用可概括为：水的软化、提供碱性和缓冲效应、提高分散力、抗再沉积能力、抗腐蚀性质和漂白稳定性等。按其功能作用原理，助洗剂主要有碱性无机盐、螯合剂和离子交换剂三大类。

碳酸钠是用得最多的碱类助洗剂，它能使体系的 pH 值提高，从而增加纤维和污垢的负动电位，显示出一定的去污作用。但另一方面，由于这些碱性无机盐与 Ca^{2+} 等形成的沉淀物会沉积在织物和洗衣机部件上，造成洗涤的负面效应，所以碱类助洗剂一般很少单独作为助洗剂使用。

多聚磷酸盐，如三聚磷酸钠、焦磷酸钠和六偏磷酸钠等是典型的螯合剂或络合剂。它们易溶于水且呈碱性；不仅能很好地螯合水中的钙、镁离子，还能络合污垢中的金属离子；同时对固体污垢有良好的分散和抗再沉积作用，曾是最理想的助洗剂。但该类化合物会使水中的藻类过营养化，破坏水中的生态平衡。从80 年代起，一些发达国家相继颁布法律，禁止或限制在洗涤剂中使用多聚磷酸钠。除了无机磷酸盐，其他的还有氮川三乙酸盐、环戊烷四羧酸、柠檬酸及 ED-TA 等，但因价格或综合性能的缘故，它们都无法与多聚磷酸盐相媲美。

寻找价廉、无毒、性能优良，且对环境无污染的多聚磷酸钠替代品，曾是国内外合成洗涤剂行业的一个热点话题。目前主要使用的三聚磷酸钠替代品有聚硅酸盐（包括层状硅酸钠）、4A 沸石、和改性的聚丙烯酸盐等。

偏硅酸钠，主要是五水偏硅酸钠（ $Na_2O \cdot SiO_2 \cdot 5H_2O$ ），它能保持洗涤液处于碱性条件，与水中 Ca^{2+} ，Mg^{2+} 等重金属离子结合产生沉淀，而起到软化水的效果。另外，它对油脂有较强的润湿、乳化、皂化作用，提高了洗涤效力。但是，偏硅酸钠分散和防止污垢的再沉积能力较差，所以在无磷洗涤剂中需要和分散力好的聚丙烯酸钠配合使用。目前主要用于低磷洗衣粉的生产。

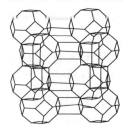

4A 沸石，其化学组成为 $Na_{12}[(AlO_2)(SiO_2)] \cdot 27H_2O$ ，是多孔性晶体状的硅铝酸钠（见图 5 - 7）。4A 沸石的孔洞能吸收水中 Ca^{2+} 、Mg^{2+} 离子，软化硬水，同时还能与不溶性污垢发生共沉淀作用而有助于去污，对环境无污染。目前，4A 沸石是无磷、低磷洗衣剂中主要采用的助洗剂。然而，4A 沸石是不溶于水的固态物质，可能会给洗涤的衣物造成二次污染。

图 5 - 7 4A 沸石结构

聚丙烯酸钠 为水溶性高分子树脂，其分子量分布是影响助洗剂性能的决定因素。作为助洗剂的聚丙烯酸钠，平均分子量为 50000 ~ 80000。聚丙烯酸钠虽然对于 Ca^{2+} 、Mg^{2+} 的螯合能力弱，但作为助洗剂的原因在于其具有良好的分散污垢和防止污垢再沉积能力，以及优异的抗酸性能力。为了改善丙烯酸均聚物对 Ca^{2+} 、Mg^{2+} 螯合能力差的弱点，人们研究在其分子链上共聚一些其他功能单体如顺丁烯乙酸酐，形成改性的共聚物。与偏硅酸钠和 4A 沸石相比，改性的聚丙烯酸共聚物价格偏高，故此类助洗剂多与 4A 沸石混合使用。

层状硅酸钠 是一种可溶性的结晶硅酸钠，在不同的结晶条件下，可以形成 α、β、γ 和 δ 四种晶体，其中 δ 晶型的助洗效果最好。层硅酸钠对水的软化能力极强，它对 Ca^{2+} 、Mg^{2+} 的结合能力分别达到 300mg/g 和 400mg/g，且水溶液的 pH

值可达到9.5～12，保证洗涤所需的碱性；对污垢微粒和油渍也有着较好的悬浮作用，显示出很好的抗再沉积能力。另外，它对稳定洗衣粉中的漂白剂很有好处，不仅可以提高漂白剂的贮存寿命，而且有良好的协同效果；层硅酸钠对表面活性剂也有很好的吸附作用。层硅酸钠是一种多功能助剂，即可以做主要助剂，也可以做辅助助剂，且无味、无毒是一种符合生态要求的助洗剂。据称它也是三聚磷酸钠的最佳代用品。表5-6列出了三聚磷酸钠与一些代用品的助洗效果。

表5-6　三聚磷酸钠及部分替代助洗剂的性能比较

助洗剂名称	软化水功能	稳定pH能力	抗再沉积能力	性能比	环境影响
三聚磷酸钠	很好	好	好	很好	差
偏硅酸钠	一般	很好	差	好	好
4A沸石	好	差	差	一般	好
改性聚丙烯酸钠	一般	好	很好	差	好
层硅酸钠	很好	好	好	好	好

由于，一时找不到理想的多聚磷酸盐的替代品，目前，常使用二种或多种助洗剂组合来完善洗涤效果。研究结果表明：采用沸石－层状硅酸钠－柠檬酸钠系统，可显著降低每批洗涤剂的剂量，其最佳比例为：(3.5:1:1)～(4.5:1:1)。一种含沸石与丙烯酸－马来酸共聚物助洗剂的组合表明，其具有比沸石A与均聚合物组合更好的洗涤性能。

3. 漂白剂(bleaching agent)

严格地说，化学漂白就是有色物体的氧化或还原降解。由于还原漂白后，有些无色物质在与空气中的氧接触后，会再次产生颜色。因此，添加在洗涤剂中的漂白剂一般为氧化剂，在洗涤过程中它能将有色的污染物氧化降解，破坏其发色结构，这样不仅能去除重垢污斑，而且可使衣物洁白。

洗涤剂中采用的氧化漂白剂主要有两大类：过氧化物系和次氯酸盐系

(1) 过氧化物系漂白剂

这类漂白剂是通过产生过氧化氢或其衍生物来实现氧化漂白作用。最为典型的是过硼酸钠的水合物，如 $NaBO_3 \cdot 4H_2O$、$NaBO_3 \cdot H_2O$。它们不易溶于冷水，但可溶于热水，在水中受热后即发生分解反应，产生过氧化氢，其反应式如下：

$$NaBO_3 \cdot xH_2O + H_2O \xrightarrow{\text{分解}} NaBO_2 + H_2O_2 + xH_2O$$

释放出的 H_2O_2 具有氧化漂白功效。所以洗衣粉中添加了过硼酸钠可以提高去污能力，增加白度。类似的还有过碳酸钠($Na_2CO_3 \cdot 15H_2O_2$)它在水溶液中分解为 Na_2CO_3 和 H_2O_2。但由于其稳定性较差，尤其在某些重金属离子存在时更易分解，故一般只作为附加漂白剂(漂白增效剂)使用，而不是直接配入洗涤剂中。

遗憾的是，如果洗涤的温度过低(<80℃)，过硼酸钠就难以发挥作用。为

了使过硼酸钠在较低温度下发挥作用，人们研制开发了漂白活化剂，它实际是一类酰基化合物，当它与过硼酸钠中的过氧羟基阴离子作用，即发生下列的"激活"反应，生成过氧羧酸。

$$R—COX + OOH^- \longrightarrow R—COOOH + X^-$$

研究表明，过氧羧酸在较低的温度（60℃）下也有良好的漂白效果。目前已商用的激活剂有四乙酰基乙二胺（TAED）、异壬酰氧基苯磺酸钠（iso - NOBS）、对磺基苯基碳酸酯（BOBS）等，其中后三种（激活的）过氧羧酸的漂白温度可降至 25 ~ 30℃。

最近，国外又报道了十二烷基过氧一酸（DPDA）其氧化能力比过氧盐高，但比芳香过氧酸低，对亲水亲油性污垢都具有良好的漂白能力，且对织物和织物染料的损坏不大。鉴于 DPDA 这些优良的性质，研究者对其在家用漂白洗衣粉中的应用进行了大量研究，发现当它和碱性洗衣粉接触时，和芳香过氧酸一样要分解。因此，如何克服其配伍稳定性不好、溶解性差的缺点将决定 DPDA 能否商业化应用的关键。

（2）次卤酸盐系漂白剂

代表的品种有次氯酸钾、次氯酸钠等，是一种漂白能力很强的氧化剂，其强度是通常用有效氯的含量表示。次氯酸盐的分解有如下二种途径：

$$3NaOCl \longrightarrow NaOCl_3 + 2NaCl（自动分解途径）$$

$$2NaOCl \xrightarrow{Cat.} O_2 + 2NaCl（催化分解途径）$$

实验显示对于重垢而言，次卤酸盐漂白剂比过氧化物系列更为有效，使用条件也不那么苛刻，且还兼有杀菌性，这对家用洗涤十分有益。然而，次氯酸盐本身非常不稳定，只有在强碱条件下才能稳定地储存；另外，它对某些纤维织物（如羊毛）及染料的损害也较为严重。因此，次卤酸盐系漂白剂通常不配入洗涤剂中，而往往是作为单独操作程序（漂白）中的一个添加剂来使用。一般欧洲人喜欢用过氧系漂白剂；而美国人则多选用次卤酸盐系。

4. 辅助添加剂（functional additives）

表面活性剂、助洗剂和漂白剂构成了现代洗涤剂的基本框架，但为了完善和满足某些需求，在洗涤剂的生产过程中还需添加多种辅助成分，且它们的功能作用十分突出。

（1）酶制剂（enzyme）

酶在洗涤剂中作为一个功能组分，并以一种有效、节能和对环境友好的方式有助于洗涤，多年来，酶已成为洗涤剂产品发展和改进的重要因素。从酶的观点来说，市场上各种洗涤剂所含的活性组分几乎都是在相同的机理下进行去污的。酶的作用就是分解（或降解）相应的污垢，使其变为可溶性而便于清洗。目前用于洗涤剂的酶剂有：

1）蛋白酶：这是最早用于洗涤剂的酶品种。它能促使不溶于水的蛋白质水解成可溶性的多肽或氨基酸，如衣物上奶渍、血渍、汗渍等斑迹，用蛋白酶对这些污斑的去除有很好的效果。在洗涤用品中选用的应是耐碱型的碱性蛋白酶。

2）脂肪酶：80年代研制开发成功的又一洗涤剂用酶。有资料调查显示，当今欧洲有75%，日本有55%的洗涤产品中添加了酶制剂。我国也从90年代起开始重视碱性脂肪酶的研制开发工作。脂肪酶能促使脂肪中的酯键水解，转化成亲水性较强的脂肪酸、甘油单酯、双酯，脂肪酶作用较为缓慢，因此最好将衣物在含有酶的洗涤液中预浸渍，这样效果较好，而残余的脂肪酶还能吸附在洗后的衣物上。因此，衣物经过多次用这类洗涤剂洗涤后，可取得显著效果。

3）纤维素酶：纤维素酶近年来被研究开发用于洗涤剂工业。纤维素酶本身并不能与污垢发生作用，其活力主要使纤维素发生水解，若是织物表面的茸毛发生局部水解，则有利于污垢的释出。另外，因为它能将织物正常穿着和洗涤中所产生的绒毛和微球去除，而使洗涤后织物保持或恢复清新的色泽、光滑的表面。在纺织印染工业中可用纤维素酶对牛仔织物进行加工处理，以代替传统的石磨工艺。需注意的是对有些棉织品多次重复（过量）使用纤维素酶后，会损失织物的强度。

4）淀粉酶：淀粉酶能将淀粉转化为水溶性较好的糊精，因此它能使衣物上粘附的淀粉容易洗去。

目前，国外正在进行氧化－还原酶的研究，作为新型漂白体系的一种潜在组分，据说能在低温（5～10℃）下提供漂白效果，这样就能大大地节省能源。

酶的催化作用不仅有很强的选择性，且其活性作用受温度、pH值及配伍的化学组分等因素的影响。酶适宜的工作温度一般在50～60℃，故使用含酶洗涤剂时，宜用温水；各种不同的酶有着它们各自适宜的pH值。如纤维素酶能发挥活性的pH值在5左右，而洗涤多数是处于弱碱性的，为使酶适应洗涤的条件，有时就需要对酶的品种进行筛选或改性处理。脂肪醇聚氧乙烯醚类非离子表面活性剂不但不影响酶的活性，反而对酶有稳定作用。酶不能与次氯酸钠等含氯漂白剂配伍，否则将丧失活性；而过氧酸盐类氧化剂对酶的影响则较小。

（2）抗再沉积剂（anti – depositing agent）

顾名思义，这是一种用于防止污垢再次沉积于被洗物表面，并使污垢完全分散与洗涤液之中的功能组分。使用结果表明：凡具有下述结构的纤维素衍生物（图5－8）都表现出较好的抗再沉积能力，其中羧甲基纤维素（CMC）是最常用的抗再沉积剂。它的作用机理是：一方面能吸附于棉纤维表面，削弱了纤维表面对污垢的再吸附；另一方面，由于CMC是一个高分子物，将污垢粒子包覆起来，使之稳定分散于洗涤液中。所以它对棉织物的抗再沉积效果最好，对其他性质的纤维织物则效果欠佳。PVP（聚乙烯吡咯烷酮）是一种合成高分子物质，其平均分子量在10000～40000的品种也可以作为抗再沉积剂，且对棉和各种纤维织物都有良好的效果，它的水溶性也较 CMC 为好，唯价格昂贵。

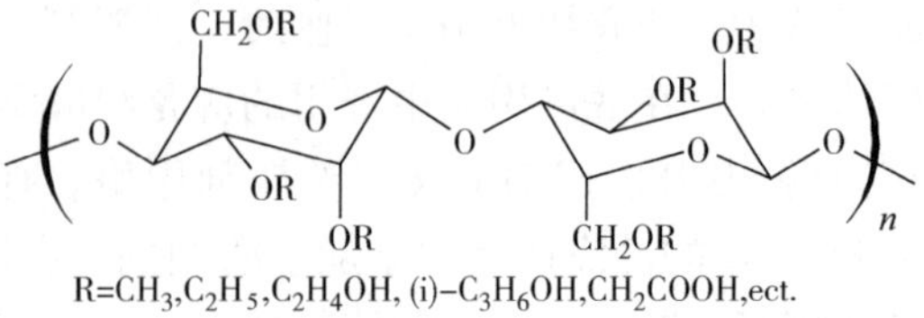

R=CH₃,C₂H₅,C₂H₄OH,(i)-C₃H₆OH,CH₂COOH,ect.

图 5－8　纤维素衍生物的化学结构式

（3）荧光增白剂(fluorescent brightener)

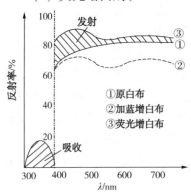

图 5－9　加蓝与荧光增白曲线

荧光增白剂是利用光学补色原理来达到增白、增艳效果的一类化合物。通常的洗涤物有许多为白色织物，因此，人们对洗涤后织物的白度非常关注。早期的洗涤剂中加入少量的蓝色染料，与织物的黄色混合，在视觉上产生变白的感觉，但其亮度有所减弱。这种增白方式我们称之为"加蓝增白"。现代的增白技术是在洗涤剂中添加荧光增白剂，它能发射出蓝光，利用补色原理产生增白效果，同时它还增加了反射量（亮度），使有色物体看上去更加地鲜艳、亮丽。（见图 5－9）用于织物洗涤剂做的荧光增白剂品种很多，详细知识可参考染料及有关方面的书籍和文献资料。

（4）其他(miscellaneous)

无水硫酸钠，俗称"元明粉"。它常常添加于洗衣粉中作为填充料，以降低成本；由于硫酸钠在水溶液中电离，增加的 SO_4^{2-} 能使阴离子表面活性剂的吸附量增加，降低其 c.m.c；有利于洗涤液的湿润、去污等作用；另外，硫酸钠还能降低料液的黏度，防止固体颗粒潮解结块，保持洗衣粉有良好的流动性。硫酸钠在洗衣粉中的添加量一般在 20% ~45%（wt）。

在配制液体洗涤剂时，水助溶性化合物往往是必不可少的，如短链的烷基苯磺酸钠盐、尿素、短链醇（乙醇、异丙醇等）和乙二醇缩合醚，它们能增加表面活性剂在水中的溶解度，使组分均匀、稳定地分散于洗涤介质之中。

5. 洗衣剂的配方设计

由于各地的洗涤方式、水质及生活习性的各不相同，洗衣剂的基本配方组成也有较大的变化。在欧洲人们习惯用热水洗涤，故洗涤剂配方中助洗剂所占比例较高，且多含漂白剂；而在日本因水质较软，加之洗涤多在低温下进行，因此，配方中活性组分的含量相对较高。表 5－7 列出了世界部分国家（重垢）粉状洗衣剂的基本组成，我国标准是参照日本通用配方所构成的。

我国制定的标准洗衣粉配方组成(wt%)如下：

1. 十二烷基苯磺酸钠(活性物)   15.0   4. 碳酸钠(碱性试剂)   3.0
2. 三聚磷酸钠(螯合剂)   17.0   5. 纤维素醚(抗再沉积剂)   1.0
3. 硅酸钠(抗蚀剂)   10.0   6. 硫酸钠(填充剂)   48.0

规定标准洗衣粉的去污力为"1"，凡是去污能力小于1的洗涤剂均为不合格产品。

表5-7 粉状重垢型洗涤剂的基本配方   %

原料组分	实 例	西 欧		日 本		美 国	
		含磷	无磷	含磷	无磷	含磷	无磷
阴离子SAA	烷基苯磺酸盐	5~10	5~10	5~15	5~15	0~15	0~20
	脂肪醇硫酸盐	1~3	—	0~10	0~10	—	—
	脂肪醇醚硫酸盐	—	—	—	—	0~12	0~10
	α-烯烃磺酸盐	—	—	0~15	0~15	—	—
非离子SAA	烷基聚乙二醇醚	3~11	3~6	0~2	0~2	0~17	0~17
泡沫控制剂	肥皂等	0.1~3.5	0.1~3.5	1~3	1~3	0~1.0	0~0.6
螯合剂	三聚磷酸钠	20~40	—	10~20	—	23~55	
离子交换剂	沸石、聚丙烯酸	2~20	20~30	0~20	10~20	—	0~45
碱剂	碳酸钠	0~15	5~10	5~20	5~20	3~22	10~35
共助洗剂	柠檬酸等	0~4	—	—	—	—	—
漂白、活化剂	过硼酸钠等	10~30	20~30	0~5	0~5	0~5	0~5
织物柔软剂	季铵盐、黏土	—	—	0~5	0~5	0~5	0~5
抗再沉积剂	纤维素醚	0.5~1.5	0.5~1.5	0~2	0~2	0~0.5	0~0.5
酶	蛋白酶等	0.3~0.8	0.3~0.8	0~0.5	0~0.5	0~2.5	0~2.5
光学增白剂	二苯乙烯二磺酸	0.1~0.3	0.1~0.3	0.1~0.8	0.1~0.8	0.05~0.25	0.05~0.25
抗蚀剂	硅酸钠	2~6	2~6	5~15	5~15	1~10	0~25
香、染料等		适量	适量	适量	适量	适量	适量
填料及水	硫酸钠	余量	余量	余量	余量	余量	余量

配方实例1(加酶洗衣粉/含磷)，wt%

1. 牛脂脂肪酸钠   5.5   5. 硅酸钠   5.5
2. 十二烷基苯磺酸钠   3.1   6. 酶(粒状)   6.4
3. 脂肪醇聚氧乙烯醚   3.9   7. 水   0.2
4. 三聚磷酸钠   41.5   8. 硫酸钠   26.9

配方实例2(无磷洗衣粉)，wt%

1. 烯基磺酸钠   6.0   5. 漂白剂   1.0
2. C_{15}烷基磺酸钠   12.0   6. 羧甲基纤维素钠   0.5
3. 硅酸钠   25.0   7. 硫酸钠   26.7
4. 合成沸石(4A)   10.0   8. 水   加至100%

配方实例3(洗衣粉/含漂白剂)，wt%

1. 十二烷基苯磺酸钠	8.0	6. 增白剂	16.0
2. 三聚磷酸钠	7.0	7. 抗氧化剂	4.0
3. 过碳酸钠	3.0	8. 芒硝	28.0
4. 聚乙二醇	14.0	9. 水	加至100%
5. 硅酸钠	5.0		

除了粉状外，重垢型洗衣剂还有液状产品，它在美国十分普及。配方中一般无需填充剂，转而添加水助溶剂，而水的含量越占50%～70%。使用时只需用水稀释，十分方便。典型产品的配方组成见表5-8。

表5-8　重垢型液状洗涤剂的基本配方　　　　　　　　　　　%

原料组分	实　例	西　欧		日　本		美　国	
		含磷	无磷	含磷	无磷	含磷	无磷
阴离子SAA	烷基苯磺酸盐	5～7	10～15	5～15	—	5～17	0～10
	脂肪酸盐	1～3	10～15	10～20	—	0～14	
	脂肪醇醚硫酸盐	—	—	5～10	10～25	0～15	0～12
非离子SAA	烷基聚乙二醇醚	2～5	10～15	4～10	10～35	5～11	15～35
泡沫控制剂	肥皂、烷醇酰胺	1～4	3～5	—	—		
酶	蛋白酶等	0.3～0.5	0.6～0.8	0.1～0.5	0.2～0.8	0～1.6	0～2.3
助洗剂	三聚磷酸钠等	20～25	—	—			
	柠檬酸、硅酸钠		0～3	3～7		6～12	
水助溶剂	二甲苯磺酸盐等	3～6	6～12	10～15	5～15	7～14	5～12
光学增白剂	二苯乙烯二磺酸等	0.1～0.3	0.1～0.3	0.1～0.3	0.1～0.3	0.1～0.25	0.1～0.25
稳定剂	三乙醇胺、螯合剂	—	1～3	1～3	1～5		
织物柔软剂	季铵盐、黏土	—	—	—	—	0～2	0～2
香、染料等		适量	适量	适量	适量	适量	适量
水	硫酸钠	余量	余量	余量	余量	余量	余量

自70年代起，日本率先在市场上开发投入了一种以非离子表面活性剂为主体的高效重垢型洗衣粉，即浓缩洗衣粉，至80年代欧美也相继生产。浓缩洗衣粉的表观密度较大，一般是普通粉的2.5倍，其活性成分(表面活性剂)的浓度也较高(日本规定>40%)，这样在包装、运输和使用过程中都显示出较高的效率。另外，由于配方中大大减少了填充剂，生产上不必采用喷雾干燥工艺，因此，不仅降低了配方成本，还节省了大量的能量，因此，目前世界上一些发达国家浓缩洗衣粉在市场的投入量已占洗涤用品的50%～80%。而其他国家的产量也呈上升趋势。

在浓缩洗衣粉中，非离子表面活性剂的用量明显增加，甚至取代传统的烷基苯磺酸钠；由于生产上多采用附聚成型法(见5.3.6洗涤剂的生产制造)故固体添加剂的颗粒度要求较高，须有一定的比表面积，以便于物料在表面上的化学、水合反应和固体物料的附聚。由于沸石本身就是表面改性剂，因此，原来配方中的硫酸钠用量可降至最低程度。另外，配方中选择适当的液体组分、固体组分和水量的比例，这对产品的颗粒结构、流动性以及在水中的溶解度都有着很大的影响。下面介绍几种浓缩洗衣粉的配方例子，供读者参考。

配方实例4(浓缩洗衣粉/无磷)，wt%

1. 非离子表面活性剂	8.0	7. 过硼酸钠	16.0
2. 十二烷基苯磺酸钠	7.0	8. TEDA	4.0
3. 脂肪醇醚硫酸酯盐	3.0	9. 4A-沸石	28.0
4. 碳酸钠	14.0	10. 其他(酶、羧甲基纤维素等)	8.0
5. 硅酸钠	5.0	11. 水	加至100%
6. 硫酸钠	4.0		

配方实例5(浓缩洗衣粉/含磷)，wt%

1. 非离子表面活性剂	11.0	5. 硅酸钠	8.0~18.0
2. 十二烷基苯磺酸钠	15.0	6. 羧甲基纤维素钠	1.0
3. 三聚磷酸钠	32.0	7. 荧光增白剂	0.2
4. 碳酸钠	19.0	8. 硫酸钠	至100%

5.3.2 精致纤维洗涤剂(detergents for fine fabric)

这类洗涤剂主要用于羊毛、丝绸等柔软性织物的清洗，而且洗涤的方式也多为手洗。因此，该类洗涤剂配方时，首先要注意的是洗涤液的碱性须加以控制，通常以中性为主，洗涤的温度也不能太高，否则羊毛纤维会受到损失。其次，要考虑洗涤后的手感，为此多选用硫酸酯盐型表面活性剂，甚至采取添加柔软剂的方式；最后由于以手洗为主，所以配方所用的活性组分多为高发泡性的品种，有时，也可添加稳泡剂来实现此目的。另外，此类产品多制成液状型，方便使用。

配方实例1(液体毛纺织品洗涤剂)，wt%

1. 椰子油二乙醇酰胺	20.0	4. 十二烷基苯磺酸盐	5.0
2. 月桂醇醚硫酸盐(30% aq)	15.0	5. 色、香、防腐剂及水	50.0
3. 二甲苯磺酸盐(40% aq)	10.0		

配方实例2(毛纺织品洗涤剂)，wt%

1. 非离子SAA(含稳泡剂)	20.0~30.0	3. 乙醇(丙二醇)	0~10.0
2. 二烷基二甲基氯化铵	1.0~5.0	4. 色、香、防腐剂及水	60.0~70.0

5.3.3 辅助洗衣剂(auxiliary detergent)

随着新型织物的不断出现，洗涤习惯及生活方式的不断变化，传统的家庭洗衣方式已不尽完善。为了更好地到达洗涤效果，目前，已开发生产出多种洗衣助剂和后处理剂，使机洗的效果不断完美。就家庭洗涤来说，预洗剂和柔软处理剂最为普及，前者是为了更好地除去重油性污迹或污迹较难洗清部位，如衣物的领子、袖口等处，配方多以溶剂和表面活性剂为基础，产品的形式有膏状，液状和气溶胶型。

表 5-9 （污渍）预洗剂的配方实例

组　分	质量/%	
	配方 1#	配方 2#
N-辛基吡咯烷酮	2	4
磷酸酯型阴离子 SAA(80%)	4	
焦磷酸钾	8	
氨水(28%)	8	1
异丙醇	2	2
一缩丙二醇单甲醚	—	10
四氯乙烯	—	22
烷基醇 EO 醚的硫酸盐	—	40
三乙醇胺	—	5
水	72	17

配方 1# 是表面活性剂为主的预洗剂；配方 2# 则为溶剂型预洗剂，添加少量表面活性剂是为了改进产品的泡沫性与水溶性污渍的去除性。

另外，此类产品也可制成气溶胶型。

配方实例（预洗剂/气溶胶型），wt%

1. 矿物油	20.80	4. 助洗剂	0.85
2. 十二烷基苯磺酸铵	6.70	5. 芳香烃磷酸酯	2.20
3. 聚乙二醇硬脂酸酯	1.45	6. 推进剂($C_3 \sim C_4$烃)	50.00

柔软剂则是改善织物（尤其的棉类）洗后效果的一个助剂，通常是以柔软和抗静电效果良好的二烷基季铵盐为主要活性成分，再辅以高效乳化剂等复配而成。

表 5-10 织物柔软剂的配方实例

组　分	质量/%		
	配方 1#	配方 2#	配方 3#
二氢化硬脂基二甲基氯化铵	6.7	6.7	—
二椰子油基二甲基氯化铵	—	—	6.67
羟甲基甘氨酸钠(aq.)(杀菌剂)	0.15	0.15	0.15
N-辛基吡咯烷酮	0.5	—	—
N-十二烷基吡咯烷酮	—	1.0	0.3
色素	适量	适量	适量
香精	适量	适量	适量
水	至 100%	至 100%	至 100%

5.3.4 干洗剂(dry detergent)

以上所述的洗涤剂均是以水为介质的洗涤。实际上，由于衣物的种类和结构不同，某些织物经水洗后会发生变形、褪色等。如大部分天然纤维吸水易于膨胀，而干燥后又容易缩水，因此就易使织物变形；一些毛纺制品用水洗后还容易起球、颜色走样；而丝绸类用水洗后手感变差、光泽暗等。对于这些衣物常常采用干洗的方法进行去污。所谓的"干洗"是指以有机溶剂为洗涤介质的洗涤操作。相对于水洗，它是一种比较温和的洗涤方式。因为干洗去污主要是通过溶解、增溶方式实现的，所以并不需要太大的机械作用，对衣物不至于造成损伤、起皱和变形，同时有机溶剂剂不像水那样，很少产生纤维的膨胀和收缩作用。

为了去除水溶性污垢，配方中通常需加水，但不能过量；而采用的表面活性剂也应是油溶性的，所形成的反向胶束可增溶水溶性污垢。溶剂是干洗剂的主要功能组分，一般除了要求它应具有良好的油脂溶解能力外，还要求有较低的挥发性、低毒(或无毒)性和不燃性，不损失对衣料、设备材料而安全可靠，经济上价格合理。目前，多数国家采用多氯乙烯类溶剂，而尤以四氯乙烯最常用。另外，也有使用石油系溶剂，通常是烷烃、环烷烃和芳香烃的复合溶剂。

配方实例1(干洗剂)，wt%

1. 芳基磷酸酯盐 SAA	2.0	4. 多氯乙烯	95.7
2. 二乙醇胺	0.3	5. 水	1.0
3. 渗透剂 – OT(70%)	1.0		

配方实例2(干洗剂)，wt%

1. 芳烷基磷酸酯钠盐(88%)	2.0	3. 水	1.0
2. 渗透剂 – OT	1.0	4. 四氯乙烯	96.0

配方实例3(抗静电型干洗剂)，wt%

1. 硬脂酰三甲基氯化铵	20.0	3. 失水山梨醇硬脂酸酯	20.0
(45%的甲醇溶液)		4. 乙二醇单丁醚	5.0
2. 硬脂酰胺聚乙二醇	10.0	5. 四氯乙烯	45.0
(4EO)加成物			

5.3.5 地毯清洗剂(rug cleaners)

鉴于特殊性，地毯的清洗与一般织物的清洗方式不同，因此其洗涤剂的配方组成和特点也不尽相同，这里洗涤液不仅要能"溶解"污垢，而且要能使污垢悬浮形成松散的固体残留物，这样便于通过真空吸除而加以清洁。

目前，地毯清洗剂大致有三种：即泡沫清洗剂、喷洒萃取清洗剂和粉状清洗剂。前面二种都是湿法操作，完全干燥时间较长，一般适用于专业场所的清洗，而家用地毯的消洗剂以粉状更为适合。喷洒萃取消洗剂，主要有低泡型表面活性剂和助洗剂组成，通过一定的专业设备将消洗剂以1%～2%水溶液加入待洗的地毯内，然后再立即吸走。这样的洗涤效果是三种方式中最佳的。泡沫清洗方式则是利用泡沫将污垢悬浮，以达到去除污垢的一种清洗方式，因此，配方中常会有高泡性表面活性剂，配加溶剂以增加污垢的溶解度。另外，在配方中还应添加能生成脆性残留物的高分子树脂以便于吸除清洁。粉状清洗剂是可撒开的一种粉剂，通过刷子或机器将其进入织物内，它是由高表面积的载体材料，用表面活姓剂和溶剂饱和而制成的，在短时间内，残留物可与综合的污垢一起真空抽去。因此，特别适用于一般的家庭地毯清洗。

表5-11　三种地毯清洗剂的基本配方结构　　　　　　　　　　%

组　分	泡沫型清洗剂①	喷洒萃取清洗剂	粉状清洗剂
复合表面活性剂	0.5~5.0	6.0~25.0	0.5~4.0
泡沫稳定剂②	0~2.0	0.5~1.5④	15.0~60.0⑤
聚合物树脂③	0~5.0	0.5~20.0	—
乙醇/异丙醇	0~3.0	—	—
乙二醇单丁醚	0~7.0	—	7.0~14.0
水、香料	余量	余量	余量
推进剂	6.0~10.0	—	—

　　① 对于泡沫型产品，多选高发泡性及能产生干性沉淀物的阴离子表面活性剂，如十二烷基硫酸钠（锂），脂肪酸单乙醇酰胺磺基琥珀酸二钠盐等。对于喷射萃取型，则以低泡性的非离子表面活性剂为主，并配以硅系消泡剂，同时加入渗透性良好的表面活性剂，增加对地毯的渗透能力。粉状型产品以清洗和分散性为选择依据。

　　② 泡沫稳定剂除月桂酰二乙醇胺以外，长链脂肪醇的加入有时也十分有效。

　　③ 常用有苯乙烯-马来酸铵盐、聚丙烯酸甲酯、聚苯乙烯等树脂，且一般不含增塑剂以增加膜的脆性。

　　④ 这里用的是消泡剂，效果较好的是有机硅表面活性剂。

　　⑤ 这里是指载体的用量，它是由木屑、纤维素、聚氨酯硬泡沫屑、脲醛树脂、硅藻土和滑石粉等组成，要求表面积要大，容易渗透。

配方实例1（地毯清洗剂）

1. 十二烷基硫酸盐	10.0	5. 羟甲基甘氨酸钠(aq.)	0.15
2. 椰子油酰二乙醇酰胺	2.0	6. 色素	适量
3. N-辛基吡咯烷酮	1.0	7. 香料	适量
4. 异丙醇	10.0	8. 水	至100%

配方实例2（机洗地毯清洗剂）

1. 二甲基苯磺酸钠(40% aq.)	6.5	6. 羟甲基甘氨酸钠(aq.)	0.15
2. N-辛基吡咯烷酮	1.0	7. 色素	适量
3. 多聚磷酸盐	7.5	8. 香料	适量
4. 二甘醇单丁醚	8.0	9. 磷酸(85%)	至pH=7
5. EDTA(38%)	0.5	10. 水	至100%

将上述组分均匀混合后，再按上述混合液：推进剂（液化石油气）=80.0：

20.0% wt 的比例复配加压装罐。使用时将清洁剂喷射在绒地毯上，形成的薄膜或泡沫能吸附污垢，待干燥后，就可用真空吸尘器方便地加以清除。

5.3.6 洗涤剂的生产制造（manufacture of detergent）

洗涤剂按产品形状有粉状（俗称洗衣粉）、液状、浆状、块状等，尤以粉状产品最为普及，占市场份额最大。下面着重讲述粉状洗涤剂的生产工艺。

1. 喷雾干燥法

此方法的核心是先将活性物单体和助剂调制成一定黏度的浆料（有称"料浆"），然后采用高压泵、喷射器将其喷射成细小的雾状液滴，与 200~300℃ 的热空气接触，在短时间内迅速变为干燥的粒子，称为"气流式喷雾干燥法"。而根据料浆液滴与热空气接触的方式又有顺流和逆流式两种。顺流法因料浆微粒突然暴露在高温环境中，其中的水分和气体骤然脱离，易形成皮壳很薄的空心颗粒；相反，逆流法由于喷雾粒子所受温度是由低到高，故所形成的颗粒皮壳较厚，粒子的表观密度较大，甚至可略带水分。图 5-10 是喷雾干燥法生产工艺流程图，主要分为料浆制备、喷雾干燥和成品包装几个工序。

料浆的配制是否恰当，对产品的质量和产量影响很大。洗涤剂活性物单体和各种助剂要严格按照配方中规定的比例和按一定的次序进行配料，且要不断进行搅拌、保温（60~65℃，不超过70℃）。因为料浆中存在着许多水解和水合反应，要尽可能采取措施使粉体成品中的水分大都呈结晶水状态，使最终配得的料浆应有较好的流动性，使料浆均匀一致，适于喷粉。料浆经高压泵以 5.9~11.8MPa

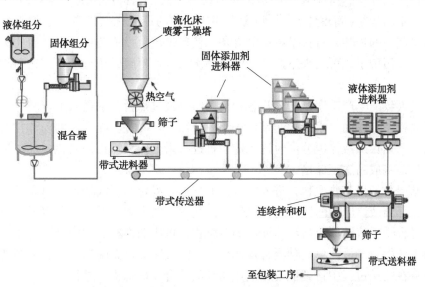

图 5-10 塔式喷雾干燥法生产洗衣粉的工艺流程图

的压力通过喷嘴，呈雾状喷入塔内，与高温热空气相遇，进行热交换。从雾状液滴的干燥历程（逆流法）来看，开始时液滴表面水分因受热而蒸发，内部的水分因浓度差而逐渐扩散到液滴表面。这时液滴内部的扩散速度要大于表面蒸发速度，内部水分逐渐减少；随着表面水分的不断蒸发，液滴表面逐渐形成一层弹性薄膜。随后液滴下降，温度升高，热交换继续进行，这时表面蒸发速度增快，薄膜逐渐加厚，内部的蒸汽压力增大，但蒸汽通过薄膜比较困难，这样就把弹性膜鼓成空心粒状。最后干燥的颗粒进入塔底冷风部分时温度下降，表面蒸发很慢，残留水分被无机盐吸收而成结晶颗粒，经老化而更加坚实。这就是洗衣粉经过塔式喷雾干燥形成空心粒状的过程。一般的颗粒直径在 0.25～0.40mm 之间，表观密度为 0.25～0.40g/mL。这里喷粉塔应有足够的高度，以保证液滴有足够的时间在下降过程中充分干燥而成为空心粒状。我国目前的逆流喷雾干燥塔的高度（直筒部分，即有效高度）一般大于20m。否则，就会影响产品质量。

经过喷雾干燥、冷却、老化后的成品，在包装前应抽样检验粉体的外观、色泽、气味等感观指标，以及活性物、不皂化物、pH 值、沉淀杂质和泡沫等理化指标。成品的粉体应是流动性好的颗粒状产品，应无焦粉、湿粉、块粉、黄灰粉及其他杂质。装袋时粉温越低越好，以不超过室温为宜，否则容易吸潮、变质和结块。

2. 附聚成型法

用附聚成型法制造粉状洗涤剂，最早始于 50 年代，而近十多年这项技术又有了很大的发展。所谓"附聚"是指固体物料和液体物料在特定条件下相互聚集，成为一定的颗粒（附聚体）。与喷雾法相比，它的最大优点是省去了物料的溶解和料浆蒸发的步骤，省去了相应的设备，使单位产量投资费用、生产费用大大降低，三废污染小，可用来生产新型的浓缩洗涤剂。附聚成型法生产工艺流程如图 5-11。

其大致的生产工序是：先将各种粉体组分经过筛后分别送入上部粉仓。将计算量的粉体组分通过水平输送带传入预混合器进行混合。混合后的粉体物料与定量的、已预热的液体组分同时进入造粒机进行附聚成型。再经老化、加酶加香配制，最终将成品送至储槽。

预混合是将某些原料在进入附聚器前先进行混合，预混物料可以是部分固体原料和部分液体原料的混合物，以促进某些原料的水和作用，也可以是干料和干料的混合物，液体原料与液体原料的混合物，可增加物料的均匀度，并提高附聚器的生产能力，最简单的预混合操作是采用螺旋输送机做附聚器的进料装置，使干物料在输送过程中得到混合；液体物料的混合在捏合机中进行。

用附聚成型法生产制造粉状洗涤剂，不仅工艺简单，而且所用的设备也很容易制造，有的甚至略经改造即可使用。近十来年，有关附聚成型工艺的设备装置

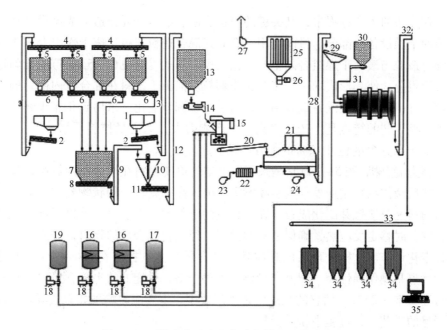

图 5 - 11 附聚成型法生产洗衣粉的工艺流程图

1—过筛器；2—输送机；3—提升机；4—输送机；5—粉仓；6—自动喂料器；7—电子计量斗秤；

8—可控出料机；9—提升机；10—预混合器；11—输送机；12—提升机；13—暂存机；

14—电子皮带秤；15—附聚皂粒机；16—液体配料系统；17—液体储罐；18—液体计量系统；

19—香精计量系统；20—皮带机；21—流化床；22—换热器；23—热风机；24—冷风机；

25—除尘装置；26—回收装置；27—引风机；28—提升机；29—振动筛；30—加酶装置；

31—后配旋转混合器；32—提升机；33—皮带机；34—成品仓；35—DCS 中央集中控制系统

又出现了许多新的成果。主要有：生产能力为 100t/h 的转鼓式附聚器、91t/h 的立式附聚器、61.2t/h 的"Z"型附聚器、20.4t/h 的斜盘附聚器以及双锥式附聚器等。

3. 干式混合法

也称"无塔混合成型法"。它的基本原理是：在常温下把配方组成中的固体原料与液体原料按一定的比例在成型设备内混合均匀，经适当调节后获得自由流动的多孔性颗粒成品，其简单的工艺流程如图 5 - 12 所示。

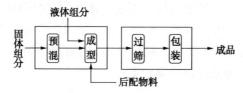

图 5 - 12 干式混合法生产洗衣粉的工艺流程图

在此法的生产过程中，其关键的设备是固、液组分混合造粒成型设备和老化调节的干燥设备两部分。目前使用的有立式混合造粒与硫化床干燥组合工艺和强力混合造粒与滚筒干燥组合的生产工艺两种。立式混合机(图5-13)能均匀地混合液固组分，使其形成均一的多孔状小颗粒。但由于物料在混合机内停留的时间很短，排出的物料较湿并带有黏性，需进一步调节老化，采用硫化床干燥器十分合理。该工艺的特点是生产效率高，生产能力大，但定量控制严格，不易把握，也不适于水分含量超过12%的配方产品。

强力混合机(图5-14)它是采用压缩空气迫使粉料在混合器内做高速旋转运动，然后液体物料用压缩空气经喷嘴雾化喷入高速旋转的粉状物料中，而使其与固体粉料充分接触并团化成粒。在混合机的下部吹入冷空气，使物料混合更加激烈，并及时移走反应热，确保适宜的温度。经强化混合后的物料再进入滚筒干燥器作老化调节。这样处理后的颗粒其水分含量可基本控制在3%~4%。此法的最大优点是操作弹性大，配方定量要求不很严格，对配方的水分含量要求也较宽松可达20%~25%。而它的缺点就是生产效率、生产能力均不如立式混合－硫化床干燥的工艺，且过程中粉尘量较大。

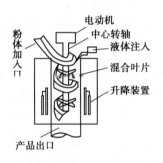

图5-13 立式混合造粒机

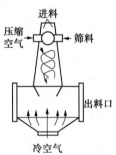

图5-14 强化物料混合

5.4 硬表面清洗剂（hard surface cleaners）

这是家用洗涤剂中另一大类的产品，具体包括厨房用、盥洗室、居室用等，鉴于清洗的对象多为结构紧凑的硬质表面，具有一定的物理、化学稳定性，且对洗后表面的光泽较为讲究，因此，配方时除了表面活性剂、助洗剂的使用外，有时还需通过一些特殊组分(如酸、氧化剂等)的功能作用来完成清洗目的，产品形式则多为液状或较为流行的气溶胶型。

5.4.1 餐具洗涤剂(dish - washing cleaner)

早期餐具的洗涤就是用水，以后又引入了肥皂，但它们都存在着各自的不足：碱性高（对手洗形式尤其不利），肥皂对硬水敏感易生成皂垢，且与皮肤的相容性也不佳。因此，当今使用的餐具洗涤剂，主要是基于表面活性剂的复配型产品。

餐具上需去除的污垢主要是水溶性的糖、盐以及非溶性的油脂和来自蔬菜、水果、茶叶及咖啡的有色物质或色素，加之洗涤方式又不同于衣物的洗涤，因此在配方上有其特殊的一面。首先，所选组分须安全无毒，并无异味，以免影响餐具的正常使用；其次须有良好的去污效果，因为餐具不能使用机械搅拌，加入水中的洗涤剂应有很好的自乳化或溶解能力；第三，对手洗产品还要强调产品与皮肤的相容性，避免因长期使用而引起对皮肤的刺激作用。

1. 手洗型餐具洗涤剂（dishwashing detergents – liquid）

在一般的家庭中，几乎都通过手洗方式完成餐具的清洗。为此对产品的性能要求是：①高发泡力；②良好的湿润性及污垢分散稳定性（防止再污染）；③易在硬表面流失（干后无残留痕迹）；④现代的配方，还须考虑环境因素和皮肤相容性的关系。当然，价格是必须要考虑的因素。从配方上分析，一般的餐具洗涤剂是由主表面活性剂、次要表面活性剂和辅助原料所组成，其中表面活性剂的含量一般大于或等于15%。前者赋予产品乳化、分散、去污等作用；后者的功能是稳定泡沫、改善与皮肤的相容性；而辅助材料则是调节产品的黏度，增加活性物的溶解度，以完善洗涤剂的综合性能。

常用的主表面活性剂有直链烷基苯磺酸盐（LAS）、α – 烯烃磺酸盐（AOS）、仲烷基磺酸盐（SAS）、脂肪醇硫酸盐（FAS）、脂肪醇聚氧乙烯醚硫酸盐（FES）、脂肪醇聚氧乙烯醚（AEO）、等，LAS对许多污物都具有优良的清洁效果，并具有良好的稳定性，价格也低廉，其缺点是高浓度连续使用会使手变得粗糙，因此LAS在高活性配方中已部分被更柔和的表面活性剂所代替。FES具有很强的乳化能力和良好的发泡能力，对水硬度的敏感性低，与皮肤有良好的相容性，且易用烷醇酰胺和氯化钠来调节产品的黏度，是目前餐具洗涤剂中应用最广的阴离子表面活性剂。随着制备AOS的工艺难题已获解决，日前AOS已逐渐用于化妆品、洗涤剂中。AOS与LAS、FES、脂肪氧化胺和烷醇酰胺相结合可提供良好的餐具洗涤性能，并且不受水硬度的影响。另外，随着环境保护意识和对产品安全性要求的不断提高，一些生产商已寻找开发出性能更温和的表面活性剂，如脂肪酸甲酯磺酸盐（MES）、烷基聚葡萄糖苷（APG）等，它们都有着良好的耐硬水性和发泡力，且对皮肤无刺激性。

手洗餐洗剂一般由2～3种的表面活性剂复配组成。最为典型的组合是LAS/FES，据报道两者比例为4∶1时，效果最佳，但对皮肤的柔软性方面存在不足。当今对皮肤的亲和性已是餐具洗涤剂的重要质量指标。从这种柔软概念出发，生态性能更好的AOS、MES、APG将被引入餐洗剂中。最近的研究显示，含C_{12}～

C$_{14}$的 APG 当它与 LAS、SAS 或 FAS 等合用时，其洗涤去污效力与 FES 作比较有明显的增强。目前，餐具洗涤剂中主要表面活性剂的增效组合是 LAS/FES、SAS/FAS，尤以 FAS/FES 更好些，若再添加 APG 后，能显著地提高餐洗性能。因此，研究表面活性剂的配伍性，开发新的配方将是今后手洗餐洗剂的一个发展方向。另外，研究资料表明 APG 除上述的优点外，还显示出优异的低温习性，这对配制低温浓缩型产品，具有特别的意义。

次要的表面活性剂中用得最多的就是烷基烷醇酰胺和烷基叔胺氧化物。前者可改善泡沫稳定性、增加产品的黏度和润湿力，提高清洗力能，但用量受其在水中的溶解度而有所限制；后者是一个高泡型表面活性剂，可增加黏度、改善产品的混浊现象，能在较大的 pH 范围内保持透明。

清洗餐具时，除了通过表面活性剂的润湿、乳化、悬浮等作用去除碟子上的油污外，清洗剂还应具备诸如软化水质、漂白等各种功能。另外，为了使用上方便，产品的外观性如透明、黏度等也需要助剂来加以改善。对一般家用液体洗涤产品，较为常用的添加剂有：①增稠剂，如氯化钠、柠檬酸钠、羟基纤维素、脂肪酸聚乙二醇醚、聚乙烯吡咯烷酮等。②增溶剂，像尿素、二甲苯磺酸钠、低级脂肪醇等。③凝固点降低组分，乙醇、丙二醇、乙二醇、酚基聚氧乙烯醚等。④螯合剂，ED-TA 钠盐、氮川三乙酸钠等。另外，为改善洗后的外观性，少量的产品还添加（<2%）某些特殊功能组分，如疏水性聚合物等。当然，产品中还需加一定的防腐杀菌剂，提高产品的抗微生物活性。香、色料的添加可增加产品的美观性。

表 5 - 12　液体餐具清洗剂配方实例

组　分	质量/%		
	普通配方 1[#]	普通配方 2[#]	低刺激性配方 3[#]
十二烷基苯磺酸	9.8	—	—
苛性钠(50%)	2.55	—	—
十二烷基醚硫酸钠(70%)	5.8	15.0	16.9
月桂基甜菜碱			6.5
月桂醇(9 - EO)加成物			1.0
椰子油二乙醇酰胺	1.0	1.0	—
月桂基叔胺氧化物			3.5
N - 辛基/十二烷基吡咯烷酮	1.0	1.0	1.0
NaCl	0.4	2.5	1.0
羟甲基甘氨酸钠(aq.)	0.15	0.15	0.15
色素	微量	微量	微量
柠檬香精	微量	微量	微量
柠檬酸	至 pH = 7	适量	至 pH = 7
水	至 100%	至 100%	至 100%

2. 机洗餐具洗涤剂(dishwashing detergents – machine)

这种洗涤方式多用于商业性场所,它主要是通过强烈的水流作用来完成清洗、漂淋过程。因此,配方原则与手洗型有较大的差别。首先,因为是机器洗涤,加之激烈的水流作用,所以多选择低泡或无泡型的非离子型表面活性剂,且用量要少,而较多地使用碱性助剂,增加去污能力。机洗餐具一般包括洗涤、冲洗(漂淋)和干燥三个过程,洗完后的餐具还需冲洗,其目的是去除餐具表面的残留物和水分,保证干燥后的餐具表面不留水滴痕迹。所以通常的餐具机洗剂包括清洗和冲洗剂。

表 5 – 13   用于自动餐具洗涤剂的部分非离子 SAA

SAA 的名称	化学结构式
脂肪醇或烷基酚的 EO 加成物	$RO - (C_2H_4O)_n - OH$; $R - phO - (C_2H_4O)_n - OH$
EO 和 PO 的嵌段共聚物	$H - (OC_2H_4)_a - (OCH_2(CH_3)CH)_b - (OC_2H_4)_c - OH$;
脂肪醇 EO/PO 的加成物	$RO - (C_2H_4O)_x - (CH(CH_3)CH_2O)_y - H$
脂肪醇 EO 加成物的甲醛缩合物	$RO - (C_2H_4O)_x - CH_2 - (OC_2H_4)_y - OR'$
脂肪醇 EO 加成物的醚缩合物	$RO - (C_2H_4O)_n - OR'$

分子中引入氧丙烯单元,使其疏水性增加,发泡力降低,有利于配方的需求。分析配方组成,自动餐具清洗剂中一般非离子表面活性剂的含量在 5% 左右,若与冲洗剂配套使用的话,比例可低至 1% ~3%,而近 50% 为碱性助剂,如偏硅酸钠、碳酸钠,甚至氢氧化钠等,另外,还含能络合 Ca^{2+}、Mg^{2+} 的软水剂,如三聚磷酸钠、氮川三乙酸钠、柠檬酸钠和沸石 A 等,当今国际上标准参比清洗剂的配方比例是:(粉状)

1. 软水络合剂(三聚磷酸钠)　50.00%(wt)　4. 二氯异氰尿酸钠　　　　　2.25
2. 脱水偏硅酸钠　　　　　　40.00　　　　5. 低泡型表面活性剂　　　　2.00
3. 脱水硫酸钠　　　　　　　5.75

冲洗助剂的配方中,非离子 SAA 的含量较高,达 10% ~40%,其国际标准参比配方为:

(中性冲洗剂)

1. 脂肪醇 EO/PO 加成物(I)　20.0%(wt)　3. 异丙醇　　　　　　　　24.0
2. 脂肪醇 EO/PO 加成物(II)　40.0　　　　4. 去离子水　　　　　　　16.0

(酸性冲洗剂)

1. 脂肪醇 EO/PO 加成物(I)　5.0%(wt)　4. 柠檬酸　　　　　　　　25.0
2. 脂肪醇 EO/PO 加成物(II)　17.5　　　　5. 去离子水　　　　　　　28.0
3. 异丙醇　　　　　　　　12.0

表 5 - 14　（机洗）餐具清洗剂配方实例

组　分	质量/%			
	1# 液状	2# 液状	3# 粉状	4# 无磷粉状
二甲基苯磺酸钠（片状）	6.5	—	—	
焦磷酸四钾	15.0	1.0	19.5	
偏硅酸钠（50%）	4.0	5.0	45.0	31.5
柠檬酸三钠（2H$_2$O）				20.0
碳酸钠			25.0	
硫酸钠				43.8
C$_9$ ~ C$_{11}$ 醇 5 - EO 加成物（90%）	1.0		4.2	
辛基酚 10 - EO 加成物		2.0		
脂肪醇 EO/PO 加成物			3.5	3.0
N - 辛基/十二烷基吡咯烷酮	1.0		—	
叔胺氧化物（50%）/发泡剂		1.0	1.0	
甲基乙烯醚 - 马来酐共聚物	0.85		—	
EDTA	0.15	1.5	—	
异丙醇	3.0			
氢氧化钾（片状）	3.0	2.3	—	
羟甲基甘氨酸钠（aq.）	0.15	0.15	0.15	0.15
色素	微量	微量	微量	
香精	微量	微量	微量	
水	至 100%	至 100%	至 100%	至 100%

配方实例 1（液状餐具冲洗剂），wt%

1. 脂肪醇 EO/PO 加成物	16.0	3. 乙醇	7.0
2. 柠檬酸	35.0	4. 去离子水	42.0

配方实例 2（液状餐具冲洗剂），wt%

1. 脂肪醇 EO/PO 加成物	30.0	3. 丙二醇	15.0
2. 异丙醇	15.0	4. 去离子水	40.0

　　另外，随着人们生活水平的提高，生产商在餐具清洗剂的基础上，还开发了蔬菜、水果、鱼类等生食品的专用洗涤剂，其作用就是要杀死一些附在这些食品表面的有害微生物，如菌、卵等。同时，特别强调所用表面活性剂的生物毒性问题。以下列举一些具体的配方实例。

配方实例 3（生鲜食品清洗剂），wt%

1. 月桂酸钾	18.0	4. 甲基纤维素	0.2
2. 月桂基醚硫酸盐	5.0	5. 去离子水	74.8
3. 月桂基二乙醇酰胺	2.0		

配方实例 4（蔬菜、水果清洗剂），wt%

    1. 十二烷基硫酸酯钠盐 25.0   3. 香料   适量

    （55%）

    2. 十二烷基硫酸酯   4. 去离子水   50.0

     三乙醇胺盐（50%）   25.0

配方实例 5（鱼类清洗剂），wt%

    1. 蔗糖脂肪酸酯   2.0   4. 十水硫酸钠   45.0

    2. 失水山梨醇脂肪酸酯   8.0   5. 硫酸镁   20.0

    3. 三聚磷酸钠   20.0   6. 琥珀酸二钠   5.0

洗鱼用的洗涤剂不能使用十二烷基硫酸酯钠盐和烷基苯磺酸盐等表面活性剂，因为这一类活性物不仅吸附残留在鱼体上，而且和鱼肉蛋白质结合形成不溶解物，渗透到组织内部。采用上述配方 8# 的 0.5% 水溶液清洗蔬菜和草莓时，可分别洗掉 90% 和 97% 以上的蛔虫卵和细菌：而使用配方 9# 清洗鱼时，不仅有良好的去污作用，而且可以提高鱼肉制品的质量。

5.4.2　通用型清洗剂（general purpose cleaner）

虽然，目前已有高度发展的洗涤设备可用于织物和餐具的清洗，但是对于固定硬表面的清洗（除商业上大面积清洗外），在很大程序上必须用手工操作，为了简化此项工作，就需要广泛使用各种清洗剂。尽管遇到的污垢（迹）和底物的性质会有所不同，但绝大多数的污垢去除是根据相同的物理化学机理，即表面的直接湿润，再经乳化、增溶、分散作用去污，因此，就可以用类似的方法去完成清洗任务，而适合这种情况的产品，就称之为"通用型清洗剂"。

通用型清洗剂的使用对象，可以是石头、混凝土、金属、木材、玻璃、塑料等，而所需去除的污迹也可以是五花八门，如油脂、蜡、食品残留物、染料、硅酸盐、碳酸盐、烟灰等，有时甚至是混合污迹，但需说明的是某些较严重的污垢或特殊性的污垢（如锈迹等）一般还需专业产品或者专业方式清洗，因此，没有真正意义上的通用型清洗剂。

使用这类清洗剂时，一般均用海绵、布或其他的柔软材料，配以清洗剂加以轻轻摩擦，再经清水漂淋后完成清洗。化学组成是通用型清洗剂中最重要的因素，摩擦组分的加入仅提供一个外力。从技术要求来看，通用型清洗剂（擦洗剂）必须要有：①高效的清洗性；②能较好地保护表面；③使用方便/容易配制，再加上人体安全、环境因素还须有良好的皮肤相容性和生物降解性。

表面活性剂是配方中的主要活性成分，从综合性来看 LAS 是性能/价格比最合适的品种之一，它能与许多活性组分相兼容，而且实验研究表明：LAS 与非离子表面活性剂能产生良好的协同性，对脂质、颗粒状污迹均具有很高的清洗效果。近年来，AOS 的用量也在增加，它较 LAS 具有更大的水溶性和耐电解质性。

值得一提的是，脂肪酸盐（肥皂）在通用型产品中也占有重要的地位，这是因为肥皂的加入能使某些溶解性差的组分（如松油、酚类杀菌剂）产生增溶，且很容易通过添加电解质来增稠。非离子表面活性剂中以 AEO（脂肪醇聚氧乙烯醚）和 APEO（烷基酚聚氧乙烯醚）最普及，经济上 APEO 要好于 AEO，而生物降解性则刚好相反。实践表明：$C_{12} \sim C_{16}$ 烷基和 $4 \sim 10 molEO$ 的 AEO 产品是最合适的原料组分。络合剂是通用型清洗剂中另一大组分，它不仅能螯合钙、镁离子而且能有效地分散颗粒状污垢，但除擦洗剂外，一般采用其可溶性品种。高分子聚合物的加入能有效地改善清洗效果，而且还能增加产品在表面的滞留时间，这在垂直平面的清洗就更加明显。添加水溶性或可乳化性的有机溶剂可增加油脂污迹的溶解度，以及表面活性剂在水中的溶解度，从而就有利于洗涤。摩擦剂只用于擦洗剂配方之中，其粒径要求一般是 $\phi < 150 \mu m$，用于液状型擦洗剂的是软性的大理石粉；而用于粉状型产品的则是硬度较大的石英粉。

表 5-15　液体通用型清洗剂（擦洗剂）的基础配方

组成	清洗剂/%	擦洗剂/%	组成	清洗剂/%	擦洗剂/%
阴离子表面活性剂	1.0~10	0~10	非离子表面活性剂	1.0~10	0~10
高分子聚合物	0~2	0~5	螯合物	1~10	0~10
碱类物质	0~10	0~10	有机溶剂	0~10	0~5
杀菌/漂白剂	0.1~15	0~20%（擦洗剂）	护肤添加剂	0~2	0~2
黏度调节剂	0~5	0~2	pH 调节剂/缓冲机	0~2	0~5
水助溶剂	0~10	0~5	染料、香料	适量	适量
蒸馏水	余量	余量			

配方实例 1（多功能硬表面清洗剂），wt%

1. 链状烷基苯磺酸	6.0	5. 羟甲基甘氨酸钠	0.15
2. N-辛基吡咯烷酮	1.5	6. 色素	适量
3. N-甲基吡咯烷酮（溶剂）	1.0	7. 香料	适量
4. 氢氧化钠（50% aq）	1.5	8. 去离子水	至100%

配方实例 2（喷雾型通用清洗剂），wt%

1. 仲醇9-EO 加成物	1.0	3. 焦磷酸四钠	2.5
2. 二缩乙二醇醚	5.0	4. 去离子水	91.5

根据需要可添加色素、香料等。再按 95：5wt%（上述混合液：推进剂）压入容器即制得气溶胶产品。

5.4.3　特殊用途清洗剂（cleaners for special）

这类清洗剂主要用于某些特殊污垢，或污垢较严重表面的清洗，其用量虽不大，但效果明显。其清洗原理除通常利用表面活性剂的物理去污外，有时往往还需利用化学性质来补充、完善清洗效果，因此，在配方中如何平衡、协调各组份，并使其有较好的相容性就显得十分重要。

1. 酸性清洗剂(acidic cleaner)

这类清洗剂呈酸性，配方中一般含有一定量的酸，其作用是溶解那些碱性的水沉积物(多为碳酸盐类)和锈迹(铁的氧化物)所以它们多用于金属和盥洗室的清洗。但值得注意的是，由于酸一般都有较强的腐蚀作用，尤其是对水泥类物质，通常使用前须用水湿润，并且尽可能的稀释和缩短接触时间，用后须用水冲洗，从而避免酸引起的负面效果。

在配方组成中，酸的用量可在 5% ~50% 的范围。而通常采用的酸是磷酸、甲酸、草酸、盐酸(37%)，氨基磺酸则通常用于建筑墙面的清洗。另外，为了改善产品对垂直或倾斜表面的黏附性，通常添一些增稠剂，而表面活性剂的本身组合也能起到这种作用，如壬基酚 EO 加成物与 LAS 以 4:1 的调和物。最后要强调的是所有添加物须对酸稳定。

配方实例1(液状瓷面清洗剂)，wt%

1. LAS(50% 粉状)*	0.5	3. 盐酸(32%)	28.0
2. 丙烯酸类乳液增稠剂	0.5	4. 去离子水	71.0

　*产品中含增溶剂和抗结块剂

配方实例2(液状便器及金属清洗剂)，wt%

1. 硅铝酸镁稳定剂	0.8	3. EDTA 四钠盐	0.9
2. 天然植物树胶	0.4	4. 磷酸(86%)	40.0

2. 脱脂(垢)剂(degreasers)

脱脂剂主要是用于油脂类严重的表面清洗，如厨房所用的台面、炉灶、抽油烟机等表面以及餐馆等场所，其污垢主要是动植物油、蜡与空气中尘埃的混合组成物，因此，配方中常需加入碱组分，以有助于油脂去除；而对于某些油污(垢)特别严重(较厚的)处，还得用溶剂来完善其清洗效果。依溶剂的性质、含量，配方中所选用的表面活性剂需视产品的最终性质决定。在水性配方中，聚氧乙烯类非离子表面活性剂是此类清洗剂的主要活性成分，对油性污迹有良好的乳化能力，肥皂往往与其他表面活性剂混合使用，它能增加对动植物油脂的乳化性和增溶性。为了提高油污清洗能力，水性配方中也往往添加某些极性有机溶剂，如乙二醇醚、丙二醇醚等，它们不仅具有水助溶性，且对油脂污垢具有一定的溶解性。

配方实例1(多功能碱性脱脂剂)，wt%

1. 链状烷基苯磺酸	1.5	5. 二甲苯磺酸钠	4.5
2. 三聚磷酸钠	5.0	6. N – 甲基吡咯烷酮	2.0
3. N – 月桂基吡咯烷酮	1.0	7. 防腐剂、色素和香料	适量
4. NaOH(50% aq)	0.5	8. 去离子水	至100%

配方实例2(油垢清除剂)，wt%

1. 聚氧乙烯高碳醇(9)醚	4.0	6. 一缩乙二醇单乙醚	1.5
2. 壬基酚聚氧乙烯(10)醚	5.0	7. 三聚磷酸钠	5.0
3. 净洗剂-6501	3.0	8. 碳酸钠	4.0
4. 三乙醇胺	1.0	9. 色素、香精	适量
5. 乙二醇单丁醚	2.0	10. 去离子水	至100%

表5-16 厨房脱脂(清洗)剂配方实例

组 分	质量/%		
	配方3#	配方4#	(擦洗)配方5#
十二烷基醚硫酸钠(70%)	1.0	1.0	
椰油酰谷氨酸钠			1.5
N-辛基吡咯烷酮	0.3		1.5
N-十二烷基吡咯烷酮	0.1	0.1	
C_{13}醇EO-9加成物		0.75	
丙二醇甲醚/异丙醇	3.0	3.0	2.0
N-甲基吡咯烷酮	3.0	3.0	2.0
氢氧化钠(10%)			1.2
EDTA/NTA	3.0	3.0	
羟甲基甘氨酸钠(aq.)	0.15	0.15	0.15
色素(蓝色)、香精	微量	微量	微量
水	至100%	至100%	至100%

配方3#、4#中，表面活性剂的复配赋予产品良好的去污、渗透与泡沫平衡性，非离子SAA对油、脂的乳化、分散特别有效，且兼有抗再沉积性；N-烷基吡咯烷酮则具有良好的协调性，且能提高SAA的渗透力；添加溶剂通过对油脂的溶解性而提高产品的去污能力；EDTA/NTA的添加可提高表面活性剂(尤其是阴离子型)的耐硬水性，且对颗粒污垢的去除有促进作用。配方5#为擦洗剂，NaOH的加入可提高对油脂污迹的去除性。

除了水基性脱脂剂外，很多此类产品是以溶剂加表面活性剂所构成的，溶剂多为甲苯、煤油等。相对说来，此类产品工业应用较多些。

配方实例6(溶剂型脱脂剂)，wt%

1. 二甲苯	30.0	3. 一缩丙二醇单甲醚	20.0
2. 多氯乙烯	30.0	4. 壬基酚6EO加成物	20.0

*配方实例7(液状脱脂剂)，wt%

1. 煤油	60.0	3. 十二硫醇6EO加成物	25.0
2. 丁基溶纤基	15.0	*此剂更适用于工业上零部件的清洗	

3. 盥洗室清洗剂(bathroom cleaner)

此类产品主要用于釉面砖、台盆、浴缸、地坪表面的污迹去除与清洗。与前述的酸性清洗剂不同,它主要是基于 SAA 的洗涤性能而复配的一类配方产品。但鉴于污迹主要为水垢、皂垢,故配方中常常添加一些酸性组分,以提高清洗剂的去污能力。有时通过添加一定量的氧化剂,来提高去污力。

配方实例 1(盥洗室清洗剂 − 1),wt%

1. 十二烷基叔胺氧化物(30%)	2.0	5. 烷基苄基氯化叔铵(50%)	1.4
2. N − 辛基吡咯烷酮	2.5	6. 防腐剂	适量
3. 无水醋酸	1.5	7. 色素、香料	适量
4. 乙醇酸(65%)	3.0	8. 水	至 100%

据实验测试结果,配方中叔胺氧化物不仅作为 SAA,且是良好的耦合剂。随叔胺氧化物的量增加,其他组分的水溶解度也增大,洗涤效果明显增加。

配方实例 2(盥洗室清洗剂 − 2),wt%

1. 十二烷基硫酸钠(29%)	13.0	6. 乙醇酸(65%)	3.5
2. $C_9 \sim C_{11}$ 醇 EO − 8 加成物	3.0	7. 六水合硫酸镁	1.5
3. 磷酸(85%)	0.1	8. 蓝/绿色色素、香料	适量
4. N − 辛基吡咯烷酮	0.03	9. 防腐剂	适量
5. 柠檬酸水合物	1.5	10. 水	至 100%

配方实例 3(碱性厕所清洗剂),wt%

1. 次氯酸钠 *	5.0	4. 烷基苯磺酸钠	0.1
2. 十水合硫酸钠	0.5	5. 去离子水	90.4
3. 氢氧化钠	4.0		

这里次氯酸钠是作为氧化剂使用,对有色污迹特别有效,能有效地提高产品的去污力。

* 配方实例 4(抽水马桶自动清洗剂)俗名"蓝泡泡",wt%

1. LAS	20 ~ 30	6. 碳酸钠	0 ~ 20
2. 脂肪醇 20 ~ 25EO 加成物	30 ~ 40	7. 硫酸钠	0 ~ 30
3. 壬基酚 EO 加成物。	0 ~ 40	8. 香料	1 ~ 8
4. 聚乙二醇醚	5 ~ 15	9. 色素(蓝色或绿色)	2 ~ 6
5. EDTA	5 ~ 10	10. 防腐剂	适量

* 此产品经压制成为块状、或棒状,而产品本身呈弱碱性。

4. 玻璃清洗剂(glass & windows cleaners)

普通玻璃是多种硅酸盐的混合熔融物,在冷却成型时,内部的气体和杂质被挤压至表面,与内部的组成物质不同,而形成海棉状结构。玻璃本体虽然对许多药品具有耐腐蚀性,但是容易受到酸、和浓苛性钠等的缓慢侵蚀。对于玻璃表面的清洗,除特殊要求(如表面精度的要求、电子仪器的高度洁净等)外,一般要求其透明度良好,保持美观洁净。以表面活性剂为主剂的玻璃清洗剂可以将玻璃上的轻度污垢洗掉。多数情况下,由于玻璃表面的亲水性很强,对表面活性剂的吸附残留量不大，但是考虑到有可能浸透到玻璃表面海绵状结构中去，所以需充分冲洗。

选用的表面活性剂应以低泡型（甚至无泡型）非离子表面活性剂为主，其中以 Pluonic 型最为通用，在配方中的用量也较低。另一个不可少的组分为水溶性的多元醇类溶剂，它不仅能提高去污能力，而且具有防雾性（防止水滴停留在玻璃表面），以保持玻璃的透明度。这对汽车挡风玻璃的清洗显得更为有效。低碳醇（如乙醇、异丙醇）的加入主要是调节整个配方的挥发速度。相比较而言，一般家庭使用的产品中，水的含量较高；而汽车挡风玻璃所用的清洗剂配方中，溶剂的量相应提高，这主要是提高清洗液的防冻性（气温较低）和快挥发性。另外，为了更有效地去除酸性污迹，配方中常常加入适量的弱碱（如氨水等），但千万不能使用氢氧化钠之类的强碱，以产生负面效果。

时间长后，玻璃随着表面海绵状结构的逐渐风化和污垢积累，表面粗糙，透明度也随着降低，此时，一般的清洗方法很难洗净。对于高层建筑的窗玻璃的清洗，为了减少用水冲刷，可在清洗剂中添加挥发性溶剂如煤油、异丙醇、丙酮等以及研磨剂和吸附剂。溶剂和研磨剂的作用是使污垢分散，被分散的污垢随着溶剂的挥发被吸附剂吸附，最后研磨剂和附着污垢的吸附剂干燥成粉末状，附着在玻璃表面很容易擦净和用少量水冲洗干净。

配方实例1（通用型玻璃清洗剂），wt%

1. 一缩丙二醇甲醚溶剂	4.0	4. Pluonic 型 SAA*	0.1
2. 氢氧化铵（28%）	4.0	5. 去离子水	90.9
3. 异丙醇	4.0		

*这里所用的 Pluronic 型产品的分子量约为 14000，黏度为 8000cp。若取上述混合液 95 份，异丁烷 5 份一同压入容器，即可制得气溶胶型产品。

配方实例2（玻璃清洗剂），wt%

1. 十二烷基硫酸镁（27%）	0.02	5. 异丙醇	5.0
2. N-月桂基吡咯烷酮	0.01	6. 丙二醇甲醚	4.0
3. 乙醇胺（MEA）	0.15	7. 防腐剂、色素和香料	适量
4. 氨水（28%）	0.15	8. 去离子水	90.7

研究结果显示，采用烷基硫酸镁盐较相应的钠盐具有更好的洗后透明性。适量的碱性组分（氨水、MEA）能促进对酸性污迹的去除，且能减少冲洗后的水纹痕迹。

配方实例3（喷雾型玻璃擦洗剂），wt%

1. N-辛基吡咯烷酮	0.15	4. 羟甲基甘氨酸钠（aq.）	0.15
2. 一缩丙二醇甲醚	1.0	5. 色素、香料	适量
3. 异丙醇	9.0	6. 去离子水	89.7

配方实例4(含摩擦剂的玻璃擦洗剂),wt%

1. 胶性硅铝酸镁、乳化剂 稳定剂、悬浮剂的混合物	2.2	4. 氨水(27%)	2.2
		5. 无臭石油	4.5
2. 一缩乙二醇	8.9	6. 硅藻土(研磨剂)	4.5
3. Tween-60	8.9	7. 去离子水	68.8

配方实例5(汽车玻璃清洗剂)*,wt%

1. 丙二醇醚溶剂	5.0	3. 异丙醇	80.0
2. 乙二醇	14.0	4. 壬基酚9EO加成物	1.0

*此配方产品为浓缩物,冬天使用时,可一倍水;而夏天时,可按1:5(浓缩物:水)加水使用。

5. 地板/家具清洗剂(蜡)(Cleaners/or Cleaning wax for floor&furniture)

作为家居使用,木质材料表面通常涂有一层蜡(涂料),以保护木质表面。但由于蜡或类似的保护膜很容易吸附固体尘埃(颗粒),形成较难去除的污垢。所谓的地板清洗剂,就是即要去污,又要保护蜡质表面的光泽,甚至添加蜡或成膜剂组分,使得清洗后的表面洁净、光亮。

从功能作用划分,有单清洁的清洗剂;单保护的光亮剂,有清洁+保护的清洗上光蜡。清洁主要以SAA+助洗剂(多聚磷酸盐)为主,而保护性的光亮剂则往往由蜡或高分子乳剂来实现。另外,配方中还常常添加杀菌剂,这尤其适合于儿童活动的地板表面。

另外,由于水分对木材的影响较大,当以保护为主要目的时,光亮剂最好使用油性介质或W/O型乳剂产品。

配方实例1(地板清洗剂),wt%

A组分:		C组分:	
1. 十二烷基苯磺酸钠(50%)	5.1	5. 三聚磷酸钠	1.0
2. 水	81.8	6. 壬基酚EO-9加成物	2.3
B组分:		7. 羟甲基甘氨酸钠(aq.)	0.15
3. 乙烯基吡咯烷酮~苯乙烯共聚物	0.1	8. 色素	适量
4. 水	9.55	9. 香料	适量

制法:先将十二烷基苯磺酸钠溶于水中制得A组分;将乙烯基共聚物均匀分散于水中得B;随后将组分A与B混合均匀,再将组分C中的各组分依次加入并混合均匀。

配方实例2(地板脱蜡剂),wt%

1. 磷酸油醇酯EO-3加成物	3.0	4. 丙二醇单甲醚	8.0
2. 油醇EO-5加成物	5.0	5. 氢氧化钾	1.5
3. 油醇EO-7加成物	2.0	6. 水	至100%

制法：先将组分 1~4# 混合均匀。氢氧化钾加水溶解后，在搅拌下缓慢地加入 1~4# 混合组分中，保持均匀即可。另外，配方中的氢氧化钾也可用硅酸钠代替。

配方实例 3（地板上光剂），wt%

1. 全氟辛基磺酸铵	0.04	8. 磷酸三丁氧基乙酯	1.1
2. N-十二烷基吡咯烷酮	0.03	9. 羟甲基甘氨酸钠	0.15
3. 有机硅消泡剂	0.1	10. 丙烯酸酯乳液（38%）	37.3
4. 乙二醇甲醚	1.0	11. 碱溶性丙烯酸树脂（38%）	5.9
5. 一缩丙二醇甲醚	3.4	12. 聚乙烯蜡乳液（35%）	7.6
6. N-甲基吡咯烷酮	1.2	13. 水	至100%
7. 对苯二甲酸二丁酯	1.1		

该产品具有良好的耐摩擦性，同时也容易重复清洗、上光。特别适用于医院、学校、办公室等流量较大的区域。另外，碱溶性丙烯酸树脂的加入可显著地改变涂层均一性。

配方实例 4（家具抛光剂），wt%

1. 海藻酸钠	0.3	6. 低黏度甲基硅油	4.0
2. 溶剂油（矿物油）	20.0	7. Span-60	1.5
3. 巴西棕榈	1.0	8. Tween-60	1.5
4. 石蜡（油）	2.5	9. 防腐剂	1.0
5. 微晶蜡	1.5	10. 水	至100%

6. 汽车（表面）清洗剂（car cleaners/or cleaning wax for floor&furniture）

随着生活水平的提高，汽车已广泛地加入家庭的日用产品行列之中，因此有关汽车的辅助用品也日益增加。同样地用于汽车外表的清洗、上光等化学配方产品也相应地成为家庭必备的日用消费产品。

从目的上区分，车外表的清洗可以分为三种类型：①纯粹的去污冲洗；②上光（或抛光）；③完全的外表"翻新"处理。纯粹的清洗就是去除表面的一般性污垢（如泥、油污等），但由于汽车表面一般都涂有蜡层作保护，所以此类洗涤剂的配方中不添加（或很少量）强碱性的组分，以免损伤汽车的保护蜡层。在国外此类产品也被形象地将称为"汽车清洗香波"，意指清洗但不脱蜡，它主要有复配的表面活性剂、助洗剂和水组合构成。比较高级的汽车清洗香波是配方中添加了上光组分，将清洗、上光基于一起（即 2in1 洗车香波）。它在清洗后汽车表面能形成透明的膜层，以增加光泽和亮丽的感觉。

配方实例 1（汽车清洗水），wt%

1. 三聚磷酸盐	0.5	5. 十二烷基硫酸钠	2~4
2. 乙磺酸	2.0	6. 椰子油酰基二乙醇胺	1.5
3. 氢氧化钠	0.2	7. 烷基甜菜碱	2~3
4. 烷基醚 EO-3 硫酸盐	2~4	8. 水	至100%

配方实例 2(汽车清洗剂)，wt%

	（非蜡型）	（含蜡型）
1. 烷基苯磺酸三乙醇铵盐	30.0	30.0
2. N – 月桂基吡咯烷酮	2.0	1.0
3. 椰子油酰基二乙醇胺	2.0	1.0
4. 巴西棕榈蜡	—	2.0
5. N – 甲基吡咯烷酮	1.0	1.0
6. 防腐剂	0.15	0.15
7. 色素、香料	适量	适量
8. 水	至100%	至100%

制法：先将组分 1~3# 溶于水中。随后缓慢地加入巴西棕榈蜡(融化状态)和 N – 甲基吡咯烷酮，冷却至一定温度后，最后加入防腐剂、色素与香料，搅拌均匀即可。配方中添加蜡组分后，能改善清洗后表面的光泽性。

配方实例 3(汽车上光蜡)，wt%

1. 轻质矿物油	16.0	6. 海藻酸钠	0.5
2. 巴西棕榈蜡	1.4	7. Pluonic L – 44(SAA)	0.67
3. 丙三醇	4.1	8. 防腐剂	0.13
4. 硅藻土	10.2	9. 香料(可选择)	适量
5. 六偏磷酸钠	0.2	10. 水	至100%

此配方中蜡与油的比例可根据需求进行调整，改变油的含量，即可改变成膜时间；而添加硅油可增加蜡膜的光泽性。另外，改变摩擦剂与蜡的相对比例，可改善膜的耐久性。

制法：先将海藻酸钠在冷水中溶胀、溶解(需不断地搅拌，且添加速度需慢)。在此黏性水溶液中，搅拌下依次加入六偏磷酸钠、Pluonic L – 44(SAA)、防腐剂和甘油，再将硅藻土加入后并加热混合液至60℃得(Ⅰ)。在另一容器中，将巴西棕榈蜡加热融化，并溶解于矿物油中得(Ⅱ)。将上述热的水相(Ⅰ)，慢慢地加入油相(Ⅱ)中并不断地搅拌。冷却后通过胶体研磨机后，即可包装成品。

5.5 家庭卫生用品(household health products)

这里所说的卫生用品仅指哪些能使环境健康、干净、舒适而所用的一类日用化学品，通常包括各种杀(驱)虫剂，杀菌剂和空气清香剂等。

虽然多数的昆虫对我们人而言是无害的，但有些则被公认为是害虫，如蟑螂、苍蝇、蚊子、白蚁、跳蚤、臭虫等，它们有的直接危害人类；有的则损害我们的食品、粮食和房屋，尤其是当其数量众多时，会产生惊人的破坏作用。因此，家庭用杀虫(菌)产品等已成为我们日常必要的日用化学品。

5.5.1 家用杀虫剂(household insecticides)

首先，家庭害虫的控制取决于两个因素：①对害虫及习性的知识了解；②选择适当的害虫控制方法，因此杀虫(菌)剂并不是你唯一的选择。另一方面，了解杀虫(菌)剂用途、使用方法、限制及毒性(对人、宠物等)也是十分重要的。

1. 活性组分

（1）拟除虫菊酯（pyrethroid），即合成除虫菊。其名称源自于天然的植物杀虫剂——除虫菊（chrysanthemum cinerariaefolium）。绝大多数拟除虫菊酯用作家用杀虫剂，害虫一旦接触它，即可被迅速击倒。因此，它均适用于飞行昆虫（如蚊子等）的空间喷洒。另外它们在荧光和自然光的照射下，能快速分解，而不留残余物。从杀虫机理而言，拟除虫菊酯是一种神经毒素。它被昆虫生物体吸收后，进入神经系统，通过抑制离子的正常传输，而最终导致生物体瘫痪、死亡。大量的研究表明，拟除虫菊酯对于人、哺乳动物的毒性极低，但对于水生生命体（如鱼等）则有一定的毒性。

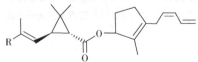

R= –CH₃ 除虫菊酯–I(pyrethrin–I)
R= –COOCH₃,除虫菊酯–II(pyrethrin–II)

图 5 – 15　除虫菊酯的分子结构

1924 年，天然植物除虫菊酯化合物的分子结构首次进行了报道，1947 年得到最终的确定。它是由含三元环丙烷结构的菊酸与具有立体构型的醇缩合而成的一种具有手性结构的一种酯（见图 5 – 15）。20 世纪 60 年代第 1 代拟除虫菊酯类杀虫剂得到了开发的，它们包括（生物）烯丙菊酯，胺菊酯，和（生物）苄呋菊酯（见下结构式）。相比天然除虫菊酯，它们具有更大的杀虫活性，但光稳定性较差，容易分解。研究还发现，天然除虫菊酯和第 1 代拟除虫菊酯的杀虫活性，往往可通过添加胡椒基丁醚（一种增效剂，本身不具生物活性）而得以大大的提高。

1974 年，Rothamsted 研究小组发现了一类稳定性更高的拟除虫菊酯化合物，即第 2 代拟除虫菊酯。包括二氯苯醚菊酯、氯氰菊酯和溴氰菊酯，它们在光线、空气下显示出良好的稳定性，使它们适合于在农业上的应用，但对哺乳动物显示出较高的毒性。在随后的几十年里，又相继开发出一些新的衍生产物，如氰戊菊酯、氟胺氰菊酯、（高效）三氟氯氰菊酯和 β – 氟氯氰菊酯（赛扶宁）等。其中氰戊菊酯、氟胺氰菊酯的分子结构中已不含三元丙烷环（先前认为是必要的特征结构），这对拟除虫菊酯的合成具有重大的意义。

1）烯丙菊酯（allethrin）由美国人 Milton S. Schechter 于 1949 年人工合成的第一个除虫菊酯杀虫剂（d – 烯丙菊酯）。它对人、鸟的毒性很低，但对鱼、蜜蜂具有很高的毒性，最近有报道它对猫也会产生相当的毒性。烯丙菊酯通过对昆虫神经系统的干扰影响，造成生命体瘫痪，最终达到杀虫的目的。目前烯丙菊酯广泛使用在许多家用杀虫剂如蚊香，也可以采用超低容量（高浓度），作为户外灭蚊控制的喷雾剂。

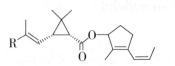

烯丙菊酯分子结构式

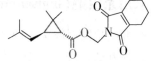

胺菊酯的分子结构

2）胺菊酯（tetramethrin）作为拟除虫菊酯杀虫剂，商业产品是是立体异构体的混合物（有效成分70%）。与烯丙菊酯相似，它通过影响昆虫的神经中枢系统而杀死昆虫。

胺菊酯对蚊、蝇等卫生害虫具有快速击倒效果，但有复苏现象，故须与其他杀虫剂混配使用。该药对蜚蠊（德国蟑螂）具有一定的驱赶作用，可使栖居在黑暗处的蜚蠊跑出来，又受到其他杀虫剂的毒杀而致死。是世界卫生组织推荐用于公共卫生的主要杀虫剂之一。

3）苄呋菊酯（resmethrin）由英国 Rothamstad 实验站 M. Elliott 等人于1967年首先合成制得，它是继烯丙菊酯、胺菊酯后又一个重要的拟除虫菊酯品种。苄呋菊酯分子共有（1R，顺/反式），（1S，顺/反式）四种立体异构体，研究显示：

苄呋菊酯的分子结构

（1R，顺/反式）异构体表现出强劲的杀虫活性，而1S型异构体没有。目前在美国等发达国家中，（1R，反式）异构体被冠以"生物活性苄呋菊酯"（biores-methrin），或 d - 反式 - 苄呋菊酯名称，已被单独用作杀虫剂使用。

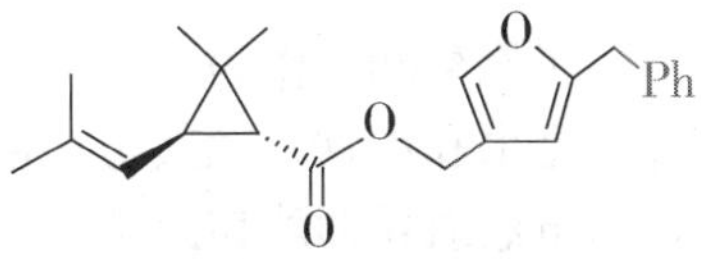

工业苄呋菊酯呈白色至浅黄色蜡状固体，熔点：43～48°C。苄呋菊酯具有很强的触杀性，对家蝇的毒力是天然除虫菊素的50倍；对淡色库蚊的毒力，比丙烯菊酯约高3倍；对德国小蠊的毒力，比胺菊酯约高6倍。且对哺乳动物的毒性低。适用于家庭、畜舍、仓库等场地的蚊、蝇、蟑螂等卫生害虫的防治。

4）氯菊酯（permethrin）即"二氯苯醚菊酯"。1973年由英国罗氏实验站 Elliott. M. 等人首先合成。据当时的报导：二氯苯醚菊酯对昆虫的活性比狄氏剂高30倍，比 D. D. T. 高100倍，残效性比其他的拟除虫菊酯长；且对空气、日光稳定。也是第一个人工合成适用于防治农田害虫的拟除虫菊酯。

二氯苯醚菊酯为暗黄色-棕黄色带有结晶的黏稠液体，作为杀虫剂它具有很强的触杀及胃毒作用，且杀虫速度快，广泛用于防治棉花、水稻、蔬菜、果树、茶树等多种作物害虫，也可用于防治卫生害虫及牲畜害虫。另一方面，二氯苯醚菊酯对人、畜几乎无毒，其口服 $LD_{50} > 2000mg/kg$，而进入动物体内的二氯苯醚菊酯会迅速代谢降解。

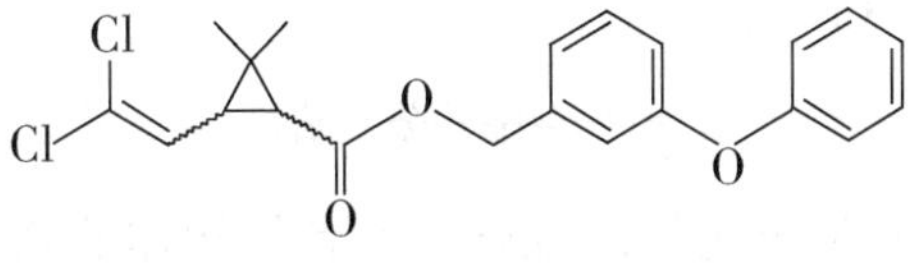

二氯苯醚菊酯的分子结构

5）氯氰菊酯（cypermethrin）也是由 Elliott. M. 等人首先合成研制出的又一种第2代拟除虫菊酯化合物。不同的是它在醇的部分中引入了—CN 基团。目前广泛使用的杀虫剂产品称高效氯氰菊酯(beta – cypermethrin)，它是氯氰菊酯的高效异构体消旋物。氯氰菊酯具有触杀和胃毒作用，且杀虫活性较氯菊酯高，是一种速效神经毒素，适用于防治棉花、蔬菜、果树、茶树、森林等多种植物上的害虫及卫生害虫。

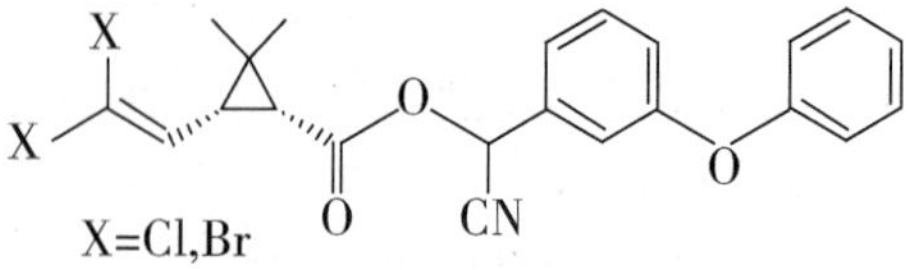

氯(溴)氰菊酯的分子结构

氯氰菊酯，作为一种广谱杀虫剂，即也意味着它能杀死目标害虫，也能杀死有益昆虫和动物，尤其是对蜜蜂、鱼类等水生动物的毒性较大。另一方面，研究显示虽然氯氰菊酯在土壤和植物中很容易降解，但用于室内表面时，其有效药性可维持数周。氯氰菊酯的毒性属中等。急性中毒量(口服)$LD_{50} = 649 mg/kg$，急性(经皮)$LD_{50} > 5000 mg/kg$。

6) 溴氰菊酯(cypermethrin)又名"敌杀死"，结构上与氯氰菊酯完全一样，只是用 Br 代替 Cl 原子(见氯氰菊酯分子结构式)，它是目前菊酯类杀虫剂中毒力最高的一种。溴氰菊酯作为杀虫剂有多种用途，包括农业方面应用，但在家庭害虫的控制，溴氰菊酯一直用于疾病传播害虫的防止与杀伤，特别是对蜘蛛，跳蚤，蜱，木工蚁，木匠蜜蜂，蟑螂，臭虫等是有帮助的，也是"蚂蚁粉笔"(一种杀虫剂的形式)中的主要成分之一。

溴氰菊酯属中等毒性类，皮肤接触可引起刺激症状，出现红色丘疹，它的急性毒性：138.7mg/kg(大鼠经口服)；4640mg/kg(大鼠经皮)，但它对鱼类的毒性极大，且具有十分明显的时间效应。

7) 氰戊菊酯(fenvalerate)又名"速灭杀丁"(Sumicidin)。1974 年大野兴夫等人首先合成了该除虫菊酯化合物，它在结构上作了"革命性"的改进，用取代的苯基异戊基替代了传统意义上的三元丙环，大大简化了有机合成的步骤，开辟了新型除虫菊酯的研究领域。

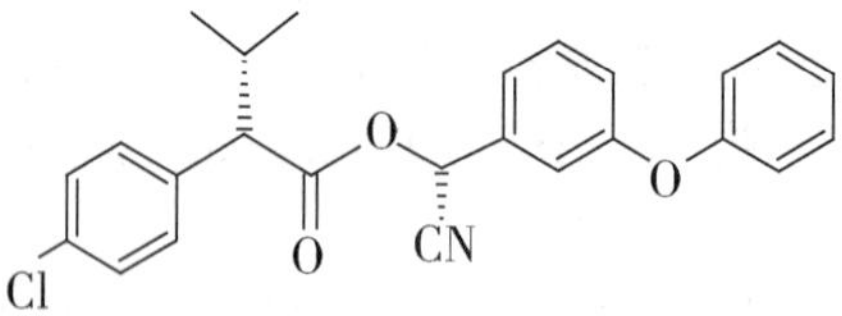

氰戊菊酯的分子结构

氰戊菊酯是四个光学异构体的混合物，各异构体的杀虫活性也不同。其中 2 – S,α(或 S, S)构型是最具杀虫活性的异构体，含量约占 23%，杀虫力是消旋混合物的 4 倍，通常将称其为高效氰戊菊酯(esfenvalerate)。

氰戊菊酯杀虫谱广，对天敌无选择性，以触杀和胃毒作用为主。它适用于棉花、果树、蔬菜和其他作物的害虫防治，并且持效时间较长，但对螨虫无效，若用于同时杀虫螨时，则需配合使用其他的杀螨剂。氰戊菊酯的毒性属中等，其急性(口服)$LD_{50}=451mg/kg$；(皮吸)$LD_{50}>5000mg/kg$。它对眼睛有中度刺激，但对蜜蜂、鱼虾、家禽等毒性很高。

8）含氟菊酯(pyrethroids containing F)

这类化合物包括数个氟代型拟除虫菊酯。由于氟原子的引入，使得此类杀虫剂除保持原有光谱性杀虫外，还兼有相当的驱杀蜱、螨的特性，唯对鱼、蜂的毒性没有下降。具体的产品有氟氯氰菊酯(Cyfluthrin，1977 拜耳公司)、三氟氯氰菊酯(lambda cyhalothrin，1977 卜内门公司)、氟氰戊菊酯(flucythrinate，1983 美国 FMG 公司)等，分子结构见下图。

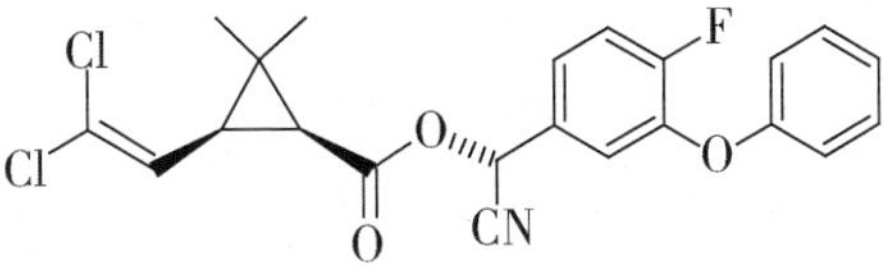

氟氯氰菊酯(cyfluthrin) 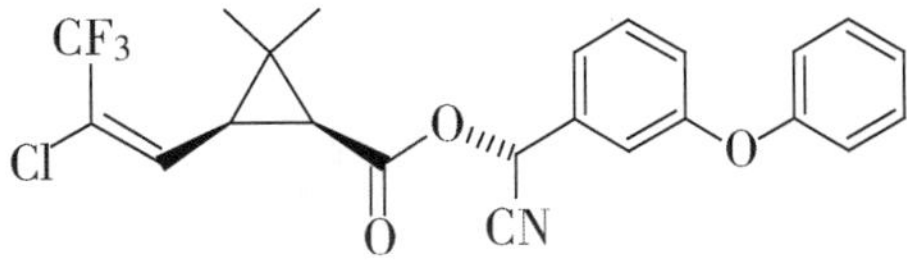　　　　　三氟氯氰菊酯(cyhalothrin)

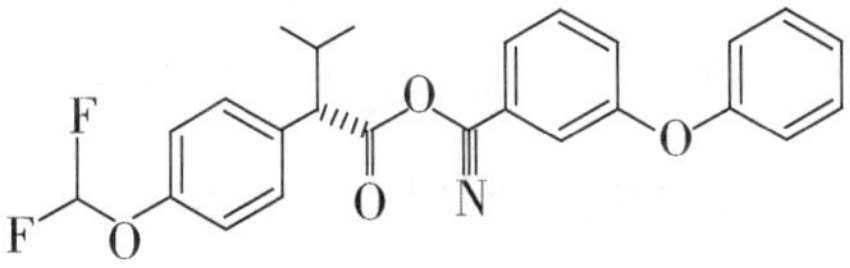

氟氰戊菊酯(flucythrinate)

9）其他菊酯(miscellaneous)

为了改善拟除虫菊酯对鱼等水生动物的毒性，对土壤害虫的作用效果差(无内吸作用)科学家们一直在寻找、开发新结构的拟除虫菊酯产品。据报道日本学者开发了一类非酯结构的"菊酯"(见图所示)，它们的杀虫活性基本不变，但对鱼的毒性明显下降。

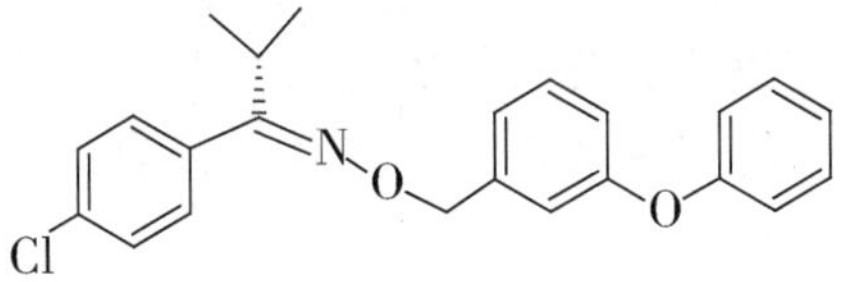

肟醚菊酯 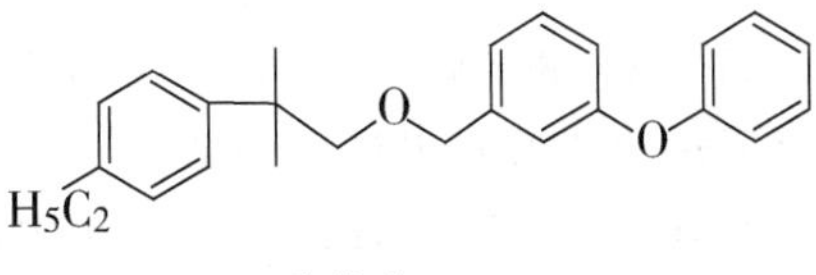　　　　　　　　　　　　　醚菊酯

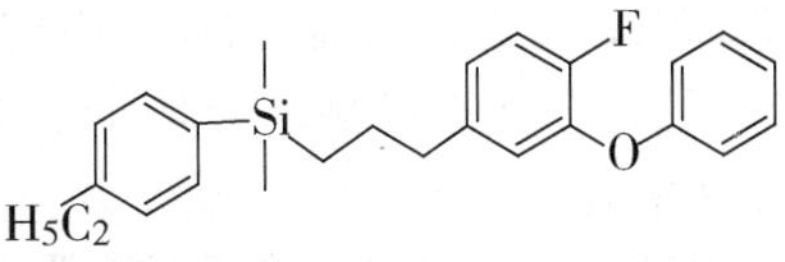

氟硅菊酯

（2）有机磷、氮化合物(organophosphates)

早期杀虫剂中最为出名的是 DDT(二(4-氯苯基)三氯乙烷)，属有机氯化合

物。曾在 20 世纪的 40~50 年代作为农业、林业的高效杀虫剂而得到了广泛的普及与应用。但由于它的残毒性(不易降解)很大，对环境、人类均造成很大的危害，故 1970 后许多国家开始禁止 DDT 在农、林业方面的应用，2004 年斯德哥尔摩公约(Stockholm Convention)正式实施。

有机磷、氨基甲酸酯杀虫剂是继 DDT 以后，开发出的另二大类高效杀虫剂。它们均通过抑制神经系统中的乙酰胆碱酶而达到杀虫作用。相对 DDT 等有机氯杀虫剂而言，它在日光下能快速分解，不会造成土壤等的累积毒性，但其急性毒性较大，须注意控制。近些年来，部分产品作为高效杀虫剂活性组分，仍被广泛地使用，尤其对一些飞行的害虫(蚊子、苍蝇等)十分有效。图 5-16 列出部分作为家用杀虫剂活性组分化合物的分子结构式。

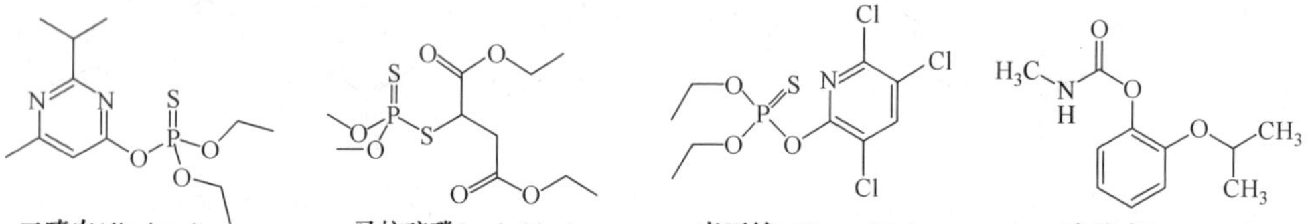

二嗪农(diazinon)　　马拉硫磷(malathion)　　毒死蜱(chlorpyrifos)　　残杀威(propoxur)

图 5-16　部分有机磷、氨基甲酸酯杀虫剂

二嗪农(diazinon)一种有机磷酸酯结构的接触残留型杀虫剂。1952 年瑞士的 Ciba - Geigy 化学公司(后为 Novartis 现为 Syngenta 公司)为寻找 DDT 的替代品而开发了产品。因它具有较好的残效杀虫性，对蟑螂、蠹虫、蚂蚁、跳蚤、黄蜂等害虫的控制十分有效。整个 70 年代，它作为光谱性杀虫剂，被广泛用于家庭，草皮，观赏树和花园害虫的控制。然而它的(急性)毒性较大($LD_{50} = 214mg/kg$)，对人及脊椎动物的危害较大，美国于 2004 年禁止了二嗪农在室内的应用，但仍可用于农业杀虫。

马拉硫磷(malathion)一种有机磷杀虫剂，它毒性小，其急性口服 $LD_{50} = 5500mg/kg$，故被广泛应用于农业的农药，住宅美化，公共休闲区及公共卫生害虫的控制(如灭蚊、蝇等)，在美国它是最常用的有机磷杀虫剂。相对而言，马拉硫磷的残效杀虫性较一般。

毒死蜱(chlorpyrifos)1965 年由美国 Dow 化学公司率先注册生产的一种结晶性有机磷杀虫剂，广泛应作棉花，玉米，杏仁和水果的杀虫剂。它是一种接触残留型的杀虫剂，对蟑螂特别有效，但它的快速击倒效应较差，毒死蜱的毒性属中等($LD_{50} = 32 \sim 1000mg/kg$)，然长期暴露接触，会对神经系统产生负面影响，也会产生发育障碍或自身免疫性疾病。

残杀威(propoxur)是 1959 年推出一种氨基甲酸酯类杀虫剂，是一个具有快速击倒和长残效的非系统性杀虫剂。它对草地，森林、家庭害虫和跳蚤十分有效，可用作疟蚊、蚂蚁、飞蛾及其他农业害虫的防治杀虫剂。最近的研究表明，残杀

230

威的毒性随生物种类的变化而不同。它对于鱼类的毒性为小至中等，但对多数的鸟类如蜜蜂等显示出了很大的毒性。

其他具有杀虫活性的物质还有硼酸（对蚂蚁、蟑螂有良好的持久杀虫效应）、二氧化硅（能吸收昆虫体的水分，使其脱水而死亡）、樟脑、对二氯苯（用于熏蒸杀虫）等化合物。

2. 增效剂（insecticidal synergist）

一种本身无生物活性，但与农药混用时，能显著提高药效活性的助剂。增效剂的使用可降低有害生物的抗药性，减少农药本身的用量，减轻对环境的毒性压力。另外，增效剂并非能使所有农药都增效，且对不同杀虫剂的增效程度也不大相同。以下就目前常用的增效剂作一粗略的介绍。

1）N - 辛基，庚烯二环二甲酰亚胺（MGK 264）

国内习惯称其为"增效胺或增效灵"，化学结构式如右图所示。其纯品为液体，凝固点 < - 20℃；它不溶于水，但与大多数有机溶剂混溶；对光，热稳定，在 pH = 6 ~ 8 时不发生水解。MGK 264 对人及哺乳动物的毒性很小，LD$_{50}$值约为 4220 ~ 4990mg/kg。广泛用作除虫菊素、

增效胺（MGK - 264）

丙烯菊酯和鱼藤酮的增效剂，用量为除虫菊素量的 5 ~ 10 倍。

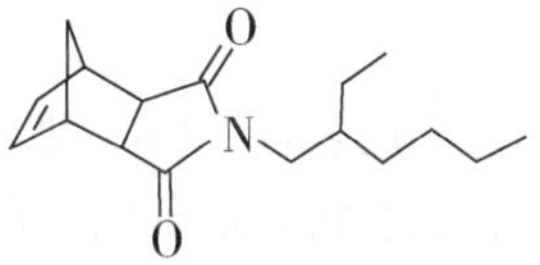

在防治对 DDT 有抗性的体虱试验研究中发现，以 0.15% 除虫菊素和 0.15% 本品配合在滑石粉中处理，4 小时内即有 100% 的杀虱效果，药效与含 0.46% 丙烯菊酯滑石粉剂一样。另外，用含 1.5mg/kg 除虫菊素和 5 ~ 10 倍量本品的制剂处理储粮，可保护小麦和玉米在储藏期免受虫害，增效作用相当明显。使用（0.9% 增效醚 + 0.06% 除虫菊素）与（0.1% 本品 + 0.1% 除虫菊素）的制剂防治白菜粉纹夜蛾时，均可获得良好的效果。

2）胡椒基丁醚（piperonyl butoxide）

俗称"增效醚"，呈淡黄色至淡褐色透明油状液体，不溶于水，可与甲醇、乙醇、苯、油脂及其他有机溶剂混溶。它是一种半合成产物，通常采用黄樟素（1 - 丙烯基 - 3，4 - 亚甲基二氧苯）作原料，经加氢、氯甲基化、缩合而制得。

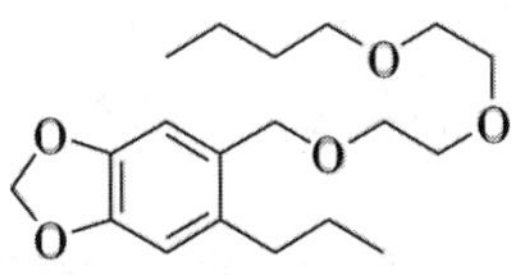

增效醚（MGK - 264）

胡椒基丁醚是一种细胞色素 P - 450 酶（解毒剂）的有效抑制剂，通过对 P - 450 酶的作用，致使杀虫剂长时间地滞留在昆虫体内，而显示出优异的迟效杀虫性。它大量地用作家庭灭蚊（蝇）剂，尤其是与除虫菊酯及鱼藤酮并用，产生良好的协同效应；用作农药杀虫剂时具有 1 ~ 10 个月的迟效杀虫活性。胡椒基丁醚的毒性很小，其 LD$_{50}$约为 6150 ~ 7100mg/kg。目前为止，

还未发现因胡椒基丁醚的使用而导致人、动物的中毒事件及不良的负面效应。

3）增效磷

化学名为 $O,O-$ 二乙基 $-O-$ 苯基硫代磷酸酯，通常情况下呈无色透明液体，能溶于苯、酮、醚等有机溶剂，$LD_{50}=800mg/kg$。本品不宜单独使用，常与如磷胺、久效磷、氰戊菊酯、辛硫磷、氧乐果等农药混用，以有效防治棉蚜虫、玉米象、谷蠹、蚊、蝇等虫害，但勿与碱性农药混用。

4）增效特（bucapolate）

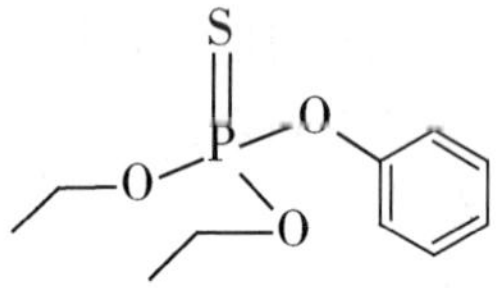

增效磷 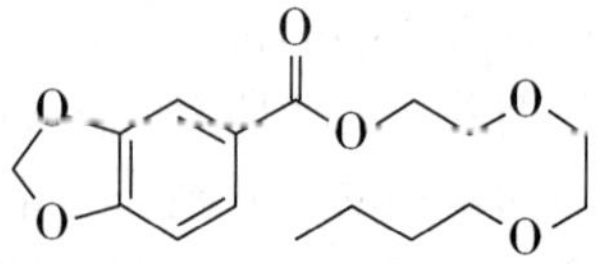　　　　　　　　　　增效特

化学名：3.4－亚甲二氧基苯甲酸－2－（2′－正丁氧基）乙酯。分子结构式与胡椒基丁醚十分相似，但为酯结构。增效特纯品为无色油状液体。b.p：393.4°C；176～178°C（66.7Pa），比重 1.163g/cm³。它难溶于水，易溶于芳烃溶剂，也能与二氯甲烷混溶。增效特系由胡椒基酸和一缩乙二醇单丁醚酯化反应生成。其增效性与胡椒基丁醚相当，多与除虫菊素和合成拟除虫菊酯合用。

5）增效醛（piprotal）

英文名为 Piprotal 或 Tropital。其分子结构式与上述的增效特十分相似，但为缩醛结构，系由一缩乙二醇单丁醚同胡椒醛反应制得。通常为黄色油状液体，沸点 519.2°，190～200°C（0.27Pa）。相对密度 1.075g/cm³；不溶于水，微溶于乙二醇，与一般有机溶剂可混溶。大鼠急性口服 $LD_{50}=1000mg/kg$，对皮肤、黏膜无刺激作用。

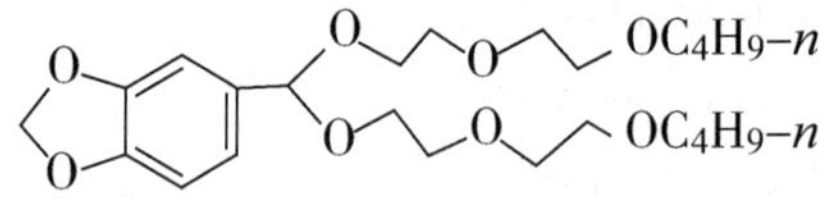

增效醛

除虫菊素、丙烯菊酯增效剂，也可用于其他杀虫剂（有机磷类除外）。增效醛极易溶于精制矿油中，不需要添加助溶剂，故适用于加工各种喷射剂和高浓度气雾剂。

6）增效砜（piperonyl sulfoxide）

化学名：1－甲基－2－（3，4－亚甲二氧基苯基）－乙基辛基亚砜（简称异黄樟素正辛基亚砜）。常态下增效砜为棕色黏稠液体，低温下有晶体析出，有轻微异味，沸点 485.2°C；难溶于水，溶于乙醇、丙酮、二甲苯、二氯甲烷等有机溶剂；对大鼠急性口服的 LD_{50} 值为 $2000 \sim 2500mg/kg$。

增效砜的毒理机制与增效醚类似。它可与除虫菊素以 $1:5$ 或丙烯菊酯以 $1:10$ 复配，加工成气雾剂、喷射剂等使用。在溶入精制煤油时，常添加少量丙酮作助溶剂。

7）增效酯（propylisome）

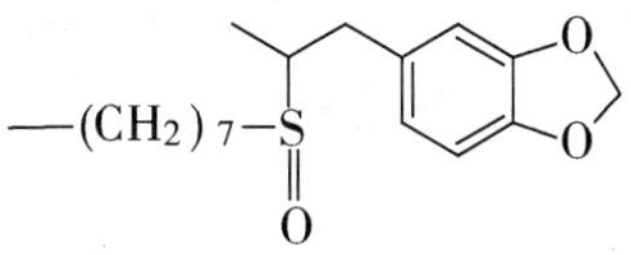

增效砜分子结构式 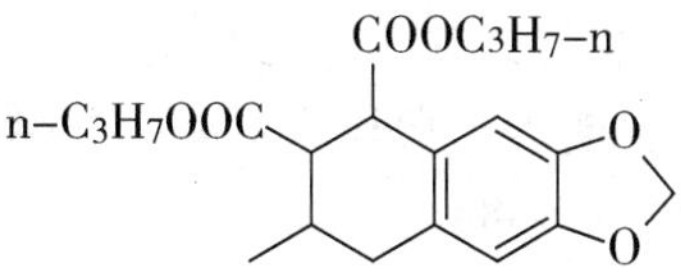   增效酯

化学名：6，$7-$亚甲二氧基$-3-$甲基-1，2，3，$4-$四氢萘-1，$2-$二甲酸二正丙酯。系由异黄樟素与顺丁烯二酸二正丙酯缩合制得，工业品为橙色黏稠液，沸点 $462.8℃$，$170 \sim 275℃(1.33kPa)$，密度 $1140kg/m^3$。它不溶于水，微溶于烷烃，易溶于丙酮、乙醇、乙醚、芳烃和甘油酯类。对热稳定。其 $LD_{50} = 1500mg/kg$，毒性很小。主要用于除虫菊素、拟除虫菊酯、鱼藤酮和鱼尼汀等的增效。有试验测出，在 $100ml$ 精制煤油中，单含除虫菊素 $0.025g$ 时，家蝇的死亡率为 19%，$0.05g$ 时为 32%，$0.1g$ 时为 50%；而在 $0.025g$ 除虫菊素/$100ml$ 煤油中添加 $0.25g$ 本样品（增效酯），则家蝇死亡率可达 76%。增效酯多用于家庭、肉食品包装车间的害虫防治。

8）增效环（piperonyl cyclonene）

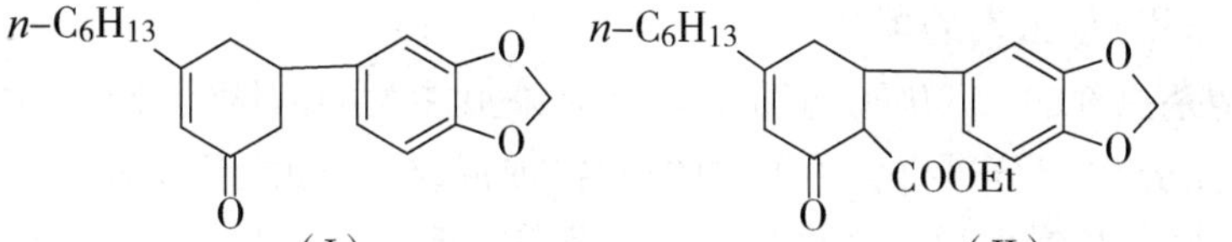

增效环

由美国人 Hedenburg，O.F 和 Wachs.H 于 1948 年发明。主要有两种组分构成，Ⅰ）$3-$己基$-5-(3$，$4-$亚甲二氧基苯基$)-2-$环己烯酮（Ⅰ）；Ⅱ）$3-$己基$-6-$乙氧甲酰基$-5-(3$，$4-$亚甲二氧基苯基$)-2-$环己烯酮（Ⅱ）。通常为红色稠厚油状物，含Ⅰ、Ⅱ共 80%。Ⅰ为白色晶体，熔点 $50℃$；Ⅱ为浅色黏稠油状液，在 $-30℃$ 下，也不结晶，密度为 $1.09 \sim 1.20g/cm^3$；不溶于水，亦不溶于烷烃和二氯二氟甲烷，但可溶于如丙酮、醇类等一些有机溶剂。

增效环主要用作除虫菊素、鱼藤酮和鱼尼汀的增效剂。由于增效环在烃类溶剂中的难溶性，一般不用于气雾剂或油剂，而通常与除虫菊素等杀虫剂加工成粉剂，广泛在家庭、粮仓、食品仓库等处使用，十分安全。增效环对哺乳动物基本无毒性。

9）增效散（sesamex）

也称"增效菊"，化学名称为 2 - (3, 4 - 亚甲二氧基苯氧基) - 3, 6, 9 - 三氧十一碳烷，呈淡黄色液体，有轻微异味；沸点 137 ~ 141°C(1.07Pa)；易溶于煤油和一般有机溶剂，但难溶于水。增效散的毒性也很小，其 LD_{50} 值为 2000 ~ 2270mg/kg。它可以作为除虫菊素、丙烯菊酯、环菊酯的有效增效剂，其本身也具有一些杀虫活性。常与除虫菊酯合用加工成气雾剂或喷射剂。

10）NIA - 16388

增效散   NIA - 16388

最早由加拿大 Niagara 化学公司研制生产，是一种不对称的有机膦酸酯，其化学学名为 O - 正丙基，O - (2 - 炔丙基)苯基膦酸酯。它对有机磷、氨基甲酸酯和拟除虫菊酯等类型杀虫剂均有明显的增效作用，低浓度的 NIA - 16388 对敏感及拟除虫菊酯抗性品系的家蝇都具有相当高的毒性，故也可将它视为一种新型的有机磷杀虫剂。研究发现 NIA 既可作用于神经系统的 AChE，又可抑制体内羧酸酯酶及多功能氧化酶的活性，其中羧酸酯酶对 NIA 的敏感程度要高于多功能氧化酶。

3. (家用)杀虫剂的配方

所谓杀虫剂的"配方"，就是指将具有杀虫能力的活性组分与一些添加剂(也称"惰性组分")组分进行各种形式的组合(或混合)，使之便于储存、运输；或易被昆虫吸收与接触而提高杀虫效力。除必需的杀虫活性组分外，杀虫剂配方中通常还包括①介质(如溶剂、矿物质，稀释活性组分)；②表面活性剂(使各组分均匀分散、)③其他添加剂，如增效剂、稳定剂、色素等。

目前，杀虫剂配方的品种有许多，如可溶性的溶液、乳状液、悬浮液和固体物等多种形式，主要的形式有：

1）乳液浓缩物（emulsifiable concentrates，EC）

这种配方中通常含有液体的(杀虫)活性组分，溶剂一般是混合的石油烃，带有明显的溶剂气味，与水混合后即形成乳液。多数 EC 型乳液浓缩物含活性组分浓度在25% ~75%。多用于公共卫生等方面的杀虫，适用于诸如小型便携式喷雾器、水流式喷雾器、雾化器等多种喷雾设备。

乳液浓缩物的优点在于便于运输、储存处理；使用时不会发生沉淀和分离，不会堵塞喷嘴；处理后的表面残液滞留很少。但它容易被人、动物的表皮所吸收，具有一定的腐蚀性。

2）溶液(solutions，S)

有些杀虫活性组分很容易溶于水(或石油烃类溶剂)，当它们相互混合后就形成了十分稳定的均相溶液。此类液剂通常由活性组分、溶剂(载体)和一些其他功能作用的添加剂所构成。它的适用面很广，适应于所有的喷洒设备，且室内、外均可使用。

3）即用型溶液(ready – to – use low – concentrate solutions，RTU)

这种类型杀虫剂溶液的浓度较低，一般不超过1%，无需进一步的稀释即可应用。由于含量很低，药剂基本无气味，特别适用于室内场所和家庭杀虫之用。

4）反相乳剂(invert emulsions，IV)

在反相乳液中，水溶性的杀虫剂组分通过特殊的乳化剂作用，被稳定地分散于石油烃类的油性溶剂之中。由于外相是油，相对于水而言它的挥发性小，毒性漂移减少；因为它是油滴，耐雨水性也提高，且在植物表面易于铺展，增大杀虫范围。这种类型的乳剂多应用于户外，尤其适用于非目标性植物区域的杀虫。

5）悬浮液(flowables，F/liquids，L)

当有些活性组分为固体，且不溶于水或有机溶剂之中时，制造商通常将其与一些矿物质(如黏土)混合制成可乳化或可湿润的细小微粒，再将其悬浮于液体介质之中，制得可流动的液剂。相对于乳液型而言，由于液体中含有固体微粒，使用前常常需适度的搅拌以使其混合均匀；另外，固体颗粒的摩擦作用对喷雾器的喷嘴会有一定的磨损。

6）气溶胶(aerosol，A)

所谓的气溶胶，即固体细小颗粒或液体微滴分散于气体中所形成的一种分散体系。液体微滴中包含着活性组分与溶剂，因此，气溶胶中的活性组分的含量很低。按使用方式，它有二种形式：①与惰性气体一起压入带喷洒开关的压力容器中，使用是只需按动"扳机"，液体微滴即随气体一起通过喷嘴射出，此类型的气溶胶通常称为"即用型气溶胶"(ready to use aerosol)。即用型气溶胶，使用十分方便，且可反复罐充，体积小，便于携带；但它作用范围有限，多用于家庭场所的杀虫，特别适用于飞行害虫。②液体并非储存于压力容器之中，使用时通过某种设施，如高速旋转、表面加热等方法使液体瞬间形成微小(雾化)细滴而喷射出，常被冠为"喷雾弹"(fog/smoke bumb)。喷雾弹的作用范围大，尤其适用于密闭的空间的杀虫，但需专业的设备，且存在吸入的危险性。

固体杀虫剂配方一般可制成：①粉剂(Dust)，即活性组分 + 惰性干粉的混合体，通常活性组分的含量 < 10%，wt，惰性的载体有云母粉、黏土、果壳等。②粒/片剂(granules/pellets)粒(或片)状剂型的颗粒大而重。其活性组分既可位

于颗粒的外表面，也可包埋于颗粒的内部，通常的含量范围在 1% ~ 15% 之间。由于挥发小，对使用者的毒性较小；另外它的慢释放性使其具有长效杀虫活性。③诱饵（bait）是将活性组分与食物或其他有吸引力的物质成分相混合，其活性组分含量通常小于 5%。制得的诱饵混合物一般置于特殊的容器中，以防止宠物等的食入。

4. 配方用助剂（formulation adjuvants）

配制杀虫剂，除必要的活性组分外，还需相当的"非活性"组分，习惯称为惰性成分（inner ingredient）。惰性成分中除常用的溶剂（或载体）外，有时还需添加其他的组分，它们的作用有的是改善组分的相溶性或分散性，有的是改善应用性能，有的则是提高杀虫剂的效能，凡属此类物质我们统称其为添加剂或辅助剂（adjuvant）。

表面活性剂（surfactant）是最常用的助剂。除了作为乳液的乳化剂外，因为表面活性剂具有改变物质表（界）面张力的特性，这使得药剂液滴易于铺展在叶子和植物的表面（尤其是蜡状叶子表面和带毛叶子表面），提高药剂的杀虫效力，并增加杀虫的范围。但过量地使用表面活性剂，会增加液体的流失，反而降低杀虫效力。

需要指出的是一般阴离子型表面活性剂多用于触杀型杀虫剂，且其效果最好；阳离子型表面活性剂一般从不单独使用，因为它常常是植物性毒素；非离子表面活性剂能与多数的杀虫活性组分相容，且可帮助药剂渗透至植物的角质层，提高杀虫效果。从安全角度考虑，非离子型表面活性剂更适宜于杀虫剂配方中。

类似其功能作用的助剂还有一种被称之为"植物渗透剂"（plant penetrant）。它能促进某些杀虫剂对植物的渗透作用，且有渗透选择性（对某种植物有渗透性，对另一种则无渗透），通过渗透可提高杀虫剂的功效。

黏着剂（sticker），其功能就是增加固体颗粒对于目标表面的粘附，能减少因雨水或灌溉冲洗而使药剂损失；且也可以减少因挥发而损失农药，有的则还能缓解杀虫剂的光解作用。有些生产商将类似功能的辅助剂命名为扩展剂（extender）。其作用就是延长杀虫组分在目标表面的滞留时间，缓解组分挥发损失，抑制其光

236

照分解作用。

药液在表面的铺展与粘附均有利于提高杀虫剂的效力，但两者往往是相悖的，如何配制一种铺展与黏着性能良好平衡的全能型产品是杀虫剂配制的主要目标。

除此之外，其他的配方助剂有分散剂（避免组分不相溶或结块，而引起喷嘴或分配器的堵塞）、缓冲剂（控制溶液或悬浮液的 $pH = 5.5 \sim 7.0$，以防止降解）、助沉积剂、消泡剂等。

总之，杀虫剂配方是由活性组分＋惰性组分构成。惰性组分包括载体与添加助剂，而一般的杀虫剂配方，往往将活性组分的名称、含量标于产品的外包装上。

5.（家用）杀虫剂配方实例

绝大多数家用杀虫剂均配制成喷雾型液体产品。从功能性分析，除核心的杀虫组分与增效剂（有时可不添加）外，溶剂在配方中的比重较大，有机溶剂多选廉价的、饱和的石油馏分，醇类溶剂的添加是提高活性组分的溶解度；水的含量约占50%，它与油性溶剂通过乳化作用构成均一的乳液，这有利于药剂在昆虫表面的吸收于渗透，提高杀虫效力。

若按杀虫对象，家庭用气雾型杀虫剂分为两种：①飞行昆虫气雾杀虫剂（苍蝇、蚊子等）；②爬行昆虫气雾杀虫剂（蟑螂、臭虫等）。前者配方注重杀虫剂的快速击倒效果；而后者则突出残效杀虫作用。另一方面，气雾型杀虫剂的雾化颗粒直径与杀虫效果也有非常密切的关系。研究表明对于蚊子最有效的颗粒直径约为 15 ~ 20mm；苍蝇为 30mm，而蟑螂直接喷射时约为 50 ~ 80mm。

配方实例1（家蝇、蚊子杀虫剂，水基气溶胶）（wt%）

1. 天然除虫菊酯（25%）	0.60	5. 煤油	5.68
2. 胺菊酯	0.20	6. 无离子水	52.0
3. 胡椒基丁醚	1.00	7. 乳化剂	0.50
4. 抗氧化剂	0.02	8. 丙/丁烷	40.0

配方实例2（家蝇、蚊子杀虫剂，油基气溶胶）（wt%）

1. 天然除虫菊酯（25%）	0.20	4. 煤油	48.14
2. 胺菊酯	0.20	5. 香精	0.20
3. 胡椒基丁醚	1.00	6. 丙/丁烷	50.0

配方实例3（雷达蚂蚁、蟑螂喷杀剂，气溶胶型），wt%

1. 正十四烷	10 ~ 30	5. 炔咪菊酯	0.1
2. 异丙醇	1.0 ~ 5.0	6. 氯氰菊酯	0.1
3. 丙烷	1.0 ~ 5.0	7. 正十五烷	3 ~ 7
4. 异丁烷	3.0 ~ 7.0	8. 水	40 ~ 70

配方中可添加适量的柠檬香精，以改善产品的嗅觉气味。

配方实例 4(含杀菌组分蚂蚁、蟑螂喷杀剂,气溶胶型),wt%

1. 胡椒基丁醚	0.25	5. 拟除虫菊酯	0.1
2. 异丙醇	3.0 ~ 7.0	6. 二氯苯醚菊酯	0.2
3. 丙烷	3.0 ~ 7.0	7. 溶剂油(氢化矿物油)	10 ~ 30
4. 异丁烷	3.0 ~ 7.0	8. 水	30 ~ 60
5. 邻苯基苯酚	0.1		

配方实例 5(多功能家用杀虫剂,气溶胶型)*,wt%

1. 胡椒基丁醚	1.4	5. 烯虫酯*	0.085
2. MGK – 264	2.0	6. 溶剂油(氢化矿物油)	10 ~ 30
3. 二苯醚菊酯	0.3	7. 醇类溶剂	3 ~ 7
4. 苄氯菊酯	0.35	8. 水	40 ~ 70

上述混合物组成的配方与推进剂(C_3 ~ C_4 烃)再按 92:8 比例混合灌入压力容器制得气溶胶杀虫剂。*配方中的烯虫酯为一种激素模拟物,它可杀死蚊子的幼虫(使其无法蜕变为成虫)。

配方实例 6(蚂蚁、蟑螂杀虫剂,气溶胶型),wt%

1. 胡椒基丁醚	0.25	5. 溶剂	20 ~ 30
2. 邻苯基苯酚	0.1	6. 水	55 ~ 65
3. 二氯苯醚菊酯	0.2	7. 推进剂	7 ~ 13
4. 除虫菊酯	0.1		

配方实例 7(室内、花园臭虫灭杀剂),wt%

1. 胡椒基丁醚	1.05	5. 亚硝酸钠	适量
2. 丙烷	3 ~ 7	6. 水	65 ~ 75
3. 异丁烷	20 ~ 30	7. 惰性(溶剂)组分	余量
4. 除虫菊酯	0.1		

配方实例 8(地毯、室内用跳蚤含喷杀剂,气溶胶型),wt%

1. 胡椒基丁醚	1.0	6. 拟除虫菊酯	0.14
2. 丙烷	1 ~ 5	7. 胺菊酯	0.064
3. 异丁烷	1 ~ 5	8. d – 甲氧普林*	0.015
4. 丁烷	7 ~ 13	9. 水	70 ~ 80
5. MGK – 264	1.0		

*d – 甲氧普林是不饱和长链脂肪酸酯的衍生物,作为昆虫生长调节剂,它能杀死幼虫而起到杀虫作用。

配方实例 9(虫、病、螨 3 合 1 杀虫剂,液体),wt%

1. 丙醇	1.0	4. 吡虫啉	0.012
2. 氟胺氰菊酯	0.014	5. 惰性组分(溶剂)	余量
3. 戊唑醇(一种杀菌剂)	0.015		

*戊唑醇目前被列为可能致癌物质;吡虫啉是一种昆虫的神经毒素,通过抑制乙酰胆碱,导致昆虫麻痹,并最终导致死亡。可以是触杀,也可以是胃毒作用而杀虫。

配方实例 10(强力杀蚊虫剂,气雾弹),wt%

1. 丙烷	1 ~ 30	4. 胺菊酯	0.2
2. 异丁烷	1 ~ 30	5. 聚醚菊酯	0.2
3. 丁烷	1 ~ 30	6. 石油烃类溶剂	1 ~ 10

5.5.2 驱(蚊)虫剂(insect repellent)

驱蚊剂是一种作用于皮肤、衣物或其他表面上，以阻碍昆虫(尤其是蚊子)与其他节肢动物在表面的"登陆"或"攀爬"。因为昆虫如跳蚤，飞蛾、蚊子、苍蝇、蜱等往往是一些疾病的传播者，因此，使用驱虫剂有助于预防和控制疫情，如疟疾，莱姆病，登革热，鼠疫，西尼罗河热。

蚊香是一种非常经典的驱蚊产品，通过燃烧释放出烟(雾)气以驱赶蚊虫。典型的蚊香驱虫剂成分应是低毒性的天然除虫菊素与合成的除虫菊酯的混合物，再辅以增效剂、抗氧剂及燃烧成分可构成蚊香的配方。现代蚊香可达到无火焰燃烧8个小时而连续的驱虫作用，能提供约80%的保护。由于价格低廉，携带与使用方便，它在亚洲、非洲、南美洲等地区得到了广泛的应用。现有一种含驱蚊效果的蜡烛也已开始进入家庭。

多数的驱(蚊)虫产品也是喷射型，其中主要的活性组分就是"驱虫剂"。目前使用的驱虫剂主要有避蚊胺(DEET)、羟哌酯(icaridin)等，具体性质如下所述。

1. 避蚊胺

化学名称：N,N－二乙基－间甲基苯甲酰胺(N,N－diethyl－meta－toluamide，简称 DEET)。它是一种浅黄色油状物，是最常见驱虫剂的活性成分。DEET 最早被用作农田的杀虫剂进行测试，1946 年美国军队将其用于丛林中作战中士兵避虫药剂；1957 年开发用于民用商业产品。最近的研究显示，它的气味能激发蚊子的神经元，并使它产生"厌恶"感，从而达到驱(蚊)虫的效果。避蚊胺可以由间－甲基－苯甲酸与二乙胺缩合反应制得。新近的调查显示，尽管避蚊胺在环境中不会发生累积中毒，但对部分冷水鱼(如虹鳟、罗非鱼)表现出微量的毒性。

2. 对－孟烷－3，8－二醇

化学结构式见右图所示。也称为对－薄荷烷－3，8－二醇，简称 PMD。PMD 共有 8 种可能的异构体，通常使用的是一种复杂的异构体混合物。天然的 PMD 微量存在于柠檬桉叶油(citriodora oil)中，而商用的 PMD 多来自于合成香茅醛(citronellal)，同时研究发现，纯的 PMD 合成产品其驱蚊效力远不如天然的 PMD 提取物。

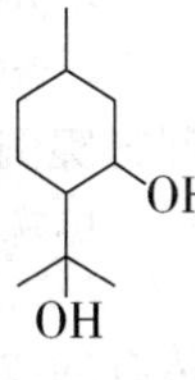

薄荷二醇

精制的柠檬桉叶油中可含有64%的 PMD，为顺、反异构体的混合物。在美国和欧洲，它是唯一被允许使用的天然活性成分的驱蚊剂。

3. 羟哌酯(icaridin)

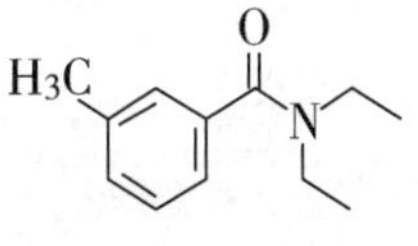

也称为"picaridine"，其真正化学名称为：羟乙基哌啶羧酸2－丁酯(见图5－17)。它是由 Bayer 公司首先开发出的一个化合物，共有四种异构体，即(R，R)、(S，S)、(R，S)和(S，R)，同时命名为 Bayrepel。它几乎是无色，无臭的，是一种广义的昆虫驱避剂。

避蚊胺分子结构式

研究报道 Picaridin 的驱蚊效力比避蚊胺(DEET)还要好,且它没有刺激性,也不溶于塑料之中;能有效地防止携带西尼罗河病毒,东部马脑炎和其他疾病的蚊子,是目前 WHO(世界卫生组织)积极推荐的产品。

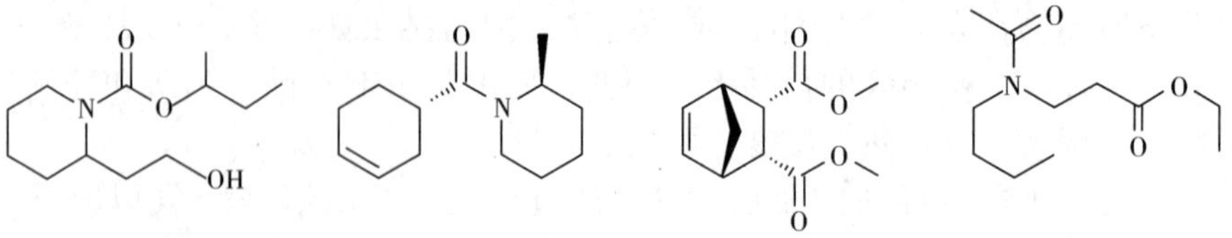

picaridin结构式　　　　SS-220　　　　驱蚊灵　　　　IR-3535

图 5-17　一些新型驱(蚊)虫剂的分子结构式

4. 其他(miscellaneous)

SS220(参见结构式)属酰胺结构,是一种具有广泛疗效的昆虫驱避剂。2002年由美国农业部下属的一个研究实验室所开发。研究发现它对蚊子和沙蝇的行为能产生特殊的驱赶与威慑作用,其驱蚊保护效果优于避蚊胺。

IR-3535 原为美国雅芳公司的产品,而 Merck KgaA(默克公司)是美国注册商标的所有人,并冠以名称 IR-3535。结构上它属丙氨酸型,是一种人工合成的驱虫剂。1999 年已在欧洲得到应用,被美国的 EPA 机构列为生物农药。

"驱蚊灵"(dimethyl carbate)也是一种人工合成的驱蚊剂,它可由马来酸二甲酯、环戊二烯通过 Diels-Alder 反应方便地合成制得(参见上图结构式)。

驱蚊剂的配方通常制成溶剂喷雾型,使用是只需喷射、涂抹在表皮即可。

配方实例 1(家用驱蚊剂,气溶胶型),wt%

1. 避蚊胺(DEET)	5.0	2. 惰性组分(溶剂)	95.0

配方实例 2(家用驱虫剂,湿纸巾),wt%

1. 丙醇	70~80	3. 多聚丙烯	15~25
2. 避蚊胺(DEET)	5.6		

配方实例 3(区域性驱蚊剂,气溶胶型),wt%

1. 胺菊酯	0.2	3. 惰性组分(溶剂)	99.6
2. 二氯苯醚菊酯	0.2		

传统的蚊香由于需使用较多的燃料载体,且燃烧时会产生一些烟雾和异味。为此,新型的驱蚊剂多制作成液体,俗称"液体蚊香"。它由(拟)除虫菊酯、(惰性)溶剂、辅助添加剂等组成,使用时通常配备电加热装置,通过液体缓慢的挥发,释放出驱蚊(蝇)剂,而达到驱蚊(虫)的效果。

配方实例 4(液体驱蚊水),wt%

1. 四氟苯菊酯	1.0	4. 乳化剂-368	0.2
2. N-辛基吡咯烷酮	0.93	5. 乳化剂 PS-29	0.2
3. 水	97.67		

*乳化剂-368 是一种烷基芳基酚的聚氧乙烯醚($n=14\sim20$)加成物;而乳化剂 PS-29 的分子结构式为 $[ph-CH(CH_3)]_{2.8}-phO-(C_2H_4O)_{29}H$;N-辛基吡咯烷酮是一种辅助表面活性剂。

配方实例 5(驱蚊液－水基型)*，wt%

1. 四氟苯菊酯	0.7	4. 异丙醇	25.0
2. 乳化剂－1371B	1.0	5. 丁基羟基甲苯	1.0
3. 苯甲醇	4.0	6. 水	68.3

*苯甲醇作为芳香除臭剂，乳化剂－1371B 为蓖麻油的聚氧乙烯(n＝20～40)加成物。此配方中增加了水溶性醇的比例，使溶液的挥发性得到提高。

配方实例 6(驱蚊水)*，wt%

1. 四氟苯菊酯	0.8	5. Isopra V	0.8
2. 乳化剂－L7	0.18	6. N－辛基吡咯烷酮	0.92
3. 乳化剂－368	0.36	7. 水	96.7
4. 烷基苯磺酸钠(aq. 10%)	0.18		

*Isopra V 是一种异构烷烃溶剂，最大的优点就是无嗅、无味。

5.5.3 空气清香剂(household insecticides)

这是改善环境氛围、消除异味而使用的一类日化用品。通常的空气清香剂可以分为液体喷射型与固体挥发型二类。前者由醇类溶剂(如乙醇、异丙醇等)、香精(花香型)、除臭剂(一些化学氧化或还原剂)、去离子水及抛射剂(压缩空气)组成，制成的混合液体置于带喷嘴的容器中。在国外，此类产品也称为"即用型(Instant action)空气清香剂"。使用时只需按下阀门(开关)，以气溶胶形式喷洒于空间，通过散发出的各种(花)香味，使空气清新。有时为消除空气中的恶臭味(由硫化物造成)配方中还会添加氧化(或还原)剂，以分解硫化物。

配方实例 1(空气清香液，喷雾型)，wt%

1. 月桂酸二甘醇	0.4	5. 香精(微胶囊)	1.0
2. 乙氧基化硬脂酸	0.7	6. 去离子水	65.8
3. 亚硝酸钠	0.1	7. 抛射剂*	30.0
4. 脱臭烃类溶剂	2.0		

*抛射剂通常由脱臭的丙烷20%＋异丁烷80%组成。采用微胶囊香精可使香气的挥发更加缓和。

配方实例 2(杀菌空气清香剂，喷雾型)*，wt%

1. 二乙醇胺	0.3	5. 戊二醛	0.3
2. 脱臭石油烃	7.0	6. 香精油(复配)	1.0
3. 亚硝酸钠	0.2	7. 去离子水	61.0
4. 苯甲酸钠	0.2	8. 抛射剂	30.0

*亚硝酸钠为缓蚀剂；戊二醛具有杀菌性；苯甲酸钠则作为防腐剂使用。

配方实例 3(新鲜柑橘香空气清香液，喷雾型)*，v/v%

1. 新鲜的酸橙精油	0.26	4. 吐温－20	0.52
2. 葡萄柚精油	0.26	5. 去离子水	98.9
3. 广藿香精油	0.05		

*此配方所用的原料均来自于天然的精油，表面活性剂也采用酯类非离子表面活性剂，为绿色产品。

固体型清香剂，是将芳香组分均匀地分散于成型剂中，如蜡、高分子凝胶物等。相对液状溶剂型，香气成分的挥发相对缓慢，且可均匀地、持续地长时间的挥发与扩散，保持室内空间一定的香气。国外，将此类产品定义为"持续性(continuous action)空气清香剂"。

配方实例 4(空气清香胶)* ，wt%

1. 去离子水	65.7	4. 丙二醇	15.0
2. 羧甲基纤维素钠	0.3	5. Emultron PM(乳化剂)	1.0
3. Laponite RD(凝胶剂)	3.0	6. 香精油	15.0

＊Laponite RD 为层状硅酸盐的多聚磷酸酯，是一种优异的凝胶剂；Emultron PM 是 Colonial Chemical, Inc. 的产品，它是由阴离子/非离子表面活性剂混合所得的产品，主要用于化妆品、清洗产品配方。另外，配方中水与丙二醇的比例可以适当地调节，增加丙二醇用量香气挥发可慢些；相反用水替代丙二醇可增加香气的散发。

配方实例 5(凝胶空气清香剂)* ，wt%

1. 香精油	6.0	4. 丙二醇	4.0
2. 异构烷烃	10.0	5. Emultron PM(乳化剂)	7.5
3. Mid 3458MFA	15.0	6. 去离子水	57.5

制作时，先分别将组分 1、2、3(A 组)与 4、5、6(B 组)混合并加热至 50 ~ 55°C，随后在温和搅拌下，将 A、B 两组分配均匀混合，趁热将其灌入(特制)容器内冷却即可。

配方中组分 Mid 3458MFA 为亚油酸与二乙醇胺的缩合物，是一种优异的发泡剂和增稠稳定剂；若想制得的流动性更好的乳液型(lotion)，可用月桂酸二乙醇胺的缩合物部分替代 Mid 3458MFA。

配方实例 6(空气清新剂，凝胶型)* ，wt%

1. 香精(油)	12.0	5. EC－1 polymer	2.0
2. 酸性红－33	0.01	6. 甘油	3.0
3. 食用蓝－1	0.01	7. 去离子水	82.9
4. kathon CG(防腐剂)	0.05		

此配方产品在 50°C 下的稳定期为 12 周。kathon CG 是一种噻唑类结构的防腐剂(可参见第 3 章)。EC－1 polymer 是一种复合乳化剂，由丙烯酸/丙烯酰胺共聚物、轻质矿物油、水与 Span－85 混合而成。它具有良好的乳化、与胶体稳定性，并能赋予产品良好的触变性能。

制作时先将水与 EC－1 Polymer 在温和的搅拌下混合均匀，且达到一定的黏度。随后加入甘油、香精和色素，再搅拌 15 分钟。最后加入防腐剂继续搅拌 10 分钟。待混合均匀后灌入容器，同时赶走空气，冷却即可。

配方实例 7(空气清新剂，凝胶型)，wt%

1. Novegum C865	0.65	6. 醋酸钙一水合物	0.3
2. Novegum G888	0.38	7. 壬基酚 EO 加成物	1.0
3. GenugelX－902－02	0.98	8. 香精(油)	2.5
4. 氯化钾	0.24	9. 防腐剂	0.3
5. 亚硫酸氢钠	0.05	10. 去离子水	93.6

Novegum C865 是一种多聚糖，商品为黄红色的细粉体，能溶于热水中（1%）。常与其他凝胶剂一起使用，可改善胶体的强度，且能缩短固化时间。Novegum G888，即固体粉末状的瓜尔豆胶，与 Novegum C865 合用，可改善香精在胶体中的离析，控制香气成分的释放速率。GenugelX－902－02 由天然海藻中提取的水溶性胶，外观呈透明状，为热可逆凝胶。在中性－碱性范围具有优异的悬浮性与胶体稳定性。

制作时，先将粉状凝胶剂组分与盐均匀混合。水加热至 60～65°C，将上述混合粉体分散于水中，并在 70°C 下继续搅拌 30 分钟，使其均匀。稍冷后（60°C）再加入表面活性剂、香精与防腐剂，并保持搅拌直至均一相。最后倒入容器中冷却，呈一定硬度的凝胶状。

此配方是一种高性价比产品，能赋予产品相当的稳定性与外观的透明性。测试显示它在 23°C、50% 相对湿度下，可持续释放香气长达 30 天。

值得一提的是近日有关空气清香剂释放出的香气成分、有机挥发组分对人体可能造成伤害的研究与报道日益增多。2007 年一机构调查结果表明：经常使用空气清新剂和其他气溶胶产品，增加接触挥发性有机化合物，可能导致耳痛增加、腹泻、抑郁症和呼吸困难。因此，如何开发新型空气清香剂或改善臭味的方法，平衡人类健康与日化产品的矛盾已成为今后主要的研究目标和任务。

【思考题】

1. 影响洗涤的因素有哪些？何谓水的硬度？

2. 肥皂的组成有哪些？油脂的质量好等于肥皂的质量好？

3. 叙述肥皂的优缺点。

4. "洗衣粉"的基本组成如何？C. M. C（羧甲基纤维素）在配方中的功能作用是什么？

5. 助洗剂多聚磷酸盐对生态环境的影响如何？

6. 何谓"干洗"，表面活性剂在干洗剂的配方中的作用主要是什么？

7. 试述一下 N－烷基吡咯烷酮类表面活性剂的特征与性能。

8. 通用型清洗剂配方中"酸"的作用是什么？

9. 调整油与蜡在配方中的含量，对成膜有何影响？

10. 除虫菊酯杀虫剂有何特点？第 2 代除虫菊酯主要改变它的什么性质？

11. 试述一下杀虫剂的残效性与触杀性。

12. 试举例说明何谓（杀虫）增效剂。

13. 何谓"气溶胶"？使用的气溶胶产品有哪几种？

14. 凝胶型空气清香剂较喷射型有何优势？

15. 空气清香剂是如何改善空气（异味）的？它有何副作用？

参 考 文 献

[1] M. J. Rosen. Surface and interfacial Phenomena 2nd. A Wiley – interscience publication，1989

[2] J. Fable 主编．日用制品中的表面活性剂——理论、生产技和应用．张铸勇等译．北京：中国石化出版社，1994

[3] 汪祖模，徐玉佩编．两性表面活性剂．北京：轻工业出版社，1990

[4] 沈一丁编著．高分子表面活性剂．北京：化学工业出版社，2002

[5] 蒋文贤主编．精细化学品丛书——特种表面活性剂．北京：轻工业出版社，1995

[6] 沈钟，王果庭编著．胶体与表面化学．北京：化学工业出版社，1997

[7] 王慎敏，唐冬雁主编．日用化学品化学．哈尔滨：哈尔滨工业大学出版社，2001

[8] 孙绍曾编著．新编实用日用化学品制造技术．北京：化学工业出版社，1996

[9] 实用化学手册编写组．实用化学手册．北京：科学出版社，2001

[10] 夏纪鼎等编．表面活性剂和洗涤剂化学及工艺学．北京：中国轻工业出版社，1997

[11] 毛培坤编．表面活性剂产品工业分析．北京：化学工业出版社，2001

[12] 梁诚．新型无磷助洗剂—层状结晶二硅酸钠．精细石油化工进展，2000，1(8)

[13] 刘云．全球洗澡制的发展趋势．精细与专用化学品，2000，7(23)：3~5

[14] 王传好．洗衣用漂白剂和漂白活化剂的研究进展．日用化学品科学(增刊)，1999，8

[15] 萧安民．助洗剂的发展趋势．日用化学品科学，2000，23(4)：11~14

[16] 汤姆布兰南．世界表面活性剂市场(英)．张晓冬译．日用化学品科学，2001，24(1)：15~16

[17] 周其南．90 年代开发的绿色表面活性剂．石油化工动态，2000，8(1)：52~54

[18] Toshio Takahashi. 新型表面活性剂的发展及 21 世纪展望．刘碧莲，王守清译．日用化学品科学，2000，23(1)：1~3

[19] 梁梦兰．一些新型非离子表面活性剂的制备和应用．表面活性剂工业，2000，17(4)：1~7

[20] 尹贝立．21 世纪化妆品开发热点．日用化学品科学，2001，24(3)：27~29

[21] 郑毅，吴松刚，施巧琴．洗涤剂用酶——碱性脂肪酶的研究概述．日用化学工业，2001，31(1)：35~38

[22] H. S. Olsen, P. Falholt. 酶在现代洗净过程中的作用．章熙译．日用化学品科学，2000(3)：4~7

[23] 温小遂，彭龙慧，万雪民等．松毛虫抗药性监测及增效磷与 3 种菊酯混配的增效作用．林业科学研究，2001，14(2)：141~147

[24] 李辛庆，臧继荣，余加席等．常用杀虫剂复配及与增效剂混用对蚊虫的灭效研究．中华卫生杀虫药械，2012，18(1)：22~24